Biologie des Geistesblitzes – Speed up your mind!

Anmerkung zum Titelbild:
Na, haben Sie dieses Buch vielleicht aufgeschlagen, weil Sie denken, auf der Vorderseite ist ein „kreatives Gehirn" gezeigt, so schön bunt und künstlerisch? Ha – reingefallen! Das farbige Gehirn auf dem Buchtitel stellt etwas ganz anderes dar. Schlagen Sie in Kapitel 4 nach und Sie werden verstehen ...

Henning Beck

Biologie des Geistesblitzes – Speed up your mind!

 Springer Spektrum

Henning Beck
Bensheim
Deutschland

ISBN 978-3-642-36532-4   ISBN 978-3-642-36533-1 (eBook)
DOI 10.1007/978-3-642-36533-1

Die Deutsche Nationalbibliothek verzeichnet diese Publikation in der Deutschen Nationalbibliografie; detaillierte bibliografische Daten sind im Internet über http://dnb.d-nb.de abrufbar.

Springer Spektrum
© Springer-Verlag Berlin Heidelberg 2013
Das Werk einschließlich aller seiner Teile ist urheberrechtlich geschützt. Jede Verwertung, die nicht ausdrücklich vom Urheberrechtsgesetz zugelassen ist, bedarf der vorherigen Zustimmung des Verlags. Das gilt insbesondere für Vervielfältigungen, Bearbeitungen, Übersetzungen, Mikroverfilmungen und die Einspeicherung und Verarbeitung in elektronischen Systemen.

Die Wiedergabe von Gebrauchsnamen, Handelsnamen, Warenbezeichnungen usw. in diesem Werk berechtigt auch ohne besondere Kennzeichnung nicht zu der Annahme, dass solche Namen im Sinne der Warenzeichen- und Markenschutz-Gesetzgebung als frei zu betrachten wären und daher von jedermann benutzt werden dürften.

Planung und Lektorat: Dr. Ulrich G. Moltmann, Dr. Meike Barth
Redaktion: Annette Heß
Zeichnungen: Autor
Einbandabbildung: Michael Bach, DKFZ, Heidelberg
Einbandentwurf: deblik, Berlin

Gedruckt auf säurefreiem und chlorfrei gebleichtem Papier

Springer Spektrum ist eine Marke von Springer DE. Springer DE ist Teil der Fachverlagsgruppe Springer Science+Business Media.
www.springer-spektrum.de

Inhalt

Die Einleitung.. VII

1 Das Gehirn... 1
1.1 Web 3.0: das Nervensystem............................ 3
1.2 Wir basteln uns ein Gehirn............................. 9
1.3 Kabel, Versorgungsleitungen, Sicherungskästen: Willkommen im Hirnstamm... 12
1.4 Ohne Kleinhirn lägen wird dumm rum................. 16
1.5 Mittendrin, statt nur dabei: das Zwischenhirn.......... 20
1.6 Im limbischen System geht's richtig rund.............. 22
1.7 Total zerknautscht und doch geordnet: der Cortex..... 27

2 Die Zellen... 39
2.1 Alles fängt klein an: die Nervenzelle................... 41
2.2 Die Helferzellen.. 73

3 Der Nervenimpuls... 89
3.1 Die Biologie des Geistesblitzes......................... 91
3.2 Warum sind Geistesblitze so schnell?.................. 102
3.3 An der Synapse springt der Funke über................ 109
3.4 Die *Hall of Fame* der Neurotransmitter............... 116
3.5 Die rechnende Zelle................................... 135

4 Der Geistesblitz... 145
4.1 Das Gehirn bei der Arbeit.............................. 146
4.2 Was ist Kreativität?.................................... 165
4.3 Schau mir auf die Zellen, Kleines!..................... 174
4.4 Was lernen wir daraus?................................ 194
4.5 Noch ein Fazit... 212

Der Schluss.. 215

Glossar.. 219

Literatur... 237

Sachverzeichnis.. 241

Die Einleitung

Verehrte Leserschaft!

Gleich zu Beginn lege ich alle Bescheidenheit ab und verspreche: Dieses Buch wird Sie an die Grenze des menschlichen Verstandes führen! Nicht irgendeine Grenze, nein, ich spreche von der ultimativen, der biologischen Grenze. Denn die Basis aller Vorgänge in unserem Gehirn, das sind die Nervenzellen. Sie zu verstehen, zu erkennen, wie sie biochemische Botenstoffe austauschen und wie die komplizierte Anatomie unseres Nervensystems alles zu einem funktionierenden Netzwerk zusammenfügt, das ist alles nicht nur wunderschön, sondern auch enorm hilfreich, wenn man verstehen möchte, wie so ein Gehirn prinzipiell funktioniert. Wenn Sie dieses Buch lesen, werden Sie daher eintauchen in die faszinierende Welt des Gehirns. Erleben, was passiert, wenn wir denken. Verstehen, wie Geistesblitze entstehen. Und daraus lernen, wie Sie Ihr eigenes Denken verbessern können.

Nun gibt es schon so viele schlaue Sachbücher, wissenschaftliche Veröffentlichungen, Zeitschriften, Filme, Fernsehsendungen und was weiß ich noch alles, um etwas über unser Gehirn zu lernen. Neurowissenschaften sind hip! Und wenn man etwas Altbackenes neu verkaufen möchte, setzt man die „Neuro"-Silbe davor, und schon hat man etwas Cooles geschaffen, was aber keiner so wirklich versteht (wer kann sich schon etwas Konkretes unter „Neuromarketing", „Neuroökonomie" oder „Neurokommunikation" vorstellen?). Die Hirnforschung ist überall, man glaubt sich schon kurz vor dem Verständnis der letzten Geheimnisse unseres Gehirns – und all das können Sie in tollen Büchern und Ratgebern nachlesen.

Doch dieses Buch ist anders. Im eigentlichen Sinne ist es nämlich gar kein Buch.

Ich bin Biochemiker und – ja ich gebe es zu – „Neuro" wissenschafter. Ich denke, als Wissenschafter macht man Forschung für die Menschen, also sollte man sie auch so erklären können, dass sie jeder versteht. So bin ich zum Science Slam gekommen. Bei einem Science Slam treten Forscher vor Publikum gegeneinander an und erklären in zehn Minuten, woran sie gerade forschen. Und wer das am verständlichsten, mitreißendsten und witzigsten macht, gewinnt. Das ist eine tolle Möglichkeit, die doch bisweilen recht abgeschlossene

Welt der Wissenschaft zu verlassen und mal auf einer Bühne ungezwungen über sein Fachgebiet zu berichten. So habe auch ich an vielen solchen Vortragswettbewerben teilgenommen, und es entstand die Idee, die Präsentation meiner Forschung in einem Buch festzuhalten. Bei der Lektüre werden Sie daher merken, dass es kein normales Sachbuch ist, das Sie hier gerade lesen. Was Sie hier in den Händen halten, ist nämlich eigentlich ein wissenschaftlicher Vortrag, ein Science Slam, der sich als Buch verkleidet hat (und ich halte die Tarnung für perfekt). Deswegen wird auch immer mal wieder dazwischen gerufen, denn wie bei einem Science Slam beteiligt sich das Publikum am Geschehen. Davon darf man sich nicht aus dem Konzept bringen lassen, und ich werde versuchen, auf alle Fragen gebührend einzugehen. Nach diesem kurzen Geleitwort werde ich also nochmal neu beginnen:

Verehrtes Publikum!

Man nennt mich Henning Beck. In Ulm beschäftigte ich mich in meiner Doktorarbeit mit dem Thema „Biologie der Nervenzellen" und – Überraschung! – nun möchte ich auch darüber berichten, wie in unserem Gehirn Nervenimpulse mit geradezu geistesblitzartiger Geschwindigkeit weitergeleitet werden.

Der Geistesblitz – das ist ein schöner, ein bildhafter Begriff für eigentlich etwas sehr Banales, nämlich die Übermittlung von elektrischen Impulsen in unserem Körper. Und wie jeder weiß: Solche Nervenimpulse steuern wichtige Körperfunktionen, man denke nur an die Empfindung von Schmerz, die Kontrolle von Bewegung oder das Empfinden von Gefühlen. Ein jeder, der an einem übernächtigten Morgen in unachtsamer Weise barfuß auf eine Reißzwecke tritt, stellt sicher fest: Nervenimpulse sind extrem schnell. Da kann man sich fragen: Wie schnell genau? Was ist überhaupt ein Nervenimpuls? Und wie läuft er Strecken von über einem Meter entlang (von den Zehenspitzen bis ins Gehirn), ohne schwächer zu werden? Hinzu kommt: Das Nervensystem ist unglaublich kompliziert mit Milliarden von Zellen, Hunderttausenden Kilometern Nervenfasern in komplexester Verknüpfung (und mit unaussprechlichen Namen), und dennoch finden alle Nervenimpulse ihr Ziel und werden von den Zentren im Gehirn bis zu den Muskeln fehlerfrei weitergeleitet.

Die Kontrolle der Impulsweiterleitung kommt somit einer biologischen Meisterleistung gleich, die das ausgeklügelte Zusammenspiel von verschiedenen Zelltypen erfordert. So gibt es die eigentlichen Nervenzellen, die Nervenimpulse aufnehmen, verarbeiten und anschließend einen eigenen Nervenimpuls erzeugen. Man denkt üblicherweise, dass das Gehirn und das gesamte Nervensystem hauptsächlich aus diesen Nervenzellen bestehen. Völlig falsch!

Es ist wie im wirklichen Leben: Auf eine Person, die die Leistung bringt, kommt häufig ein ganzes Team aus Unterstützern, Helfern und Organisatoren, die die eigentliche Arbeit erst möglich machen. Ganz genauso ist es auch im Gehirn. Jede Nervenzelle wird von Helferzellen unterstützt. Wir Wissenschafter haben ja für alles ganz tolle und unverständliche Namen, deswegen nennen wir sie natürlich nicht Helferzellen, sondern Gliazellen (vom griechischen Wort für Glibber oder Kleber) – und ohne diese Helfer könnte ein Gehirn gar nicht funktionieren.

Der Geistesblitz – da denkt man natürlich nicht sofort an die Weiterleitung von elektrischen Impulsen in unserem Gehirn und das Wechselspiel von Nerven- und Helferzellen. Denn natürlich ist ein Geistesblitz mehr als ein bloßer Nervenimpuls, nämlich ein lustiges Bild für einen kreativen Gedanken, eine zündende Idee, einen neuen, unerwarteten Einfall. Und genau das ist es auch, was das Gehirn so besonders macht: Die bloße Weitergabe der Nervenimpulse von Nervenzelle zu Nervenzelle macht die Menschen nicht zu kreativen Genies (und von denen soll es ja tatsächlich einige wenige geben). Das wäre auch reichlich mathematisch, geradezu vorhersehbar: Ein bestimmter Gedanke würde immer dieselbe Folge haben, das Gehirn wäre gleichsam eine Rechenmaschine. Das Besondere aber ist: Das Gehirn arbeitet anders. Ohne mathematische Zwänge, ohne das Diktat einer analytischen Logik. Im Gegensatz zu Computern, die Informationen nach vorgegebenen Rechenanweisungen (den Algorithmen) umsetzen, denkt das Gehirn geradezu völlig verrückt: Es macht Fehler – und das macht es so besonders. Denn erst die Fähigkeit, falsch zu denken, Informationen scheinbar sinnlos zu kombinieren, gibt dem Menschen Kreativität und unterscheidet ihn von der rechnenden Maschine.

Dabei ist es äußerst spannend, die Grundlagen dafür zu verstehen, gleichsam die „Biologie des Geistesblitzes". Denn obwohl das Gehirn so interessante Ideen wie da Vincis *Mona Lisa*, Apples iPhone oder Stefan Raabs „Wok-WM" hervorbringt, gründen alle diese „kreativen Geistesblitze" letztendlich auf biologischen Funktionen von Zellen im Nervensystem. Wenn man versteht, wie diese Zellen funktionieren, kann man daraus lernen und kreative Geistesblitze bei sich selbst provozieren.

Am Ende dieser Lektüre wird der interessierte Leser daher nicht nur verstehen, welche Prozesse in den Nerven- und Helferzellen ablaufen und wie ein Nervenimpuls entsteht. Sondern im günstigen Fall wird dieses Buch Ihnen dabei helfen zu erkennen, wie das Gehirn grundsätzlich arbeitet, nach welchen Regeln es Gedanken erzeugt, diese neu verknüpft und somit den „echten", den kreativen Geistesblitz erzeugt. Aus diesem Verständnis heraus werden am Ende dieses Buches ein paar kleine Tricks gezeigt, damit man die Biologie seines Gehirns besser nutzen kann.

Erwarten Sie jedoch bloß nicht, dass ich Ihnen zum Schluss erkläre, dass Sie in Ihrem Büro ausgefallene Bilder aufhängen müssen oder Ihre Notizen mit bunten Farben schreiben sollen, um kreativ zu sein. Das überlasse ich den ungezählten „Ratgebern" auf diesem Gebiet. Dort können Sie gerne lesen, was einen kreativen Menschen genau ausmacht und dass es Hirnhälften gibt, die angeblich besonders kreativ sind. Das ist häufig ganz schön zu lesen und manchmal sogar recht verständlich – aber besonders wissenschaftlich ist es nicht. Das wird in diesem Buch anders! Hier erwartet sie die volle Dröhnung Neurobiologie! Sagen Sie später nicht, ich hätte Sie nicht gewarnt! Machen Sie sich daher darauf gefasst, dass Sie wirklich *verstehen*, wie die Zellen im Gehirn funktionieren und kreative Ideen hervorbringen können. Dieses Wissen wird sie deutlich weiter bringen als ein paar billige Kreativitätstipps, denn es wird in Ihnen wirken und Sie dauerhaft auf neue Gedanken bringen. Was Sie damit machen, hängt dann ganz von Ihnen ab. Seien Sie einfach kreativ!

1
Das Gehirn

Wenn ich gefragt werde, was am Nervensystem so besonders toll ist, dann könnte ich unheimlich spektakuläre Sachen sagen: Nichts auf der Welt ist komplizierter als das Gehirn. Seit Jahrtausenden machen sich Menschen Gedanken über das Denken und doch hat noch keiner den „neuronalen Code" geknackt. Ich könnte dick auftragen und behaupten: Nach all den Philosophen und Psychologen machen wir Neurowissenschaftler uns nun daran, eines der letzten großen Geheimnisse der Menschheit, das „Gehirn-Enigma" zu lösen.

Ich könnte auch mit tollen Zahlen um mich werfen, die zeigen sollen, wie unfassbar komplex so ein Gehirn ist: In einem würfelgroßen Stück Hirngewebe befinden sich etwa 100.000 Nervenzellen, deren Nervenfasern insgesamt fast 5 km lang sind und dabei eine Milliarde Verknüpfungen ausbilden können! All das klingt super kompliziert und mag beeindrucken. Aber ich bin Neurowissenschaftler aus einem anderen, viel wichtigeren Grund geworden: Nervenzellen sind einfach total hübsch! Alle anderen Zellen im Körper sind irgendwie unförmig, rund und optisch wirklich langweilig, das hat mich nie so vom Hocker gerissen. Da haben die Nervenzellen ganz andere Ansprüche: Ihre Form ist unfassbar variabel, sie bilden lange Ausläufer und kurze „Empfangsantennen" – und ihre Netzwerke sehen wirklich spektakulär aus, wie man schon in der ersten Abbildung dieses Buches sieht (Abb. 1.1).

In diesem Buch soll es ja darum gehen, wie in unserem Gehirn neue Ideen (allenthalben als „Geistesblitz" verbildlicht) entstehen. Nun ist das mit der Kreativität so eine Sache, sie ist nicht so leicht zu greifen oder zu messen, wie wir noch sehen werden. Die Kreativitätsforschung steht immer noch am Anfang, obwohl es heute doch überall so wichtig ist, kreativ und innovativ zu sein. Was sagt also die Biologie zu diesem Thema?

Die große Überraschung gleich vorweg: Eine kreative Idee entsteht im Gehirn! Potz Blitz, das klingt schon mal gut, denn so kann man wenigstens den Ort eingrenzen, wo wir nach den kreativen Geistesblitzen suchen müssen.

2   Biologie des Geistesblitzes – Speed up your mind!

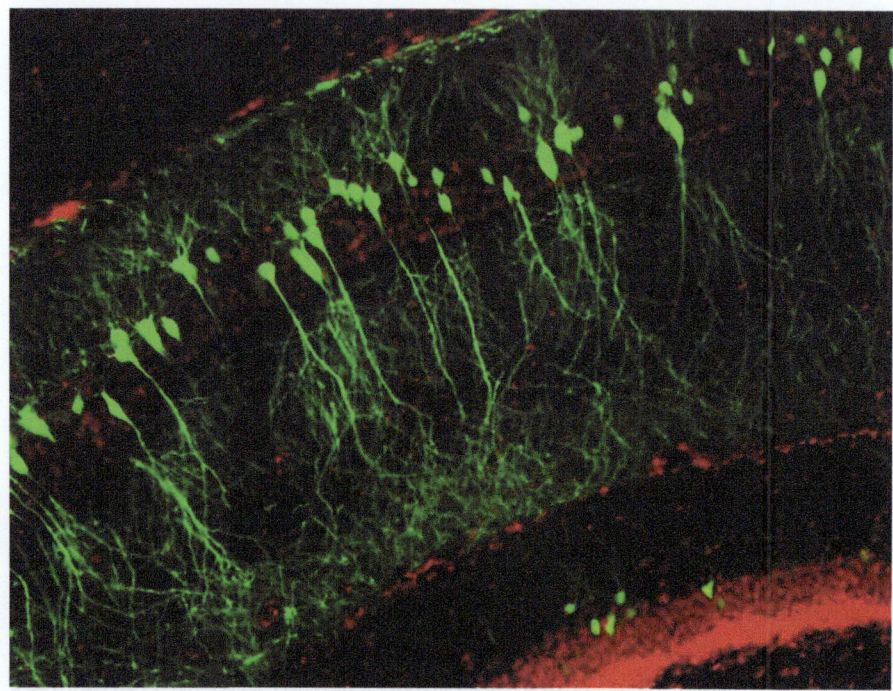

Abb. 1.1 Das Gehirn ist einfach wunderschön. Hier sieht man, dass auch ganz komplizierte Hirnstrukturen nicht einfach mit Nervenzellen vollgestopft, sondern immer schön geordnet sind. In *Grün* sieht man einige von diesen Nervenzellen, die ihre Ausläufer in andere Nervenzellschichten (*rot*) ausbilden. Wer es genauer wissen will: Es handelt sich um eine Aufnahme einer Hippocampus-Region im Gehirn der Maus. Wofür der Hippocampus so wichtig ist, steht in einem späteren Abschnitt. (Abbildung zur Verfügung gestellt von Dr. Christine Stritt vom Interfakultären Institut für Zellbiologie, Tübingen)

Aber schnell stellt man fest, dass das nicht so wirklich weiterhilft, denn schon das Gehirn selbst ist eine komplizierte Sache. Bevor wir uns also der Kreativität als Krönung menschlicher Geisteskraft widmen, müssen wir erst einmal verstehen, wie so ein Gehirn überhaupt aufgebaut ist und wie die ganzen Nervenzellen funktionieren.

Für viele Menschen stellt das Gehirn ja immer noch ein großes Mysterium dar. Die meisten denken, das Gehirn wäre eines der letzten großen Rätsel der Menschheit – nur unvollständig entschlüsselt enthält es noch viele Geheimnisse, die wir noch nicht verstanden haben. Nun bin ich Neurowissenschaftler und kann deswegen sagen: Das ist vollkommen richtig! Auch als Hirnforscher weiß man nicht genau, was im Gehirn los ist, und Gedanken lesen kann auch keiner von ihnen. Dabei scheint das Gehirn eigentlich recht übersichtlich zu sein. Es wiegt noch nicht einmal so viel wie zwei Tüten Milch, ist etwa so groß wie eine Kokosnuss und enthält knapp 80 % Wasser. Zieht man das Wasser ab, besteht das Gehirn zu mehr als der Hälfte aus reinem Fett. In der Zusammensetzung erinnert das sehr stark an einen halbfesten Schnittkäse aus dem Supermarkt. Nun übersteigt der Intellekt der meisten Menschen jedoch denjenigen eines durchschnittlichen Milchproduktes, deswegen muss es mit dem Gehirn und den Nervenzellen schon etwas Besonderes auf sich haben. Und tatsächlich, wer hätte es gedacht: Das Geheimnis liegt in der Struktur des Nervensystems.

Schauen wir uns also als Erstes genauer an, wie so ein Nervensystem im Allgemeinen und ein Gehirn im Besonderen aufgebaut sind.

1.1 Web 3.0: das Nervensystem

Heutzutage ist ein Thema ja ganz besonders angesagt: die Vernetzung. Alles in unserem Leben wird vernetzt: Informationen in Computersystemen, Menschen bei „Netzwerktreffen" von Berufsverbänden, wissenschaftlichen Vereinigungen oder künstlerischen Zirkeln. Egal wo man hinkommt, überall muss man es beherrschen, das *Networking* und *Socializing*, wenn man beruflich oder privat oder sonst wie erfolgreich sein will. Daher macht jeder mit bei diesen ganzen sozialen Netzwerken und *social media*, die dieses wirklich famose Internet nutzen und unter dem Begriff Web 2.0 zusammengefasst werden. Damit will man ausdrücken, dass sich auf einmal alle Menschen an einem Netzwerk beteiligen und es selbst aktiv mitgestalten.

Das ist alles schön und gut – aber doch verblasst es im Angesicht des wahren Meisters aller Vernetzungen. Die Krönung, der Urahn sämtlicher Netzwerke, das Beste, was bisher in der Evolution hervorgebracht wurde, das Web 3.0 gewissermaßen: das menschliche Nervensystem, das als Netzwerk immer noch den meisten (wenn nicht allen) von Menschenhand geschaffenen Netzen bei Weitem überlegen ist.

> **Zwischenruf** Nun mal langsam! Keine vorschnellen Lobeshymnen! Erst einmal bitte erklären, wie so ein Nervensystem überhaupt funktioniert!

Ohne Nervensystem, hätten moderne Lebewesen nicht viel zu melden. Amöben- oder bakteriengleich könnte man sich vielleicht halbwegs über die Runden retten, aber mehr ist nicht drin. Eigentlich alle schnellen und komplexen Steuerungen von Körperfunktionen klappen nur deswegen, weil es ein funktionierendes Nervensystem gibt.

Wenn das Gehirn, quasi als Großmeister des Nervensystems, alle diese Vorgänge überwachen wollte, hätte es ein Problem. Denn obwohl das Gehirn zu ganz außergewöhnlichen Leistungen in der Lage ist, wäre es einfach viel zu

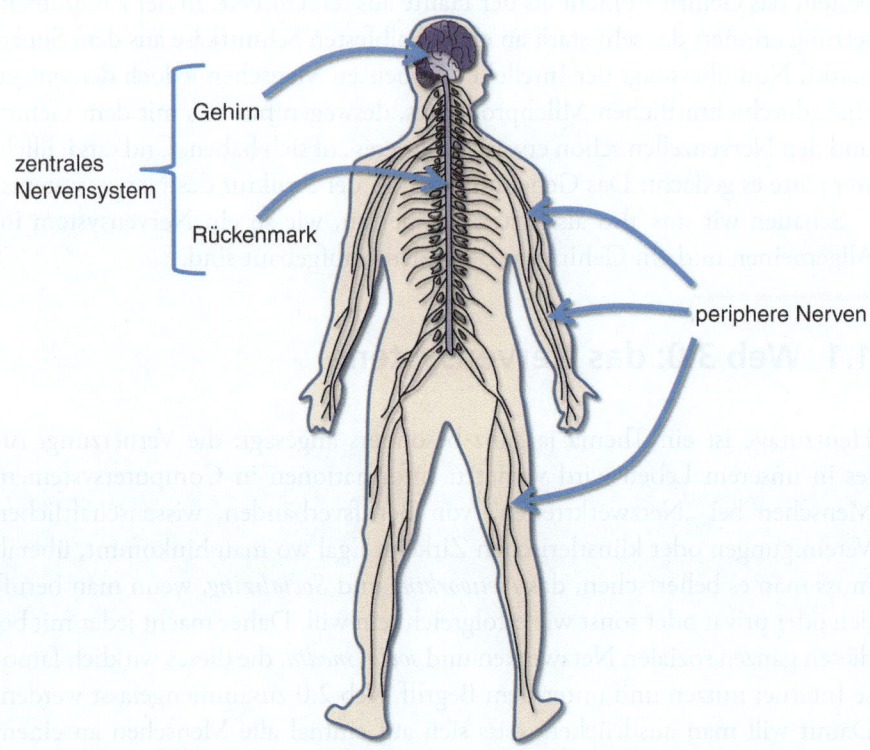

Abb. 1.2 Das Nervensystem (recht vereinfacht dargestellt). Das Nervensystem besteht aus einem zentralen Teil (Gehirn und Rückenmark). Von diesem ausgehend verzweigen sich die peripheren Nerven in Arme, Beine und den ganzen Rest des Körpers

aufwendig, alle Körperprozesse *direkt* zu regulieren. Ein Gehirn ist jedoch recht faul und hat deshalb einen Teil seiner Arbeit abgegeben. So hat es genügend Zeit für die wirklich wichtigen Dinge im Leben wie die Verarbeitung von Sinneseindrücken, die Kontrolle von Bewegung oder den musikalischen Genuss eines neuen Justin-Bieber-Hits.

Damit im Körper nichts durcheinanderkommt, ist das Nervensystem aufgeteilt in einen zentralen Teil (der aus dem Gehirn und dem Rückenmark besteht) und einen peripheren Bereich, das sind alle Nervenfasern und deren Verschaltungen in den Armen, Beinen und Organen (Abb. 1.2). Das heißt natürlich nicht, dass es zwei verschiedene Nervensysteme gibt, denn sowohl das zentrale als auch das periphere Nervensystem arbeiten immer gemeinsam. Überhaupt muss man sagen: Eine richtige Trennung von verschiedenen Bereichen gibt es eigentlich nie im Nervensystem – alle Teile vertragen sich prima und arbeiten voller Freude und immer gerne zusammen. Wo findet man so was noch heutzutage?

Das zentrale und das periphere Nervensystem haben sich jedoch auf unterschiedliche Aufgaben konzentriert. Das Gehirn ist so etwas wie die Recheneinheit im Nervensystem, es verarbeitet alle wichtigen Informationen und bildet komplizierte Netzwerke aus, die sich permanent verändern, je nachdem, welche Informationen im Gehirn eintreffen. Das Rückenmark ist im Prinzip die Datenautobahn im Körper, ein langes Bündel aus Nervenfasern, das aus dem Gehirn entspringt und sich bis in den unteren Bereich der Wirbelsäule zieht. Über das Rückenmark ist das Gehirn daher mit dem ganzen Körper verbunden, empfängt Sinnesinformationen und entsendet Bewegungsimpulse an die Muskeln.

Sobald die Nervenfasern jedoch das Rückenmark verlassen, beginnt das periphere Nervensystem. Im Gegensatz zum zentralen ist das periphere Nervensystem nicht so selbstverliebt: Während fast alle Nervenzellen im Gehirn nur mit anderen Nervenzellen im Gehirn in Kontakt treten, wagen sie sich im peripheren Nervensystem „an die Front". Sie docken an Muskeln an und lösen deren Zusammenziehen aus. Oder sie werden von Sinneszellen aktiviert und senden diese Informationen wieder zurück ans Gehirn. Und nicht zu vergessen: die ganzen Organe, die durch das periphere Nervensystem gesteuert werden. Von der Lunge bis zur Harnblase – alles wird durch das Nervensystem kontrolliert, und es sind immer periphere Nerven, die direkt die „Zielorgane" regulieren.

> **Zwischenruf** Aber das ist doch total unübersichtlich! Woher weiß denn das zentrale Nervensystem, wie die ganzen Körperprozesse gesteuert werden müssen?

Wohl wahr: Es gibt so viele verschiedene Prozesse, die im Körper gleichzeitig ablaufen und gesteuert werden müssen, da wendet das Nervensystem einen Trick an. Es teilt sich wieder die Arbeit auf: Ein Teil des peripheren Nervensystems konzentriert sich darauf, Muskeln zu steuern oder Sinnesinformationen (zum Beispiel aus der Haut) zurück zum Rückenmark und ins Gehirn zu leiten. Das ist der somatische Teil des peripheren Nervensystems, was so viel wie „körperliches Nervensystem" bedeutet (eine recht schwammige Formulierung, ich weiß). Von der Arbeit des somatischen Nervensystems kriegen wir meistens etwas mit. Wir können nun mal ganz bewusst unsere Muskeln anspannen und loslaufen und spüren auch den Schmerz, wenn wir dann in unachtsamer Weise an einem Laternenpfahl enden.

Nun gibt es aber auch den großen Teil der unwillkürlichen Körperfunktionen (Puls, Verdauung, Ausschüttung von Hormonen und allerlei mehr). Jeder weiß zwar, dass diese Prozesse gerade in einem ablaufen (ich hoffe zumindest, dass Sie noch einen fühlbaren Puls haben und noch nicht schon jetzt von

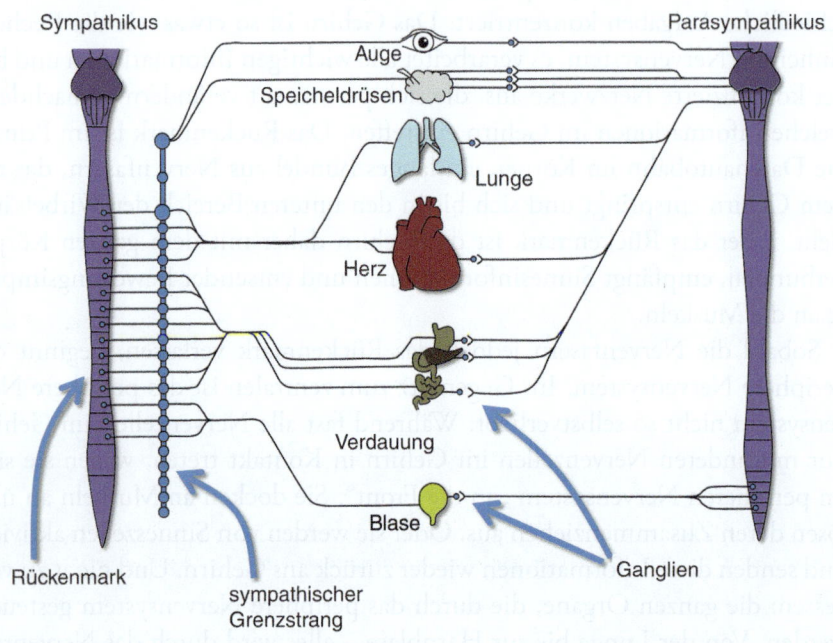

Abb. 1.3 Das vegetative Nervensystem hat alle Organe im Griff. Sympathikus und Parasympathikus regulieren die Organfunktionen. *Links*: Der Sympathikus bildet einen Grenzstrang aus Nervenknoten aus, die anschließend die Organe ansteuern und sie so regulieren, dass der Körper leistungsbereit wird. *Rechts*: Der Parasympathikus hat keinen Grenzstrang, dafür aber Nervenknoten direkt bei den Organen, an denen die Fasern neu verschaltet werden. Der Parasympathikus ist dann aktiv, wenn die körperliche Leistungsfähigkeit sinken soll. (Adaptiert nach Kandel et al. 1995, Abb. 32.2)

der geballten Macht wissenschaftlicher Fachbegriffe erschlagen wurden). Aber man kann diese Körperprozesse eben nicht bewusst steuern. Dieser Teil des peripheren Nervensystems arbeitet quasi selbstständig, deswegen nennt man ihn auch autonomes oder vegetatives Nervensystem. Wieder macht es sich der Körper recht einfach und teilt die Arbeit auf: Ein Bereich des vegetativen Nervensystems (der Sympathikus) aktiviert viele Körperfunktionen, während sein Gegenspieler (der Parasympathikus) die körperliche Leistungsfähigkeit drosselt. Interessanterweise sind Sympathikus und Parasympathikus unterschiedlich aufgebaut, wie man in Abb. 1.3 sieht.

Links erkennt man, wie der Sympathikus arbeitet: Aus dem Rückenmark entspringen Nervenfasern, die in einen Umschaltbereich laufen, den Grenzstrang. Ganz egal wie unfreundlich auch manche Menschen sein mögen, ein jeder hat einen solchen „sympathischen Grenzstrang", in dem die Nervenfasern neu verschaltet werden. Das ist wichtig, denn durch diese Neuverschaltung gewinnt das Nervensystem zusätzlich an Kapazität, um die ganzen Körperfunktionen zu regulieren. Die Verschaltungen liegen auch nicht irgendwie verstreut im Körper herum, denn Nervenzellen sind ziemlich soziale Wesen: Sie sammeln sich in kleinen Knubbeln, den Ganglien, die aneinandergereiht eben genau diesen sympathischen Grenzstrang bilden. Sobald die Nervenfasern in den Ganglien neu verschaltet wurden, machen sie sich auf zu den Zielorganen, zum Beispiel dem Herz. Der Sympathikus hat die Aufgabe, den Körper leistungsbereit zu machen, also sorgen die sympathischen Nerven für eine Aktivierung des Herzens, und der Puls wird erhöht. Andere Organe werden jedoch in ihrer Funktion gehemmt. Wer möchte schon unter körperlichem Stress (zum Beispiel einem Marathonlauf) ein fettiges Schnitzel essen? Wohl nur die wenigsten, weil zu diesem Zeitpunkt der Sympathikus die Verdauung so heruntergefahren hat, dass kaum noch Blut im Magen-Darm-Bereich ist. Haben Sie sich schon mal gefragt, warum Fußballer so häufig auf den Platz spucken? Auch das liegt am Sympathikus: Er sorgt dafür, dass der Speichel unter Stress sehr zähflüssig wird – im Extremfall ist er gar nicht mehr zu schlucken und muss extern „entsorgt" werden, was einige Sportler geradezu künstlerisch zu zelebrieren wissen.

Der Gegenspieler, der Parasympathikus, macht das etwas anders. Er hat keinen Grenzstrang, bei dem die Ganglien schön aneinandergereiht wie an einer Perlenkette die Signale neu verschalten. Mit so etwas hält sich der Parasympathikus nicht lange auf, er kontaktiert die Zielorgane direkt vor Ort. Einige der parasympathischen Nerven entstammen auch nicht dem Rückenmark, sondern direkt dem Gehirn, das dafür extra Hirnnerven zur Verfügung stellt. Natürlich müssen auch diese Nervenfasern noch einmal verschaltet werden, bevor sie letztendlich das Zielorgan ansteuern können, doch in diesem Fall liegen die Ganglien direkt am Organ selbst. Eine Aktivierung des Parasympathikus drosselt die Leistungsfähigkeit des Körpers. Deswegen ist er in Entspannungsphasen zum Beispiel kurz vor dem Einschlafen aktiv. Er sorgt unter anderem dafür, dass die Augen tränen, der Speichel dünnflüssig wird, sodass dieser Ihnen ab und an aus dem Mund sabbert, wenn Sie schlafen.

Neben dem Sympathikus und dem Parasympathikus gibt es noch ein weiteres wichtiges autonomes Nervensystem, das weitgehend unbeachtet und unterschätzt seinen Dienst verrichtet: das Nervensystem des Darms (auch enterisches Nervensystem genannt). Dieses Nervensystem ist außerordentlich groß: Etwa 100 Mio. Nervenzellen kontrollieren die Aktivität des Verdauungssystems. Das sind in etwa so viele wie im gesamten Rückenmark und viel mehr als beispielsweise im Sympathikus (der hat nur einige Tausend Nervenfasern). Das Nervensystem des Darms kontrolliert die Durchblutung oder die Ausschüttung von Verdauungssäften – aber auch, wie sich so ein Darm zu bewegen hat (in Ruhe gluckst ein Dünndarm etwa alle 7 s, achten Sie das nächste Mal darauf, wenn Sie frisch genährt mit vollem Bauch im Bett liegen). Das Gehirn muss kaum noch von außen eingreifen, so selbstständig kann sich der Verdauungstrakt organisieren. Manche Wissenschaftler sprechen daher sogar von einem „zweiten Gehirn" im Darm, und bei manchen Zeitgenossen könnte man meinen, dieses sei sogar größer und leistungsfähiger als ihr eigentliches im Kopf.

Man erkennt an dieser Stelle: Das Nervensystem ist schon etwas kompliziert, doch die grundlegenden Prinzipien sind immer die gleichen, egal ob man von spezialisierten Hirnbereichen oder recht primitiven Schaltkreisen im Dünndarm spricht:

1. *Immer alles verschalten!*
Ganz wichtig im Nervensystem: Die Nervenzellen müssen miteinander verknüpft werden. Das hört sich banal an, ist aber extrem wichtig, damit Informationen verarbeitet werden können. Überall gibt es deswegen Schaltstationen (die Ganglien im vegetativen System oder den Thalamus im Gehirn), die über ihre Eingänge Informationen erhalten, diese neu verknüpfen, dadurch eine neue Information erzeugen und diese weiterleiten. Dieses Prinzip des Neuverschaltens von Informationen ist eigentlich auch schon das ganze Geheimnis des Gehirns (und seiner Kreativität). Eigentlich können Sie jetzt das Buch aus der Hand legen – etwas großartig anderes wird nicht mehr kommen. Sie dürfen natürlich trotzdem gerne weiterlesen. Ich habe extra auf den nächsten Seiten noch die eine oder andere Neuigkeit für Sie in petto.

2. *Arbeite parallel!*
Die grundlegenden Verschaltungen und Nervenbahnen arbeiten simultan. So gibt es beispielsweise bei den Sinnesorganen verschiedene Bahnen, die gleichzeitig Informationen an das Gehirn schicken (zum Beispiel Berührung und Schmerz). So bleiben Informationen erst einmal getrennt und werden dann später im Gehirn zu einem Gesamtbild zusammengesetzt. Erst dadurch ist es auch möglich, dass sich diese vielen verschiedenen Bereiche des Nervensystems (zentral, peripher, somatisch, vegetativ) ausbilden und sich die Arbeit teilen können.

3. *Verliere nicht den Überblick!*
Damit im Nervensystem nichts durcheinandergerät, arbeitet das Gehirn mit Karten. Das ist eine tolle Sache, denn auf diese Weise schlägt das Gehirn gleich zwei Fliegen mit einer Klappe: Die Verarbeitung ist sehr simpel, aber dennoch äußerst wirkungsvoll. Wenn zum Beispiel die Informationen von der Netzhaut des Auges an das Gehirn geleitet werden, so bleiben die Informationen immer zusammen. Benachbarte Gruppen von Sehzellen sind mit benachbarten Gruppen im Thalamus (der zentralen Umschaltstelle im Gehirn) verknüpft und diese wiederum mit benachbarten Ner-

venzellen im Sehbereich des Großhirns. So entsteht im Gehirn eine Karte der Sinneseindrücke, die vom Auge kommen – und das gleiche Prinzip gilt auch für die meisten anderen Sinne. Auch die Bewegungszentren sind nach solchen „Körperkarten" aufgebaut, die Nervenzellen arbeiten immer in Gruppen nebeneinander.

4. *Denke symmetrisch!*
Vielleicht ist es schon aufgefallen: Das Nervensystem ist symmetrisch aufgebaut. So gibt es eine rechte und linke Gehirnhälfte und die meisten Nerven treten paarweise auf. Interessant ist jedoch, dass sich fast alle Nervenfasern irgendwann im Nervensystem einmal überkreuzen. So steuern wir mit unserer rechten Gehirnhälfte die linke Körperseite oder nehmen Schmerzen von der rechten Körperseite mit der linken Gehirnhälfte wahr. Das hat bestimmt einen guten Grund. Nur leider kennt den noch keiner.

Diese Grundprinzipien liegen sämtlichen Vorgängen im Nervensystem zugrunde. Nun soll sich dieses Buch ja nicht mit den Prozessen im peripheren Nervensystem an den Muskeln oder im Darm beschäftigen. Das ist zwar auch ganz toll und interessant, aber ich habe ja versprochen, dass es hier um Geistesblitze gehen soll, die im Gehirn erzeugt werden. Bevor wir uns also genauer anschauen, wie so ein Gehirn arbeitet und es neue kreative Ideen erzeugt, müssen wir erst einmal klären, was das überhaupt ist, dieses „Gehirn".

1.2 Wir basteln uns ein Gehirn

Ist es nicht wunderschön, so ein Gehirn? So seltsam zerfurcht und gewunden passt es problemlos in zwei Hände. Heutzutage wird dem Gehirn ja die gesamte Organisation unserer geistigen Zustände (Bewusstsein, Aufmerksamkeit, Gedächtnis – auch Kreativität, wie wir noch sehen werden) zugesprochen. Völlig zu Recht, aber das war nicht immer so. Eine äußerst zwiespältige Vorstellung vom Gehirn hatten die antiken Griechen. Während Hippokrates, ein recht bekannter Arzt zu seiner Zeit (im 5. Jahrhundert v. Chr.), dem Gehirn den Sitz aller Emotionen und Gedanken zusprach, meinte der Arzt und Anatom Galen etwa 600 Jahre später, das Gehirn sei nichts weiter als eine Drüse zur Ausscheidung von Flüssigkeiten, die die Körperfunktionen steuerten. Schon hier sieht man, wie widersprüchlich die Ärztezunft in ihrer naturwissenschaftlichen Beschreibung sein kann. Ganz toll auch der Beitrag der Philosophen zu diesem Thema: Platon mag wohl ein kluger Mann gewesen sein, aber seine Vorstellung, das Gehirn diene lediglich dazu, das Blut abzukühlen, ist doch ein wenig weit hergeholt. Obwohl …

Ich gebe zu, auf den ersten Blick mag ein Gehirn recht eklig erscheinen, so glitschig und matschig. Doch seine ganze Raffinesse offenbart es auf den zweiten Blick. Es hat so komplizierte und verschlungene Strukturen, dass den Anatomen irgendwann keine passenden Namen mehr einfielen und sie viele Regionen einfach und lieblos durchnummerierten. Viele denken ja, das Gehirn sei so etwas wie eine perfekte Rechenmaschine. Den heutigen Computern noch immer weit überlegen, kann es blitzschnell Gesichter erkennen, Gefühle auslösen oder hochkomplexe Bewegungen planen. Allenthalben mag man glauben: Das Gehirn ist perfekt.

Doch das ist Quatsch! Kein Gehirn, weder Ihres noch meines, ist in irgendeiner Form perfekt. Im Gegenteil: Welche Verschaltungen und Verknüpfungen sich während eines Lebens ausbilden, keiner weiß es – und es ist niemals fertig. Ein Computer, heute gekauft, ist spätestens nach einem Jahr veraltet. Aber ein Gehirn veraltet nie. Natürlich, irgendwann beginnen im Laufe des Lebens Hirnstrukturen zu zerfallen. Aber das ändert nichts daran, dass das „System Gehirn" Zeit seines Lebens immer den bestmöglichen Zustand innehatte. Es passt sich immer den eintreffenden Informationen an und optimiert sich immer mehr, ohne jemals fertig oder perfekt zu werden.

> **Zwischenruf** Toll, toll! Doch es gibt doch im Gehirn bestimmte Strukturen, die bei allen Menschen mehr oder weniger gleich sind, oder?

Das mag stimmen, doch die Verschaltungen im Detail sind immer individuell. Aber es kann natürlich helfen, wenn man das Gehirn anatomisch nach irgendwelchen Kriterien einteilt. Man muss ja irgendwie einen Überblick gewinnen über die vielen verschiedenen Strukturen und Regionen, die doch recht unübersichtlich beieinanderliegen (Abb. 1.4).

Was braucht man also, wenn man sich ein Gehirn basteln will? Nun, so verwirrend ein Gehirn auf den ersten Blick aussehen mag, eigentlich hat es seine Aufgaben klar verteilt. Alles, was im Gehirn verarbeitet wird, muss irgendwie in den Körper geleitet werden, damit sich etwas tut. Ein Bewegungsimpuls im Gehirn ist recht nutzlos, der Muskel muss auch etwas davon mitbekommen. Deswegen gibt es einen „Verkehrsknotenpunkt", an dem die wichtigsten Hirnnerven (es gibt zwölf Stück) und das Rückenmark zusammenlaufen: den Hirnstamm. Der Hirnstamm ist quasi der Stecker, über den das Rückenmark an das Gehirn gekoppelt ist.

Das Gehirn soll ja etwas im Körper steuern – und recht wichtig in diesem Zusammenhang ist die Steuerung von Bewegungen. Das ist gar nicht so leicht, wie es sich anhört. Einfache Bewegungsmuster von Insekten oder Robotern beruhen in der Regel auch auf einfachen Schaltkreisen. Wie hinlänglich be-

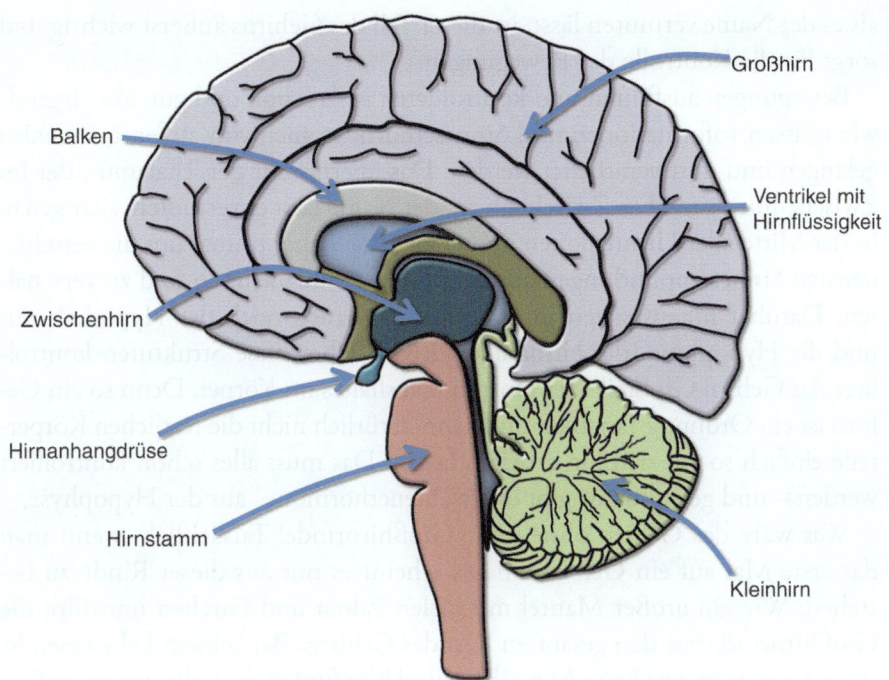

Abb. 1.4 Das Gehirn hat viele tolle Strukturen. Hier sind mal die wichtigsten Bereiche des (quer geschnittenen) Gehirns gezeigt. Das Großhirn ist der dominierende Teil, der die anderen Hirnstrukturen umschließt. Die beiden Gehirnhälften (*rechts* und *links*, hier ist nur die rechte Hälfte gezeigt) sind durch einen Balken (ein Bündel aus Nervenfasern) miteinander verbunden. In der Mitte liegt das Zwischenhirn, das Sinnesinformationen neu verschaltet, aber auch die Hirnanhangdrüse (die Master-Hormondrüse des Körpers) steuert. Hinter dem Großhirn liegt das Kleinhirn, das für die Bewegungssteuerung wichtig ist. Über den Hirnstamm ist es mit dem Rest des Nervensystems verknüpft. Über diesen Hirnstamm ist das Rückenmark quasi wie ein Kabel an das Gehirn drangesteckt. Das Gehirn hat darüber hinaus viele Hohlräume, die Ventrikel, die mit der Hirnflüssigkeit, dem Liquor, gefüllt sind

kannt sein dürfte, überschreitet der Mensch jedoch die Bewegungskompetenz von Insekten und Robotern ganz außerordentlich. Ich habe zum Beispiel noch nie einen Roboter gesehen, der mit der Präzision eines deutschen Elfmeterschützen eine beliebige Nationalmannschaft nach Hause schickt. Dabei gibt es schon seit vielen Jahren Roboter-Fußballturniere, bei denen die besten Konstrukteure der Welt ihre mechanischen Kunstwerke gegeneinander antreten lassen – und wer dominiert seit mehreren Jahren diese Roboter-Fußballturniere? Richtig, die Deutschen! Doch trotz aller Ingenieurskunst bewegt sich ein menschlicher Körper noch deutlich geschmeidiger als ein humanoider Roboter. Ein Grund dafür: Der Mensch hat ein Kleinhirn. Und anders, als es der Name vermuten lässt, ist dieser Teil des Gehirns äußerst wichtig und sorgt für die Kontrolle der Bewegungen.

Bewegungen ausführen und kontrollieren ist ja schön und gut, aber irgendwie müssen Informationen und Sinneseindrücke auch von außen ins Gehirn gelangen und dort verarbeitet werden. Das übernimmt der Thalamus, der im Zwischenhirn sitzt. Ein Zwischenhirn, der Name lässt es vermuten, sitzt genau in der Mitte aller Hirnregionen und eignet sich daher prima, um die verschiedensten Sinnesempfindungen aus der Umwelt aufzunehmen und zu verschalten. Darüber hinaus sitzen im Zwischenhirn auch noch der Hypothalamus und die Hypophyse (die Hirnanhangdrüse). Über diese Strukturen kontrolliert das Gehirn Großteile des Hormonhaushaltes im Körper. Denn so ein Gehirn ist ein Ordnungsfanatiker und kann natürlich nicht die restlichen Körperteile einfach so vor sich hin arbeiten lassen. Das muss alles schön kontrolliert werden – und genau dafür gibt es die „Steuerhormone" aus der Hypophyse.

Was wäre das Gehirn ohne seine Großhirnrinde! Tatsächlich, wenn man das erste Mal auf ein Gehirn schaut, scheint es nur aus dieser Rinde zu bestehen. Wie ein großer Mantel mit vielen Falten und Furchen umstülpt die Großhirnrinde fast den gesamten Rest des Gehirns. Bei keinem Lebewesen ist sie so ausgeprägt wie beim Menschen, und hier finden auch die ganzen außergewöhnlichen Dinge statt, für die wir uns so rühmen: tolle Ideen, Sprache, Wissen, Bewusstsein – dabei ist das Großhirn eigentlich recht simpel gebaut, wie wir gleich sehen werden.

Und dann gibt es noch diesen dubiosen, mysteriösen Bereich der Gefühle und der niederen Triebe. Sie liegen in einem seltsamen Bereich im Gehirn, von dem keiner so genau weiß, was alles dazu gehört. Deshalb hat man ihn auch „limbisches System" genannt. So macht man erst mal nichts falsch, aber woraus genau sich dieses „System" zusammensetzt, das ist ein wenig umstritten. Auf jeden Fall liegt es zwischen dem Groß- und dem Zwischenhirn, mittendrin, so ist es immer dabei, wenn es etwas Interessantes im Gehirn gibt.

Alle diese Hirnstrukturen funktionieren nur, wenn sie gut untereinander vernetzt sind. Im Gehirn muss sich jeder auf den anderen verlassen können, und in der Regel klappt das ganz prima. Schauen wir uns nun nacheinander an, wie diese verschiedenen Bereiche im Gehirn genau arbeiten.

1.3 Kabel, Versorgungsleitungen, Sicherungskästen: Willkommen im Hirnstamm

Das Gehirn ist eigentlich ein sehr eitles Organ. Während Herz, Lunge oder Leber mehr oder weniger mitten im Körper liegen, umgeben von allerlei Bindegewebe und den nächsten Organen, thront das Gehirn quasi über den Din-

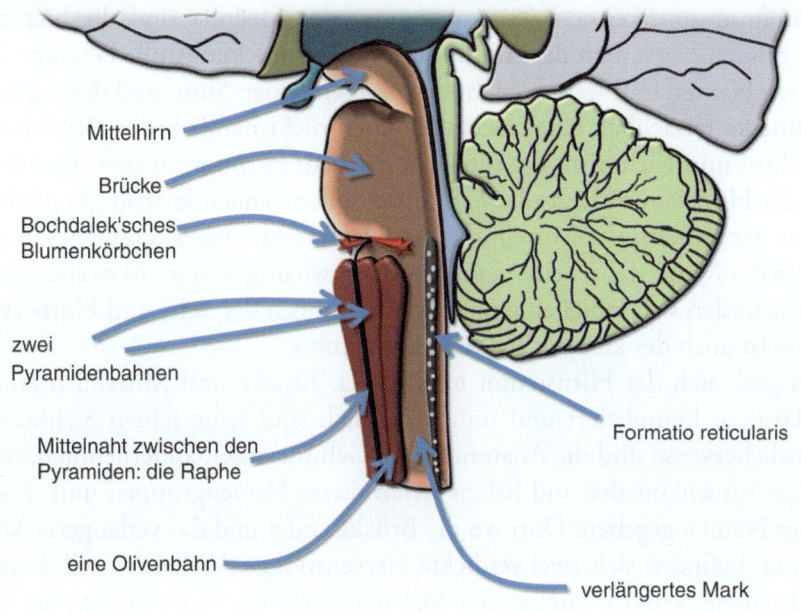

Abb. 1.5 Im Hirnstamm liegen viele Versorgungsleitungen. Der Hirnstamm beginnt mit dem verlängerten Mark, geht in die Brücke über und endet im Mittelhirn. Hier drängen sich viele Nervenleitungen eng zusammen (dabei sind die Hirnnerven in dieser Zeichnung gar nicht gezeigt), zum Beispiel die Pyramiden- oder Olivenbahnen. Über die Formatio reticularis, ein verzweigtes Nervengeflecht im verlängerten Mark, wird unter anderem die Wachheit des Gehirns reguliert. Aber nicht nur für die elektrischen Versorgungsleitungen ist der Hirnstamm wichtig. Er ist auch eine Art Klempner, denn die Bochdalek'schen Blumenkörbchen produzieren den Liquor, die Hirnflüssigkeit, in der das Nervensystem schwimmt

gen. Gut geschützt unter einer dicken Schädeldecke hat es sich gemütlich gemacht und lässt nichts an sich ran. Nun bringt es dem Gehirn jedoch recht wenig, wenn es einfach so entfernt von den anderen Organen sein eigenes Ding durchzieht – es muss deswegen mit den restlichen Körpergeweben über Nervenfasern vernetzt werden. Das dickste Faserbündel ist das Rückenmark, das zum einen die Bewegungsimpulse an die Muskeln weitergibt und zum anderen Informationen aus dem Körper zurückleitet zum Gehirn. Dort wo das Rückenmark auf das Gehirn trifft, liegt der Hirnstamm. Dieser ist quasi der „Stecker des Gehirns", mit dem es an die wichtigsten Nervenverbindungen gekoppelt wird (Abb. 1.5).

Der Hirnstamm besteht aus drei Hauptteilen. Die Übergangszone zum Rückenmark nennt man „verlängertes Mark" (lat. Medulla oblongata). Hier verdichten sich die Nervenfasern nochmals und gehen anschließend in die

Brücke (lat. Pons) über. Die Brücke ist leicht als hervorstehender Wulst im Hirnstamm zu erkennen. Zusammen mit der Medulla sind die hier entspringenden Nerven an der Atmungs- und Blutdruckkontrolle beteiligt. Die meisten Namen im Nervensystem haben irgendeinen Sinn, und deswegen ist die Brücke tatsächlich eine solche: Sie überbrückt nämlich den Bereich von Großhirn und Kleinhirn, das direkt hinter dem Hirnstamm sitzt. Der dritte Teil des Hirnstamms liegt oberhalb (man sollte fachlich korrekt „kopfseitig" sagen) der Brücke: das Mittelhirn. Der Name lässt einiges erhoffen, ein Gehirn in der Mitte, das scheint wohl besonders wichtig zu sein. Ist es aber nicht. Hier befinden sich lediglich einige Verschaltungen der Seh- und Hörnerven, und es ist auch der kleinste Teil des Hirnstamms.

So grob sich der Hirnstamm in Medulla, Brücke und Mittelhirn einteilen lässt, so kompliziert und unübersichtlich sind seine feinen Strukturen. Glücklicherweise sind die Anatomen, die Gehirne auseinandernehmen, recht findige Sprachkünstler und haben vielen dieser Nervengruppen und -fasern lustige Namen gegeben. Dort wo die Brücke endet und das verlängerte Mark beginnt, befinden sich zwei verdickte Nervenstränge. Vielleicht weil derjenige, der diese Struktur zum ersten Mal beschrieb, ein Fan von Ägypten war, nannte er diese Nervenstränge Pyramidenbahnen (ich muss sagen, mit Pyramiden haben diese Nerven optisch gar nichts zu tun, eher mit Säulen). In diesen Pyramiden liegen die wichtigen motorischen Nervenfasern, die die Körperbewegungen kontrollieren.

Die mittlere Längsnaht zwischen den Pyramiden nennt man Raphe (griech. für „Naht"). Hinter dieser Raphe befinden sich die Raphe-Kerne, also wieder kleine Ansammlungen von Nervenzellen, die weite Ausläufer in die Großhirnrinde ausbilden. Sie sind an der Steuerung von Emotionen beteiligt und werden durch Drogen wie Ecstasy stimuliert. Doch Vorsicht: Solche Drogen mögen die Raphe-Kerne vielleicht anregen und einen kurzfristigen Glücksschub auslösen, doch Raphe-Kerne sind recht empfindlich und nehmen sie Schaden, kann das leicht in einer Depression enden.

Neben den Pyramidenbahnen liegt an jeder Seite eine weitere Verschaltungsstelle, die man Olive nennt (weil sie so oval in die Länge gezogen ist). Genau genommen gibt es an jeder Seite zwei Oliven, eine obere und eine untere. Die obere Olive ist jedoch von außen nicht sichtbar, sie liegt unter der Brücke und verarbeitet Hörinformationen (zum Beispiel Lautstärkeunterschiede an den beiden Ohren, so kann eine Schallquelle geortet werden). Die untere Olive bildet Fasern aus, die in das Kleinhirn reichen und dieses so mit dem restlichen Gehirn verbinden.

Überhaupt muss man sagen, dass sich im Hirnstamm viele Nervenbahnen befinden, die ins gesamte Gehirn oder ins periphere Nervensystem ausstrahlen. Dem Hirnstamm entspringen auch die meisten der zwölf Hirnnerven, die zum Beispiel die Muskeln des Gesichts und die Zunge steuern oder am Gleichgewichtssinn beteiligt sind. Der Hirnstamm ist also wirklich so etwas wie das Technikzentrum im Gehirn, in dem die ganzen Kabel verlegt und miteinander verschaltet sind. Das gilt auch für die Formatio reticularis, die „Netzwerkformation", die sich im verlängerten Mark befindet. Die Formatio reticularis ist quasi der Hausmeister des Gehirns: Sie ist mit nahezu allen neuronalen Systemen vernetzt und bekommt somit sämtlichen Klatsch und Tratsch im Gehirn mit. Diese zentrale Steuereinheit hält auch das Großhirn bei Laune und sendet regelmäßig Impulse aus, die das Gehirn wach halten. Umgekehrt knipst die Formatio reticularis auch das Licht aus: Wenn der ständige Strom an Nervenimpulsen ins Großhirn nachlässt, werden wir müde und schlafen ein.

Kabel, Verknüpfungen, Sicherungskästen, alle diese Verschaltungen befinden sich also im Hirnstamm. Doch dieser sorgt auch für die Installation einer anderen wichtigen Versorgungsleitung: der Produktion der Hirnflüssigkeit. Das gesamte Gehirn ist von einem wässrigen Medium, dem Liquor, umgeben. Auch innerhalb des Großhirns befinden sich viele Hohlräume, die Ventrikel, die mit dieser Flüssigkeit gefüllt sind. Gebildet wird dieser Liquor unter anderem von einer stark durchbluteten Region, die am Übergangsbereich von Brücke und verlängertem Mark sitzt: dem Bochdalek'schen Blumenkörbchen. Entdeckt hat es der tschechische Anatom Vinzenz Bochdalek, der wohl ein kleiner Blumenfreund war. Immerhin sah er in dieser kleinen Struktur einen Blumenstrauß mit winzigen Blüten, und dazu gehört schon wirklich viel Fantasie. Das von diesem Gewebe produzierte „Hirnwasser" umspült das Gehirn, so liegt es nicht direkt an den Schädelknochen, sondern ist für den Fall eines Stoßes ein wenig gepolstert.

Der Hirnstamm ist also weit mehr als ein bloßer Stiel, auf dem das wichtige Großhirn sitzt. Er ist die Technikzentrale, in der Elektrotechniker und Klempner gemeinsam die Infrastruktur des Gehirns erhalten. Er verkabelt das Rückenmark mit den wichtigen Nervenbahnen des Großhirns und verbindet das Großhirn mit dem Kleinhirn. Schädigungen bestimmter Hirnstammgebiete können daher auch recht fatal sein, besonders wenn die Brücke betroffen ist. Dann fällt quasi die Hauptverbindung vom Gehirn in die Peripherie aus, und man ist in seinem eigenen Körper gefangen. Man nennt das Locked-In-Syndrom: Bei vollem Bewusstsein kann man meist nur noch die Augen bewegen, weil deren Steuerung oberhalb, also kopfseitig der Brücke stattfindet. Da sieht man wieder mal, wie wichtig nicht nur ein funktionierendes Gehirn, sondern auch dessen funktionierende Verschaltung ist.

1.4 Ohne Kleinhirn lägen wird dumm rum

Das Kleinhirn (lat. Cerebellum) hat eigentlich einen schlechten Ruf. Das liegt zum Teil natürlich an seinem etwas abschätzigen Namen: Ein kleines Gehirn, was soll man damit schon machen können? Doch weit gefehlt, das Kleinhirn ist nicht nur äußerst wichtig, wenn Bewegungen kontrolliert werden müssen, es ist auch noch wunderschön! Im Gegensatz zum Großhirn ist das Kleinhirn wunderbar gefaltet und verschlungen in feinste Verästelungen. Mit dieser filigranen Anmut kann das recht grobschlächtige Großhirn mit seinen breiten Furchen und Wülsten nicht mithalten. Denn obwohl das Kleinhirn beim Menschen etwa zehnmal kleiner ist als das Großhirn, ist seine Oberfläche doch 50-mal größer.

Für viele Anatomen ist deswegen das Kleinhirn ihr Lieblingsobjekt. Das merkt man schon an den Namen, die sie den verschiedenen Bereichen des Kleinhirns gegeben haben. Da findet man Blätter, Segel, Mandeln, Halbmonde, Zungen, Schneeflöckchen und vieles mehr, da sage noch einer, Naturwissenschaftler seien nicht poetisch! Schneidet man das Kleinhirn in der Mitte in zwei Hälften, so sieht man, dass die vielen Verästelungen tatsächlich wie Blätter an einem Ast hängen – und diesen Ast hat man (als Krönung anatomischer Poesie gewissermaßen) Lebensbaum (lat. Arbor vitae) genannt. So etwas gibt es im Großhirn nicht: Da werden viele Regionen einfach durchnummeriert, das Sehzentrum ist zum Beispiel das Areal 17, wie langweilig.

> **Zwischenruf** Aber was macht das Kleinhirn denn nun genau, und wie ist es mit dem restlichen Gehirn verbunden? Ist es wirklich ein eigenes kleines Gehirn?

Natürlich arbeitet das Kleinhirn nicht für sich alleine, wir haben also nicht zwei Gehirne in unserem Kopf. Es ist vielmehr so, dass das Kleinhirn über viele Verbindungen mit dem restlichen Nervensystem in Kontakt steht. Wenn man das Kleinhirn von hinten (also quasi von der Nackenseite) aus betrachtet, sieht man, dass es aus unterschiedlichen Bereichen besteht, die ihre Informationen von verschiedenen Regionen erhalten (Abb. 1.6).

In der Mitte des Kleinhirns liegt der Kleinhirnwurm (lat. Vermis cerebelli). Nun sind Würmer recht scheue Wesen und auch der Kleinhirnwurm versteckt sich auf der Unterseite im Kleinhirn. Auf der Oberseite ist er jedoch gut sichtbar. Der Wurm erhält Informationen aus dem Gleichgewichtsorgan und von den Sehzentren, so vergleicht er immer, ob unsere Körperdrehungen auch mit dem Sichtfeld übereinstimmen. Wenn das mal nicht passt (zum Beispiel, wenn man unbeabsichtigt 20 Seemeilen vor der Küste auf einem kleinen Fischerboot dümpelnd in einen tropischen Sturm gerät), wird einem schwindelig und schlecht. Dieser Bereich des Kleinhirns heißt deswegen auch Vestibulocerebellum, also „Gleichgewichts-Kleinhirn".

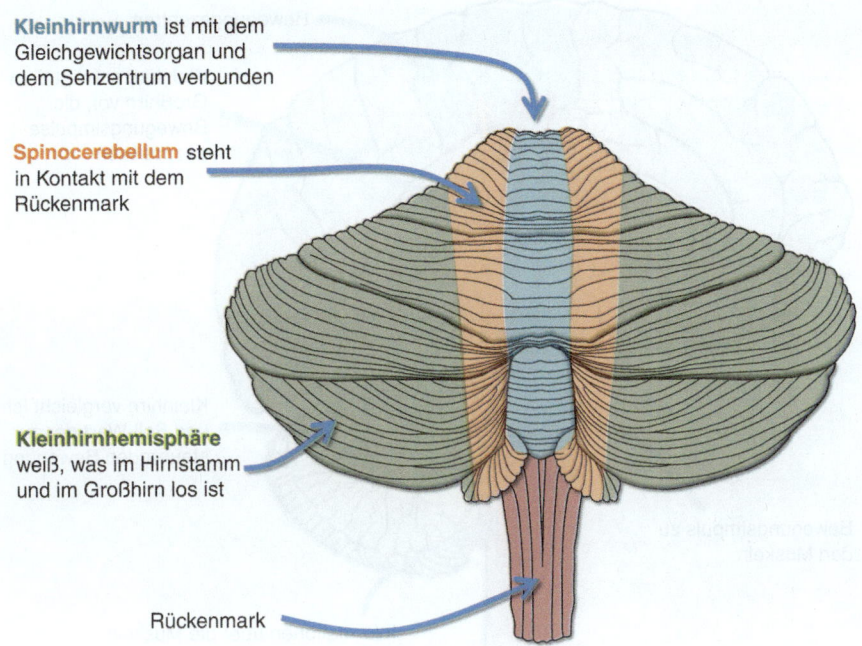

Abb. 1.6   Das Kleinhirn von hinten (der Nackenseite) aus betrachtet. Das Kleinhirn ist mit allen wichtigen Bereichen des Nervensystems verbunden. Im blauen Teil bekommt der Kleinhirnwurm mit, was im Gleichgewichtsorgan und Sichtfeld los ist. Der orangefarbene Teil steht mit dem Rückenmark in Verbindung und heißt deswegen Spinocerebellum (Rückenmarks-Kleinhirn). Im grünlichen Bereich sind die beiden Kleinhirnhemisphären mit dem Hirnstamm und somit dem Großhirn verbunden. (Adaptiert nach Kandel et al. 1995, Abb. 29.7)

Das Kleinhirn ist jedoch nicht nur mit Auge und Ohr verbunden. Über die Kleinhirnstiele ist es an das Rückenmark und dessen Nervenbahnen gekoppelt. Somit wird es permanent mit allen Informationen über den Bewegungsapparat versorgt, weiß also, wie die Muskeln gerade angespannt sind, welche Sehnen gedehnt wurden und wie die Gelenke zueinander verdreht sind. Diesen an den Wurm angrenzenden Bereich des Kleinhirns nennt man deswegen auch Spinocerebellum, was so viel wie „Rückenmarks-Kleinhirn" bedeutet.

Eine dritte Verbindung erhält das Kleinhirn über die schon beschriebenen Oliven aus dem Hirnstamm. Diese erhalten Informationen aus den Bewegungszentren des Großhirns und leiten sie an die äußeren seitlichen Bereiche des Kleinhirns (die Hemisphären) weiter. Das ist gar nicht so leicht, denn das Kleinhirn ist wirklich ein verflixt enges und verschlungenes Ding, deswegen müssen die Nervenfasern der Oliven geradezu in das Kleinhirn hineinklettern (man nennt sie daher auch Kletterfasern). Sie enden an den Purkinje-Zellen

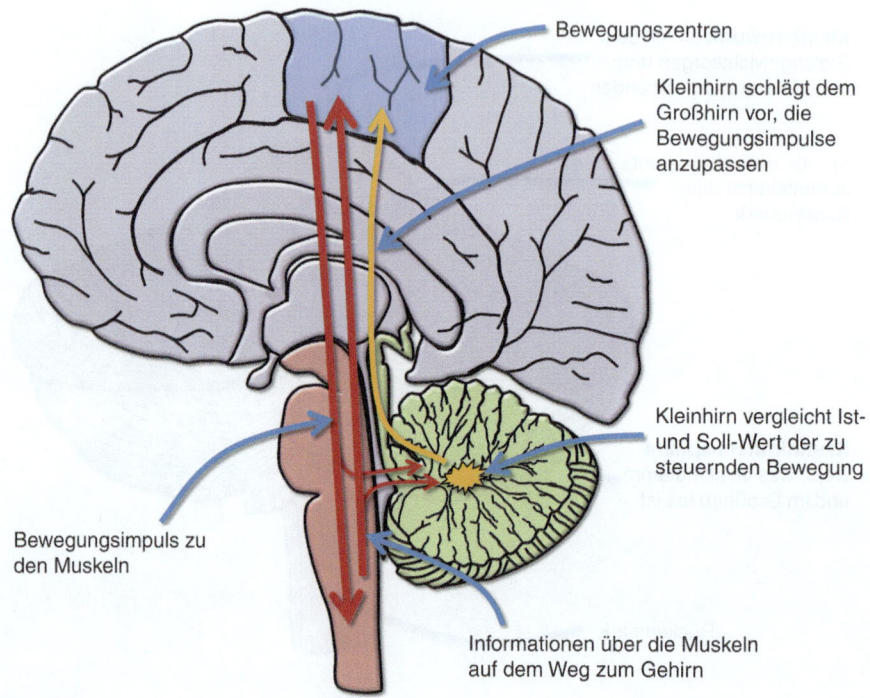

Abb. 1.7 Das Kleinhirn sagt dem Großhirn, wie eine Bewegung auszuführen ist. Das Kleinhirn weiß genau über alle Positionen der Muskeln und Gelenke Bescheid und bekommt auch mit, welche Bewegungsprogramme gerade in den motorischen Zentren im Großhirn ablaufen (rote Pfeile). Das Kleinhirn vergleicht nun Ist- und Soll-Wert der gewünschten Bewegung. Falls es Abweichungen gibt (vielleicht passt zum Beispiel der Befehl „Daumen hoch!" gerade nicht zur aktuellen Handposition), berechnet das Kleinhirn die Abweichung und schlägt dem Großhirn vor, seinen Bewegungsimpuls anzupassen (zum Beispiel: „Erst mal die Faust öffnen und dann Daumen hoch!")

in den seitlichen Kleinhirnhemisphären; so ist dieser Teil mit dem Großhirn verbunden, weswegen man ihn auch Cerebrocerebellum (also – Achtung, meine Lieblingsbezeichnung! – Gehirn-Kleinhirn) nennt.

Das Kleinhirn ist somit mit allen wichtigen Informationssystemen im Körper verbunden, sowohl direkt mit den Sinnesorganen wie Auge und Ohr als auch mit den Bewegungssystemen aus Gehirn und Rückenmark. Das Problem ist nur: Keiner weiß so wirklich, wie das Kleinhirn nun genau funktioniert. Die Verschaltungen sind so komplex und unübersichtlich, dass man nicht genau sagen kann, nach welchen Mustern und Verarbeitungsschritten das Kleinhirn seine Arbeit macht. Klar ist lediglich, dass es bei der Kontrolle der Bewegungen wichtig ist. Ein aktuelles Modell besagt, dass das Kleinhirn dabei wie eine Art Stellschraube oder Korrekturhilfe funktioniert (Abb. 1.7).

Der Vorteil des Kleinhirns ist gerade, dass es von allen Bewegungssystemen Informationen erhält. Es weiß also genau Bescheid, in welchem Zustand sich gerade die Muskeln und Gelenke befinden (über das Rückenmark), hat aber auch Zugriff auf die zentralen Bewegungsprogramme, die momentan im Großhirn am Laufen sind. Man könnte sich vorstellen, dass das Kleinhirn beide Arten von Signalen, die Bewegungsimpulse vom Großhirn und die Rückmeldungen von den Muskeln, vergleicht und dann die Abweichungen zwischen beiden Mustern berechnet. Diese Abweichung wird als Korrekturvorschlag an die Bewegungszentren im Großhirn geschickt. So kann das Großhirn diesen Vorschlag gleich annehmen und seine Bewegungsreize an die Muskeln anpassen. Was für eine Arbeitserleichterung für das Großhirn! Es muss gar nicht mehr selbst rechnen und sich überlegen, wie ein Bewegungsimpuls je nach Muskelstellung verändert werden muss, sondern lässt einfach seinen Kollegen, das fleißige Kleinhirn, diese komplexe Rechenarbeit machen. Man merkt wieder: Das Großhirn ist nicht nur ein wenig eitel, sondern auch noch faul und lässt sich so viel Arbeit wie möglich von anderen Hirnbereichen abnehmen.

So eine Menge Rechenarbeit merkt man dem Kleinhirn aber auch an: Seine Architektur ist nicht nur auffallend schön, sondern auch extrem organisiert. Geradezu pedantisch haben alle Schichten im Kleinhirn ihre Ordnung, und die Verknüpfungen zwischen den Nervenzellen sind außerordentlich groß. Während die Nervenzellen des Großhirns in der Regel „nur" 10.000 Verknüpfungen ausbilden, können die Purkinje-Zellen im Kleinhirn mit bis zu 200.000 anderen Zellen verbunden sein. Vermutlich liegt das daran, dass das Kleinhirn so viele verschiedene Informationen aus den unterschiedlichsten Regionen des Körpers zusammenführen muss.

Beim Menschen ist das Kleinhirn im Vergleich zu anderen Tieren dabei tatsächlich relativ klein. Das hängt nicht damit zusammen, dass der Mensch in den letzten Jahrtausenden immer mehr zu einem bequemen Sofasitzer ohne große Bewegungskompetenz degeneriert ist, sondern dass andere Tiere vielfach sehr viel komplexere Bewegungsmuster durchführen. Bei Vögeln ist das Kleinhirn zum Teil sogar größer als das Großhirn (man merkt an dieser Stelle, wie irreführend Biologen ihre Begriffe wählen können). Das ist auch relativ einleuchtend, denn Vögel müssen komplizierte Bewegungen in einer dreidimensionalen Umgebung häufig unter Zeitdruck durchführen. Man denke nur zum Beispiel an einen Turmfalken, der mit 30 % Schallgeschwindigkeit in eine frisch gemähte Wiese stürzt, um sich ein unschuldiges, aber gut genährtes Mäuschen zu krallen.

Fazit: Man muss nicht groß sein, um groß zu sein. Ohne das Kleinhirn würden wir jedenfalls ziemlich dumm dastehen (bzw. eher liegen, denn schon das Stehen wird ja vom Kleinhirn kontrolliert).

1.5 Mittendrin, statt nur dabei: das Zwischenhirn

Das Zwischenhirn, der Name lässt es schon vermuten, liegt direkt in der Mitte des Gehirns zwischen Hirnstamm und Großhirnrinde. Daher eignet es sich prima als zentrale Verschaltungsstelle, an der eintreffende Informationen neu kombiniert und dann weiter in das Großhirn verschickt werden. Das Zwischenhirn gliedert sich grob in drei Bereiche: Thalamus, Hypothalamus und Hypophyse (die Hirnanhangdrüse). Der Thalamus ist dabei quasi die Schaltstelle des Gehirns: Alle Sinnesinformationen (bis auf den Riechsinn) werden hier gesammelt und dann weitergeleitet. Er ist daher so etwas wie das „Vorzimmer zum Großhirn", denn egal, um welchen Sinneseindruck es sich handelt, er muss erst mal im Thalamus vorstellig werden und dann für so wichtig befunden werden, dass er es auch bis ins Bewusstsein des Großhirns schafft.

Tragen Sie eine Brille? Wenn ja, dann haben Sie diese bis eben vermutlich gar nicht bemerkt. Ihr Bewusstsein hat die Brille quasi „ausgeblendet", obwohl sie die ganze Zeit da war und von Ihnen benutzt wurde. Der Grund dafür ist der Thalamus, denn dieser wird ständig von allen Sinnen gespeist. Nun kennt das jeder: Mit der Dauer wird alles irgendwann langweilig – und der Thalamus ist besonders schnell gelangweilt. Kommt eine Information andauernd an (zum Beispiel, dass Sie eine Brille tragen), so wird dieser Informationsstrom kurzerhand ausgeschaltet und das Großhirn bekommt gar nichts mehr davon mit. Sie können sich jedoch wieder bewusst auf die Information konzentrieren: Setzen Sie Ihre Brille ab, werden Sie schnell merken, dass Sie *keine* mehr tragen. Das dauert aber auch nur wenige Sekunden, dann hat der Thalamus keine Lust mehr und lässt diese Information nicht mehr zum Großhirn durch. Nun ist Letzteres immer noch der Chef im Ring und kann dem Thalamus durchaus befehlen, den ständigen Informationsstrom aufrechtzuerhalten. Sie können die Brille aufsetzen, sich darauf konzentrieren, wie sie an den Ohren oder auf der Nase drückt oder dass sie wieder mal geputzt werden muss (machen sie das am besten gleich, damit Sie gut vorbereitet die nächsten Buchseiten auch problemlos entziffern können). Der Grund dafür ist ganz einfach: Nicht nur der Thalamus entsendet Nervenfasern ins Großhirn, sondern auch umgekehrt. So entsteht eine Art Rückkopplungsschleife aus bewusstem Großhirnerleben und der Filterung der Sinneseindrücke. Daher können wir unsere Aufmerksamkeit bewusst steuern und uns auf Sinneswahrnehmungen fokussieren. Der Thalamus ist dabei sozusagen genau dieser „Sinnesfilter", der Ort an dem entschieden wird, welche Sinne überhaupt zum Großhirn vorstoßen.

Der Thalamus ist aber nur ein Teil des Zwischenhirns. Sein Kollege, der Hypothalamus, arbeitet direkt nebenan und hat sich auf ganz andere Aufgaben spezialisiert: Er sorgt dafür, dass alle Körperprozesse im Gleichgewicht bleiben. Dazu misst er permanent die wichtigsten Parameter wie die Temperatur oder die Salzkonzentration des Blutes. Er bestimmt, welche Hormone oder Botenstoffe sich im Blut befinden oder wie sich die Hirnflüssigkeit gerade zusammensetzt. Er ist quasi immer online und in Echtzeit an den Körpervorgängen dran und kriegt daher sofort mit, wenn etwas gegessen wurde oder man friert.

Natürlich schafft es der Hypothalamus nicht alleine, alle Körperfunktionen zu messen. Deswegen ist er auch mit dem Hirnstamm verbunden und erfährt über diese Empfangsstation, was so mit dem Herz-Kreislauf- und dem Atmungssystem los ist. Man könnte nun vermuten, dass dieser Hypothalamus ein gewaltiges Organ sein müsse, schließlich weiß er permanent über nahezu alle Körperfunktionen Bescheid. Doch weit gefehlt: Tatsächlich ist der Hypothalamus so groß wie eine kleine Fingerkuppe und wiegt gerade mal fünf Gramm. Die ganzen Verschaltungen liegen also auf engstem Raum zusammen, und die Nervenzellen teilen sich ihre Arbeit. Von einem Hunger- oder Sättigungszentrum im Hypothalamus zu sprechen, trifft es also nicht ganz. Ein solch abgegrenztes Zentrum kann es schon deswegen nicht geben, weil es im Hypothalamus so dicht gedrängt zugeht, dass manche Nervenzellen an verschiedenen Messungen und Steuereinheiten gleichzeitig beteiligt sind.

> **Zwischenruf** Aber wie soll so ein kleiner Hypothalamus diese ganzen Körperfunktionen beeinflussen können? Irgendwie muss er ja seine Informationen nicht nur bekommen, sondern auch selbst neue Anweisungen an den Körper schicken!

Gerade weil der Hypothalamus so viele verschiedene Körperfunktionen reguliert, schafft er es nicht alleine, alle Organe zu steuern. Er nutzt deshalb zwei Tricks: Zum einen steuert er seine Zielobjekte nicht immer direkt an. Er könnte ja zu jedem Organ, das irgendwie beeinflusst werden muss (zum Beispiel die Lunge oder die Haut) direkt eine Nervenverbindung herstellen. Das würde aus Platzgründen aber nicht gehen, deswegen steuert er indirekt die Zentren an, die wiederum für die Kontrolle der betreffenden Organe zuständig sind (also beispielsweise das verlängerte Mark im Hirnstamm, wenn die Atmung reguliert werden soll). Der Hypothalamus kann auch indirekt den ganzen Körper steuern, indem er eine emotionale Motivation auslöst, wie zum Beispiel Hunger. Dann laufen die Folgeprozesse (ins Auto steigen, zum Fast-Food-Laden fahren, sich ein schlabbriges Brötchen reindrücken) fast schon wie von selbst ab. Außerdem macht er sich die Funktionen des vegetativen Nervensystems zunutze und kann Sympathikus oder Parasympathikus gezielt aktivieren, um dadurch die Organfunktionen zu beeinflussen.

Und schließlich hat der Hypothalamus noch ein Ass im Ärmel: Er schüttet zusammen mit seiner Kollegin, der Hypophyse (Hirnanhangdrüse), Hormone aus. Zusammen kontrollieren Hypothalamus und Hypophyse mit ihren

„Master-Hormonen" die restlichen Hormondrüsen des Körpers und können so (ein wenig indirekt zwar, aber immerhin) auch in entfernte Prozesse eingreifen. Das geschieht auch bei der Kontrolle des Schlaf-Wach-Rhythmus. Zu diesem Zweck ist im vorderen Teil des Hypothalamus eine kleine Gruppe von Nervenzellen eingebaut, der Nucleus suprachiasmaticus (toller Zungenbrecher, der mal wieder aus dem Lateinischen kommt und so viel wie „Kern, der oberhalb der Sehnervkreuzung liegt" bedeutet). Dieser Kern ist mit dem Sehnerv verbunden (dazu liegt er ja praktischerweise über diesem) und registriert, ob es hell oder dunkel ist. Auf diese Weise wird die Ausschüttung des „Müdigkeitshormons" Melatonin aus der Epiphyse, der Zirbeldrüse (die liegt auch gleich nebenan am Hypothalamus), gesteuert. Allerdings hat dieser Kern auch einen eigenen Rhythmus, er stellt quasi die innere Uhr dar, die das Leben in grobe 24-Stunden-Portionen aufteilt.

Thalamus, Hypothalamus und Hypophyse sind also die drei Hauptspieler im Zwischenhirn. Während der Thalamus die Sinnesinformationen zum Bewusstsein weiterleitet, kümmern sich Hypothalamus und Hypophyse darum, die unbewussten Körperfunktionen einzustellen. So werden hier nicht nur Hunger und Durst ausgelöst, sondern auch der Blutdruck oder die Körpertemperatur justiert, ohne dass wir davon etwas mitbekommen. Überhaupt: Es dürfte nun klar geworden sein, dass viele Prozesse im Nervensystem ablaufen, ohne dass wir etwas davon merken. Sogar simple Sinneswahrnehmungen müssen erst einmal vom Thalamus für so interessant befunden werden, dass sie das Bewusstsein im Großhirn erreichen. Es gibt also viele Dinge, die in uns ablaufen, welche wir nicht bewusst kontrollieren oder die wir nur diffus als „Gefühl" oder „Ahnung" wahrnehmen. Und viele dieser mysteriösen und merkwürdigen Gefühle spielen sich in einem seltsamen Hirnbereich ab, der nur schwer verstanden ist, wie wir jetzt sehen werden.

1.6 Im limbischen System geht's richtig rund

Bisher waren alle Regionen im Gehirn mehr oder weniger gut abzugrenzen: Das Kleinhirn, schön gefaltet, liegt hinter dem Hirnstamm. Dieser mag vielleicht ein wenig unübersichtlich sein mit seinen ganzen auf- und absteigenden Bahnen aus dem Rückenmark, aber er lässt sich doch ganz gut erkennen. Auch das Zwischenhirn, namentlich Thalamus und Hypothalamus sind von den umliegenden Gebieten ganz gut zu trennen. Und wo das Großhirn anfängt und aufhört ist sowieso recht leicht zu sehen. In der Mitte des Gehirns gibt es jedoch eine Region, in der es ziemlich unübersichtlich, geradezu chaotisch zugeht. Damit man nichts falsch macht und kein Hirnareal vergisst, hat

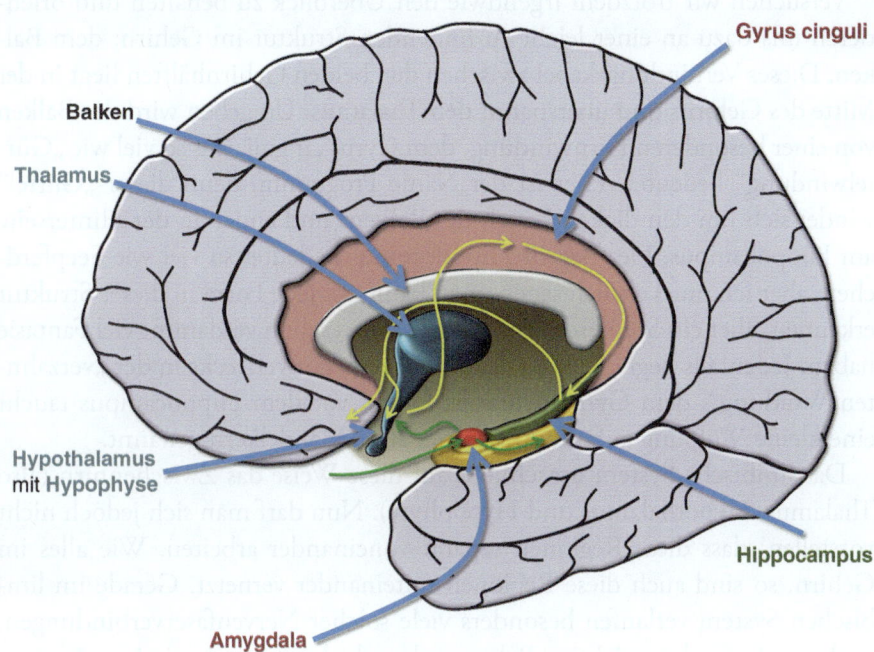

Abb. 1.8 Alles schwer vernetzt im limbischen System. Zum limbischen System gehören verschiedene Nervenbahnen und Gruppen von Nervenzellen. Oberhalb des Balkens verläuft ein dickes Nervenbündel, der Gyrus cinguli, der den Hippocampus (*grün*) erreicht. Der Hippocampus liegt gut versteckt neben der Amygdala (der rote Knubbel im Bild). Über den Papez-Kreis (*gelbe Pfeile*) ist der Hippocampus mit Thalamus und Hypothalamus verbunden (beide in *Blau*). Die Amygdala-Bahnen (grüne Pfeile) zielen ebenfalls auf den Hypothalamus und das Großhirn. Natürlich gibt es noch viele Nervenbahnen mehr, und nahezu alle Strukturen im limbischen System und dem Zwischenhirn sind irgendwie miteinander verknüpft – aber das Bild ist so auch schon unübersichtlich genug, weshalb diese hier mal nicht gezeigt sind

man diesen Teil einfach mal „limbisches System" getauft. Aber was jetzt im Einzelnen so dazu gehört, darüber kann man wohl streiten.

Der Begriff des limbischen Systems geht auf den französischen Arzt Paul Broca zurück. *Limbus* kommt aus dem Lateinischen und heißt so viel wie „Rand" oder „Saum". Da merkt man schon: Das ist irgendwie diffus, ein „umsäumtes System", was soll das denn sein? Umso seltsamer wird es, wenn man sich vergegenwärtigt, was die Funktion dieses limbischen Systems sein soll: Hier finden diese ganzen schwer fassbaren Emotionen ihr Zuhause. Ekel und Angst sollen hier gesteuert, persönliche Erinnerungen abgespeichert und die Welt der Gerüche erschlossen werden. Das klingt nach einem wilden Sammelsurium an Funktionen – und genauso sieht auch das limbische System aus, äußerst undurchsichtig (Abb. 1.8).

Versuchen wir trotzdem irgendwie den Überblick zu behalten und orientieren uns dazu an einer leicht zu findenden Struktur im Gehirn: dem Balken. Dieses Verbindungskabel zwischen den beiden Gehirnhälften liegt in der Mitte des Gehirns und überspannt den Thalamus. Umgeben wird der Balken von einer besonderen Hirnwindung, dem Gyrus cinguli, was so viel wie „Gürtelwindung" bedeutet. Hier ist der Name Programm, denn dieser „Gürtel" windet sich um den dicken Bauch des Balkens und endet an der Hinterseite am Hippocampus. Der Begriff Hippocampus bedeutet so viel wie Seepferdchen, aber ich muss ehrlich sagen, man kann fast jede Form in dieser Struktur erkennen, aber ein Seepferdchen? Da muss man schon verdammt viel Fantasie haben. Jedenfalls liegt der Hippocampus selbst gut versteckt in der „verzahnten Windung", dem Gyrus dentatus. Direkt vor dem Hippocampus taucht eine kleine Wölbung auf, die Amygdala, auch Mandelkern genannt.

Das limbische System umschließt auf diese Weise das Zwischenhirn (also Thalamus, Hypothalamus und Hypophyse). Nun darf man sich jedoch nicht vorstellen, dass diese Regionen separat voneinander arbeiten. Wie alles im Gehirn, so sind auch diese Regionen miteinander vernetzt. Gerade im limbischen System verlaufen besonders viele solcher Nervenfaserverbindungen, und eine besonders wichtige Bahn wird nach dem amerikanischen Anatom James W. Papez als „Papez-Kreis" bezeichnet (gelbe Pfeile in Abb. 1.8): Vom Gyrus cinguli verläuft dabei ein mächtiges Faserbündel (das Cingulum, der „Gürtel") zum Hippocampus. Dieser entsendet seinerseits wieder ein Faserbündel über den Thalamus bis in den Hypothalamus. Hier merkt man schon: Die Definition des limbischen Systems wird schwammig, denn Thalamus und Hypothalamus gehören ja eigentlich zum Zwischenhirn.

Die Funktion dieses Papez-Kreises liegt wohl in der Speicherung von Erinnerungen und der Verknüpfung mit Emotionen. Bei einer Gehirnerschütterung nach einem Unfall kann man sich manchmal gar nicht mehr an den Unfall selbst erinnern. Das liegt daran, dass die Nervenzellen im Hippocampus recht empfindlich sind und der Papez-Kreis kurzzeitig gestört wurde. Hier merkt man aber auch noch etwas anderes: Wenn der Hippocampus tatsächlich für die Gedächtnisbildung zuständig ist, dann spielen Emotionen immer eine wichtige Rolle. Logisch, denn der Hippocampus ist über den Papez-Kreis ja auch mit dem Hypothalamus verbunden, der an der Ausbildung von Gefühlen beteiligt ist. Deswegen können wir uns Informationen auch umso besser merken, je emotionaler diese waren. Je mehr Bahnen und Schaltkreise aktiv sind, umso besser.

Zwischenruf Der Hippocampus – ist das nicht das Gedächtniszentrum im Gehirn?

Nun hat der Hippocampus tatsächlich die Aufgabe, Gedächtnisinhalte aufzubauen. Aber ein „Zentrum für ein Gedächtnis" gibt es gar nicht, denn Informationen werden im Gehirn nicht irgendwo abgespeichert und anschließend wieder abgerufen (wie auf einer Festplatte). Im Computer läuft das ja so, da gibt es die *Daten*, die unter *Adressen* abgelegt werden. Im Gehirn jedoch sind Daten und Adressen das Gleiche. Wie wir noch sehen werden, ist eine Information nichts anderes als die Art, wie eine Gruppe von Nervenzellen aktiviert wird, ein Aktivitätsmuster sozusagen. Je häufiger eine Gruppe von Nervenzellen aktiviert wird, desto stabiler prägt sich dieses Muster ein. Aus diesem Grund muss man eigentlich alle Dinge durch Wiederholung neu lernen.

Nun haben wir im normalen Leben wenig Zeit, alle Dinge zehn- oder 20-mal zu machen, bis wir sie richtig beherrschen. Ein jeder weiß auch, dass sich manche Informationen sofort einbrennen und nie wieder vergessen werden. Genau dafür gibt es den Hippocampus im limbischen System. Er ist über verschiedene Nervenbahnen gut mit dem Großhirn verbunden und nimmt erst einmal alle Informationen auf. Nun ist das Speichervermögen des Hippocampus begrenzt, also will er die Informationen bald loswerden. Das tut er, wenn wir schlafen. Immer wieder präsentiert er dann dem Großhirn die Informationen des Tages, denn das Großhirn merkt sich die Dinge erst nach mehrmaligem Wiederholen. Deswegen ist ausgiebiger Schlaf auch so wichtig für das Erinnerungsvermögen, denn da kann der Hippocampus mal so richtig zeigen, was alles an Informationen in ihm steckt. Er ist so eine Art „Besserwisser im Gehirn" und „hämmert" permanent auf das Großhirn ein, präsentiert immer und immer wieder sein ganzes kurzgespeichertes Wissen. Andauernd werden so gezielt kleine Gruppen von Nervenzellen im Großhirn aktiviert. Irgendwann hat es dann auch das Großhirn kapiert und passt seine Netzwerke entsprechend an, sodass dieses Aktivitätsmuster stabil gefestigt wird. Auf diese Weise wird eine Information in der *Architektur des Nervenzellnetzwerks* gespeichert. Sobald die Information daher einmal im Großhirn verankert wurde, ist sie auch recht robust und nur schwer zu löschen.

Der Hippocampus nimmt also schnell Informationen auf, doch er gibt sie auch schnell wieder ab. Das funktioniert übrigens besonders gut bei Fakten, vor allem dann, wenn sie emotional durch Beteiligung des Hypothalamus „gefärbt" wurden. Je verteilter eine Information (also ein Aktivierungsmuster von Nervenzellen) im weitläufigen Netzwerk des Großhirns abgelegt wurde, desto stabiler ist sie auch. Nun ist der Hippocampus leider nicht an die Bewegungszentren angeschlossen. Wenn wir also eine neue Bewegung, ein neues Instrument oder eine neue Sportart lernen, müssen wir persönlich recht mühselig die ganze Wiederholungsarbeit erledigen, die normalerweise der Hippocampus für uns im Schlaf übernimmt. Merke also: Der Hippocampus eignet sich deshalb so gut als „Trainer für das Großhirn", weil er mittendrin sitzt im Gehirn.

Dort geht es schließlich richtig zur Sache: Ständig kommen Sinnesinformationen rein (über den Thalamus), sie können mit bekannten und bewussten Informationen (im Großhirn) verglichen und mit Emotionen verknüpft werden (im Hypothalamus). Und das passiert alles *gleichzeitig* und *vernetzt*. Es ist nicht so, dass über den Papez-Kreis eine Information ankommt, anschließend im Hippocampus weiterverarbeitet wird, zum Hypothalamus läuft und dann wieder zurück. Es sind vielmehr simultane Prozesse, ständige Rückkopplungsschleifen, Impulse, die sich so selbst verstärken und neue Muster auslösen. Und je mehr Schaltkreise daran beteiligt sind, desto effektiver wird das geschehen.

Neben dem Papez-Kreis existieren nämlich noch ganz viele andere solcher Bahnen. Ein ganz besonderer befasst sich hauptsächlich mit der Verschaltung von Emotionen: der Amygdala-Kreis (grüne Pfeile in Abb. 1.8). Er geht von der Amygdala aus, die sich auf die Ausbildung von Gefühlen (vor allem negative wie Ekel, Angst oder Wut) spezialisiert hat. Von der Amygdala geht eine wichtige Nervenbahn in den Thalamus, eine andere in die Großhirnrinde. So können einmal ausgebildete Emotionen sehr stark werden – und insbesondere negative Emotionen beeinflussen unser Denken und Verhalten ganz besonders intensiv. Kein Wunder, wenn die Amygdala mit allen wichtigen Zentren im Gehirn verbunden ist. Interessanterweise erhält die Amygdala einen wichtigen Zugang vom Riechzentrum. Während also alle anderen Sinne vom Thalamus verarbeitet werden, münden die Geruchsinformationen erst mal in das archaische Emotionszentrum der Amygdala. Das ist auch der Grund dafür, dass wir Gerüche immer mit Gefühlen verbinden. Bei jedem Geruch empfinden wir etwas, positiv oder negativ – einen neutralen Geruch gibt es nicht.

Das limbische System ist also wirklich ein unübersichtliches Durcheinander an Verschaltungen und Nervenbahnen. Papez-Kreis und Amygdala-Kreis existieren zwar tatsächlich, doch nie alleine und so separat wie in Abb. 1.8 gezeigt. Letztendlich ist irgendwie alles mit allem vernetzt. Keine Region arbeitet hier für sich, und das macht die Beschreibung dieses „Systems" etwas kompliziert. Es ist sogar schon schwierig, unter Wissenschaftlern eine allgemeine Definition für das limbische System zu finden. Der eine ordnet einen Teil des Zwischenhirns (zum Beispiel Teile des Thalamus) dazu, der andere nicht. Da wird einem schnell klar: Das Gehirn wurde bestimmt nicht dafür konstruiert, dass es sich von irgendwelchen Anatomen schön auseinandernehmen und beschreiben lässt. Der Witz ist ja genau der, dass es vernetzt ist und alle Regionen miteinander in Kontakt stehen – das limbische System treibt dieses Prinzip nur auf die Spitze.

1.7 Total zerknautscht und doch geordnet: der Cortex

So, jetzt ist Schluss mit diesen ganzen Erklärungen über Hirnregionen, von denen man bisher kaum etwas gehört hat, die super kompliziert in irgendwelchen Ecken des Gehirns liegen und total unübersichtlich verschaltet sind. Kommen wir nun zum Prunkstück des ganzen Nervensystems: dem Großhirn. Ich sollte genauer sein und sagen: der Großhirnrinde oder lateinisch Cortex. Denn wenn man sich ein Gehirn so von außen betrachtet, sieht man eigentlich nur genau das: die Rinde des Großhirns, schön zerfurcht und mit vielen Falten. Und es ist auch gerade dieser Cortex, der uns Menschen so besonders macht und uns von anderen Lebewesen unterscheidet.

Alle bisher erwähnten Hirnregionen sind alt. Alt im Sinne von „haben sich schon vor langer Zeit in der Evolution entwickelt". Der Hirnstamm war vermutlich schon in den einfach gestrickten Gehirnen der ersten Reptilien eingebaut, die vor einigen 100 Mio. Jahren über das urzeitliche Festland krochen. Etwas abschätzig nennt man deswegen den Hirnstamm auch „Reptiliengehirn", wir alle tragen also das evolutionäre Erbe dieser primitiven Gehirne in uns herum. Aber der Hirnstamm kann ja eigentlich auch nicht besonders viel: ein bisschen die Atmung regulieren, ein paar wichtige Nervenbahnen legen und das Gehirn ans Rückenmark koppeln. Das ist wohl alles toll und wichtig – aber eben auch keine große geistige Kunst (man merkt das unter anderem daran, dass Krokodile oder Echsen nicht sonderlich künstlerisch aktiv sind). Auch das Kleinhirn ist nichts, was nur dem Menschen vorbehalten wäre und ihn von den anderen Lebewesen unterscheidet (wie gesagt: Einige Vögel haben vergleichsweise riesige Kleinhirne). Das sind alles evolutionär gut erprobte Hirnregionen, sie funktionieren prima zur Steuerung von Körperfunktionen, machen aus den Menschen aber nicht diese kreativen Geschöpfe, die wir in aller Bescheidenheit nun mal sind.

Also muss es der Cortex sein, der uns Menschen so besonders macht – und tatsächlich: Es gibt kein Lebewesen, das eine vergleichbare Komplexität der Großhirnrinde zeigt. Selbst Menschenaffen haben recht ausgeprägte Großhirne, aber der Mensch setzt nochmal eins oben drauf. Oben drauf – das ist auch genau das Stichwort, denn das Großhirn sitzt tatsächlich über den anderen Hirnregionen und umgibt sie wie ein Mantel. Wenn man nämlich den Schädelknochen eines Menschen aufsägt und das Gehirn herausholt, so zeigt es schon auf den ersten Blick seine besondere Form. Diese ist schematisch in Abb. 1.9 gezeigt – und was fällt einem in dieser Zeichnung sofort auf? Natürlich: die vielen bunten Farben. Aber die habe ich nur zur Veranschaulichung der unterschiedlichen Großhirnrindenbereiche extra hineingemalt, das Gehirn kommt leider überwiegend in wenig lebensbejahenden Grautönen daher.

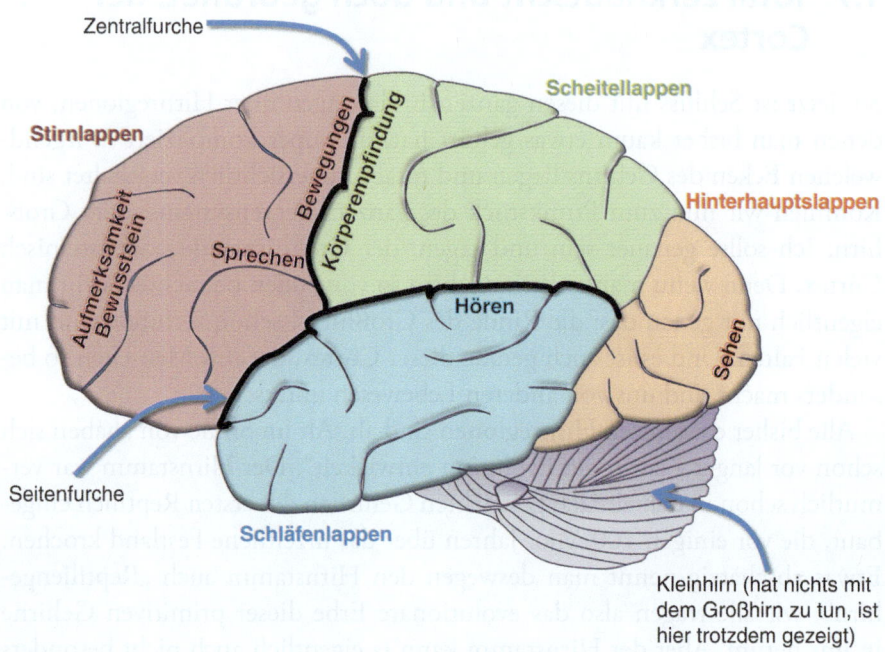

Abb. 1.9 Die Großhirnrinde ist zerknautscht und voller Furchen. Durch die vielen Windungen (Gyri) und Furchungen (Sulci) vergrößert die Großhirnrinde seine Oberfläche. So lassen sich auch die vier verschiedenen Hauptlappen unterteilen. Im vorderen Stirnbereich liegt der Stirnlappen (Lobus frontalis), der durch die mächtige Zentralfurche vom Scheitellappen (Lobus parietalis) getrennt ist. Der Scheitellappen geht am Hinterkopf in den Hinterhauptslappen (Lobus occipitalis) über. Seitlich liegt der Schläfenlappen (Lobus temporalis), der durch die Seitenfurche vom Scheitellappen getrennt ist. Eingezeichnet sind außerdem noch einige wichtige Regionen, die sich auf besondere Aufgaben (wie Sprechen oder Sehen) konzentrieren

Etwas anderes ist viel erstaunlicher: Das Gehirn hat einige Furchen und ist zerknautscht, als wäre es mit Gewalt in den Schädel hineingeknüllt worden.

Und irgendwie stimmt das auch, denn in der Evolution konnte sich das Gehirn nicht einfach immer weiter vergrößern. Der Schädel eines Neugeborenen konnte immer nur so groß werden, dass er noch durch den Geburtskanal der Mutter passt. Es gab nun zwei Möglichkeiten: Entweder das Becken der gebärenden Frau deutlich verbreitern (so auf einen halben Meter oder mehr) oder das Gehirn irgendwie vergrößern, ohne dass es mehr Platz einnimmt. Ich bin froh, dass in der Evolution der zweite Weg gewählt und die Großhirnrinde zusammengeknautscht wurde. Auf diese Weise konnte seine Oberfläche weiter vergrößert werden ohne dass übermäßig viel neuer Platz beansprucht wurde. Der Cortex ist also an vielen Stellen von Furchen, den Sulci, durchzogen (lat. *sulcus* bedeutet auch in etwa „Furche" oder „Graben"). Zwischen diesen Furchen windet sich der Cortex hin und her, logischerweise nennt man diese Bereiche daher auch Windungen oder Gyri (vom griechischen Wort *gyros* für Drehung, daher auch der Name Gyros für den leckeren Drehspieß). Diese Furchungen und Windungen sind bei den meisten Menschen im Detail verschieden, doch die groben Strukturen sind ähnlich. So gibt es die ganz charakteristischen Zentral- und Seitenfurchen, die das Gehirn in die vier großen Regionen einteilen, die man Lappen (lat. *lobus*) nennt.

Vorne, direkt über den Augen, liegt der Stirn- oder Frontallappen (Lobus frontalis), und der vorderste Teil der Großhirnrinde wird sinnigerweise auch präfrontaler Cortex (also „Ganz-vorne-am-vorderen-Bereich-Cortex") genannt. Dieser Region werden die ganzen wichtigen Aufmerksamkeitsprozesse zugeschrieben, hier sollen unser Arbeitsgedächtnis, unsere Aufmerksamkeit, sogar unser Bewusstsein sitzen. Das ist ganz schön viel für einen einzigen Hirnlappen – und deswegen ist dieser auch ziemlich groß, über 40 % der Großhirnrinde macht nur dieser Stirnlappen aus.

Der Grand Canyon des Cortex ist die Zentralfurche, die quer über die Hirnrinde verläuft und den Stirn- vom Scheitellappen (Lobus parietalis) trennt. Diese Zentralfurche ist ein praktisches Hilfsmittel, um sich leicht im Cortex zu orientieren. Denn direkt vor dieser Furche, noch im Stirnlappen, liegt das Bewegungszentrum des Cortex. In einem schmalen Streifen, der sich an der Zentralfurche entlangzieht, werden die ganzen tollen Bewegungsideen ausgebrütet, um so alltägliche Dinge durchzuführen wie einen zweieinhalbfachen Auerbachsalto mit drei Schrauben, gehechtet vom Drei-Meter-Brett. Wohlgemerkt: Es sind die Ideen der Bewegungsmuster, die hier entstehen. Damit daraus die fertige Bewegung wird, müssen Hirnstamm, Rückenmark und Kleinhirn mitmachen.

Aber nicht nur die Planung von Bewegungen ist wichtig, man will ja auch gerne mitbekommen, wie sich die Welt so anfühlt. Deswegen liegt direkt hinter der Zentralfurche im Scheitellappen ein schmaler Streifen, der für die Körperempfindung zuständig ist. Hier „spüren" wir quasi unsere Umgebung, empfinden Berührungen oder Temperatur.

Der Hinterhauptslappen (Lobus occipitalis) ist der kleinste der vier Hirnlappen, hier liegen die wichtigen Areale zur Verarbeitung der Bildinformationen. Der Mensch ist ja ein recht optisch fixiertes Wesen und nimmt die Welt in allererster Linie über die Augen wahr. Farbsehen in 3-D, das ist in der Natur gar nicht so häufig, und genau aus diesem Grund ist das „Sehzentrum" auch ein recht ausgedehnter Bereich im hinteren Hinterhauptslappen.

Seitlich bildet der Cortex dann noch den Schläfenlappen (Lobus temporalis) aus, der vom restlichen Cortex durch die mächtige Seitenfurche getrennt ist. Direkt an diese grenzt auch ein Zentrum an, das sich mit der Verarbeitung akustischer Information beschäftigt, das Wernicke-Areal. In dieser Region wird die Sprache „verstanden", also das zunächst sinnlos erscheinende Getratsche Ihres Arbeitskollegen in „sinnvolle" Sätze übertragen. Interessanterweise ist die Verarbeitung der Sprache im Cortex aufgeteilt: Während das Wernicke-Areal gehörte Wörter erkennt und zu Sätzen zusammenbastelt, wird die Sprache selbst im Broca-Areal erzeugt, das über der Seitenfurche im Stirnlappen liegt. Diese Areale wurden nach Paul Broca und Carl Wernicke benannt, einem Chirurgen bzw. Neurologen, die diese Regionen zum ersten Mal beschrieben.

> **Zwischenruf** Also ist der Cortex so modulartig in einzelne Regionen aufgeteilt, die unterschiedliche Funktionen übernehmen: Sehen, Sprache, Bewegungen, Fühlen, ... Alles hat seinen Platz im Gehirn, wie praktisch!

Ja, man könnte tatsächlich meinen, der Cortex wäre so eine Art „Schweizer Taschenmesser". Für jede Anwendung hat er eine passende Region mit spezialisierten Nervenzellen, die quasi als Experten die jeweilige Aufgabe lösen (wie etwa Sprache zu erzeugen). Doch das greift ein wenig zu kurz. Man darf nicht vergessen, dass der Cortex unfassbar stark vernetzt ist. Natürlich gibt es einzelne Regionen, die sich spezialisiert haben, aber zum einen sind diese Regionen niemals so klar und deutlich abgegrenzt von ihren Nachbarregionen, und zum anderen können solche Nervenzellgruppen zur Not auch andere Aufgaben übernehmen. Das Gehirn ist nämlich unheimlich formbar. Es passt sich immer wieder neuen Eindrücken an und verändert daraufhin seine Struktur. Natürlich gibt es im Gehirn bestimmte Regionen, die sich auf einige Aufgaben (wie das Sehen oder die Sprache) konzentriert haben, aber sie arbeiten nicht alleine. Beispiel Sehen: Eine optische Information gelangt vom Auge zunächst in den *primären* Sehcortex im Hinterhauptslappen. Dort werden die Informationen aber nicht komplett verarbeitet, sondern auch an *sekundäre* und *tertiäre* Regionen weitergereicht, die um das primäre Sehzentrum herum liegen. Diese beschäftigen sich dann nicht mehr mit der detaillierten Auswertung von einzelnen optischen Informationen (zum Beispiel: „scharf abgrenzbares Objekt mit hautartiger Oberfläche"), sondern formen sie zu komplexen Mustern („eine Hand, die winkt") und erschaffen so ganze Bilder im Kopf („Florian Silbereisen, der winkend von einer Showtreppe herabsteigt und so die Massen grüßt"). So werden die primären Regionen immer von ihren umgebenden Feldern unterstützt – und erzeugen auf diese Weise Bilder, die im Gedächtnis bleiben.

Natürlich ist nicht der gesamte Cortex in solche primären, sekundären und tertiären Verarbeitungsregionen eingeteilt. Viele große Bereiche liegen zwischen diesen Zentren, und da sie nicht aktiv werden, wenn man sich bewegt oder Sinneseindrücke verarbeitet, nimmt man an, dass es „Verknüpfungsregionen" sind und nennt sie daher „Assoziationsfelder". Man unterscheidet dabei drei Haupt-Assoziationsfelder, die im Stirnlappen, am Übergang von Stirn- und Schläfenlappen bzw. an der Ecke zwischen Schläfen-, Scheitel- und Hinterhauptslappen liegen. Diese Bereiche scheinen die verschiedenen Einzelregionen (die ja eigentlich nicht einzeln, sondern schon für sich vernetzt sind) mit weit entfernten Arealen zu verbinden. Denn der eine oder andere hat es sicher schon bemerkt: Wir erleben die Welt als Einheit. Bewegungsimpulse und Sinneinformationen werden integriert, noch mit hübschen Erfahrungen und Gedanken ausgeschmückt, und fertig ist die Welt, wie wir sie erfahren. Und gerade in diesen Assoziationsfeldern findet diese Integration der verschiedenen Teilaspekte statt. Alle Hirnlappen sind so miteinander verbunden.

> **Zwischenruf** Das ist mir alles zu lappig! Wie ist denn der Cortex genauer aufgebaut?

Die Lappen erkennt man ja nur, wenn man seitlich auf ein unversehrtes Gehirn schaut. Schon von oben betrachtet, sieht man, dass das Gehirn aus zwei Hälften besteht: der rechten und der linken Hemisphäre. Das wird umso deutlicher, wenn man das Gehirn in der Mitte durchschneidet und von vorne auf diesen Querschnitt schaut (Abb. 1.10).

Schon auf den ersten Blick erkennt man dabei eine Besonderheit: Das Großhirn ist innen nicht gleichmäßig aufgebaut, sondern es gibt unterschiedlich helle Bereiche, die graue und die weiße Substanz. Man könnte ja denken: Großhirn – alles klar, das ist randvoll mit Nervenzellen, die braucht man alle, um die ganzen Informationen zu verrechnen, also sollte man auch so viele wie möglich in das Gehirn reinstopfen! Das ist natürlich großer Quatsch. Denn das Großhirn besteht nur etwa zur Hälfte überhaupt aus Nervenzellen. Genauer gesagt: Nervenzellkörpern. Diese sitzen dicht gepackt in der Großhirnrinde, dem Cortex, der noch nicht mal ganz einen halben Zentimeter dick ist. Überall, wo die Nervenzellkörper sitzen, hat der Cortex daher seine graue Farbe. Die ganzen Nervenfasern müssen jedoch auch irgendwohin. Nervenzellen funktionieren ja nur dann gut, wenn sie gut vernetzt sind – und das braucht Platz. Die Nervenfasern und -bündel verlaufen deswegen in der weißen Substanz des Großhirns und verknüpfen die verschiedenen Hirnregionen. Die Hauptverbindungsachse zwischen den beiden Gehirnhälften, die Datenautobahn sozusagen, ist der Balken. Obwohl er nur etwa den Durchmesser einer kleinen Briefmarke hat, werden hier 250 Mio. Nervenfasern durchgeleitet.

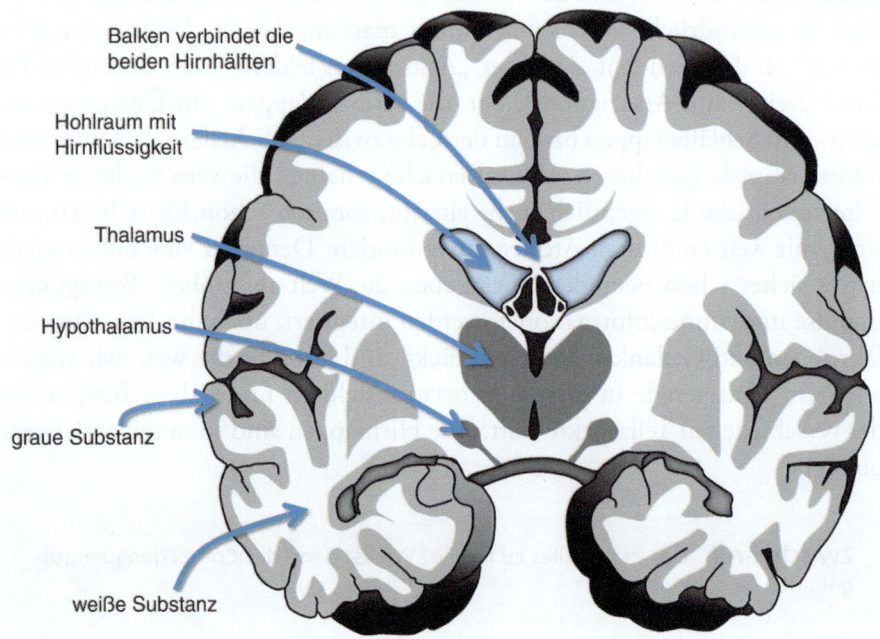

Abb. 1.10 Querschnitt durch ein Großhirn. Man sieht die beiden Hirnhälften, die durch den Balken in der Mitte verbunden sind. Außerdem befindet sich in der Mitte des Gehirns ein Loch, das mit Hirnflüssigkeit gefüllt ist. Auffällig überdies: Der Rand des Großhirns ist gräulich, das ist der Cortex, in dem die Nervenzellkörper sitzen. Die weißen Bereiche bestehen aus Nervenfasern

Dadurch stehen die beiden Gehirnhälften immer in Kontakt und tratschen, was das Zeug hält.

Wenn man das Gehirn durchschneidet, fällt auf, dass es innen einige Löcher hat. Diese Löcher (man spricht von Ventrikeln) sind natürlich nicht hohl, sondern angefüllt mit dem Liquor, der Hirnflüssigkeit. Wir haben ja gesehen, dass es im Hirnstamm das Bochdalek'sche Blumenkörbchen gibt, das diesen Liquor bildet, doch fairerweise muss man sagen, dass es an vielen Ecken dieser Ventrikel kleine Zellgruppen gibt, die den Liquor produzieren und immer hin und her pumpen. Insgesamt gibt es knapp 150 ml dieser Hirnflüssigkeit, die nicht nur die Ventrikel durchflutet, sondern auch das Nervensystem als Ganzes umgibt. Natürlich sind das Nervensystem insgesamt und ganz besonders das Gehirn recht reinlich und achten ständig auf ihre Hygiene. Deswegen wird der Liquor auch bis zu viermal täglich ausgewechselt, damit das Gehirn immer ein sauberes Badewasser zur Verfügung hat. Das Gehirn ist also auch ein recht eitles Organ!

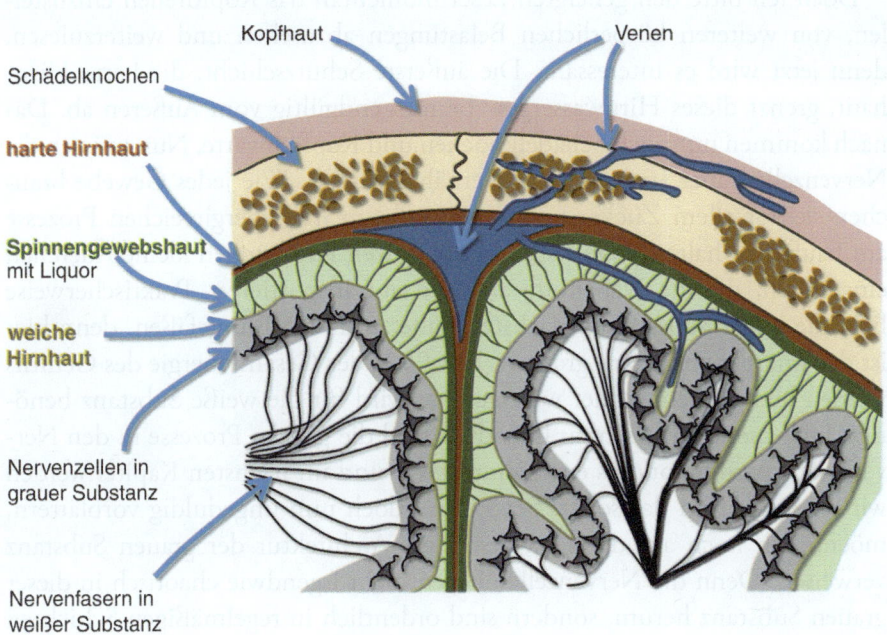

Abb. 1.11 Das Gehirn ist gut geschützt. Hier sieht man eine schematische Vergrößerung des Cortex-Randbereiches. Die Nervenzellkörper liegen in der grauen Substanz und schicken ihre Fasern in die weiße Substanz. Die weiche Hirnhaut überzieht die graue Substanz und grenzt sie gegen die Spinnengewebshaut ab. Diese ist mit dem Liquor angefüllt und polstert das Gehirn. Die harte Hirnhaut bildet den Abschluss, bevor schon Schädelknochen und Kopfhaut kommen. Eingelagert in diese Gewebe sind viele Blutgefäße, die bis zu den Nervenzellen in der grauen Substanz vordringen

Damit gibt sich ein Großhirn aber noch lange nicht zufrieden. Neben einer sauberen Umgebung achtet es auch penibel darauf, dass es gut geschützt ist. Während andere Gewebe im Körper eine einzige Haut und dann etwas Bindegewebe um sich herum haben, verlangt das Großhirn gleich nach drei Hirnhäuten, die dicht gepackt unter dem Schädel sitzen (Abb. 1.11).

Die graue Substanz mit den Nervenzellkörpern wird erst einmal von der weichen Hirnhaut umgeben. Diese trennt das Nervengewebe vom Liquor ab, der sich in der Spinnengewebshaut befindet. Die hat ihren Namen von den vielen Verästelungen, die sie ausbildet, um eine Art Polster für das Gehirn zu bilden, denn eigentlich schwimmt das Gehirn die ganze Zeit in seiner Hirnflüssigkeit. Das merken Sie sofort, wenn Sie Ihren Kopf etwas schneller hin und her drehen, dann „schwappt" das Gehirn in seiner wässrigen Hülle, der Spinnengewebshaut.

Doch ich bitte den geneigten Leser momentan das Kopfdrehen einzustellen, von weiteren körperlichen Belastungen abzusehen und weiterzulesen, denn jetzt wird es interessant. Die äußerste Schutzschicht, die harte Hirnhaut, grenzt dieses Hirnwassergewebe nun endgültig vom Äußeren ab. Danach kommen nur noch Schädelknochen und Kopfschwarte. Nun müssen die Nervenzellen aber auch irgendwie ernährt werden. Wie jedes Gewebe brauchen sie vor allem Zucker und Sauerstoff, um ihre energiereichen Prozesse am Laufen zu halten. Dafür sind in die ganzen Furchungen kleine Äderchen eingelassen, die die Nährstoffe an- und abtransportieren. Praktischerweise liegt die graue Substanz in nächster Nähe zu diesen Blutgefäßen, denn hier ist der Energieumsatz am größten. Fast 95 % der Gesamtenergie des Gehirns werden hier umgesetzt, der winzige Rest wird für die weiße Substanz benötigt. Hier merkt man schon: Irgendwie sind die ganzen Prozesse in den Nervenzellkörpern besonders energieintensiv – und im nächsten Kapitel werden wir sehen, warum das so ist. Bevor Sie jedoch nun ungeduldig vorblättern, möchte ich noch auf die ganz besondere Architektur der grauen Substanz verweisen. Denn die Nervenzellen liegen nicht irgendwie chaotisch in dieser grauen Substanz herum, sondern sind ordentlich in regelmäßigen Schichten geordnet. In sechs Schichten, um genau zu sein (Abb. 1.12).

Dabei liegt die Schicht 1 am weitesten außen, an der Oberfläche des Cortex sozusagen. Schicht 6 ist dementsprechend am tiefsten im Cortex verborgen. Ein Schichtenaufbau hat gewaltige Vorteile: Nichts kommt durcheinander, und je nachdem, aus welcher Schicht eine Nervenzelle Informationen empfängt, kann sie zuordnen, woher die jeweilige Information kommt.

Doch der Reihe nach: Es mag nicht überraschen, aber der Cortex (also die graue Substanz) ist wirklich randvoll mit Nervenzellen. Sie tragen alle lustige Namen und je nach Form heißen sie Korbzelle, Spindelzelle oder Armleuchterzelle. Etwa 70 % aller Nervenzellen im Cortex sind jedoch Pyramidenzellen. Die haben nichts mit den Pyramidenbahnen im Hirnstamm zu tun. Ihr Name kommt vielmehr daher, dass diese Nervenzellen tatsächlich eine dreieckige Pyramidenform besitzen. Die Zellkörper dieser Pyramidenzellen sitzen in den Schichten 3 bis 5. Ihre Empfangsantennen haben sie in die äußeren Schichten 1 bis 4 ausgerichtet, und darüber kriegen sie allerhand mit, denn bis zu 10.000 andere Zellen machen an einer einzigen Pyramidenzelle Meldung.

Wenn sich eine Pyramidenzelle mal dazu entschließen sollte, selbst aktiv zu werden und einen Nervenimpuls zu entsenden, dann passiert das in der innersten Schicht 6. Dort läuft die „Sendeantenne", die Hauptnervenfaser von der Pyramidenzelle weg. Pyramidenzellen sind echte Plaudertaschen und quatschen am liebsten mit anderen Pyramidenzellen. Diese liegen ja auch praktischerweise in der Nachbarschaft, und eine solche Assoziationsfaser ist

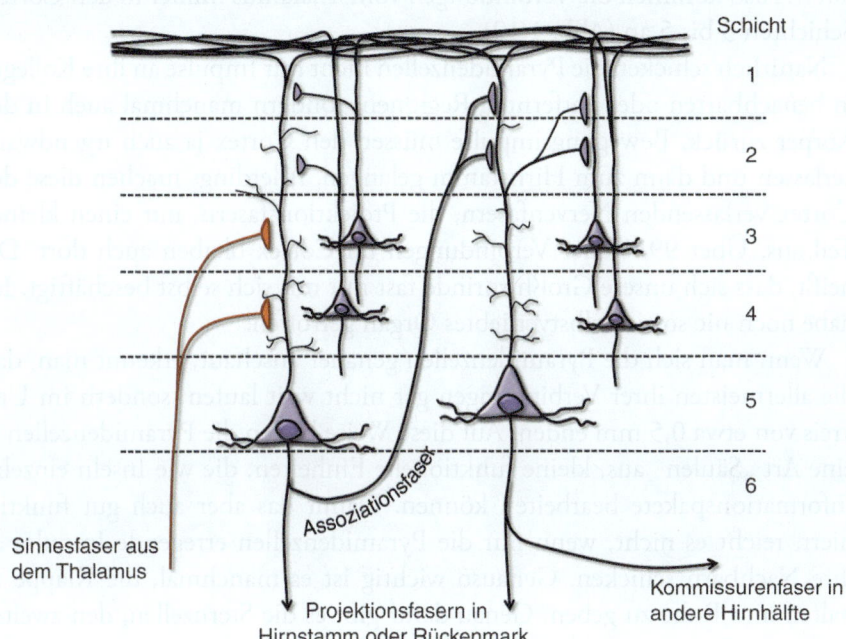

Abb. 1.12 Der Cortex ist schön geschichtet. Hier ist gezeigt, wie die Pyramidenzellen im Cortex miteinander verknüpft sind. Die Pyramidenzellen haben es sich in den Schichten 3 bis 5 gemütlich gemacht. Über ihre lange Empfangsantennen in den Schichten 1 bis 4 empfangen sie Signale vom Thalamus (Sinneseindrücke) oder von anderen Pyramidenzellen (per Assoziationsfaser). Wenn sie selbst aktiv werden, schicken die Pyramidenzellen ihre Impulse über Kommissurenfasern zu Pyramidenzellen in der anderen Hirnhälfte oder (wenn es Bewegungsimpulse sind) per Projektionsfaser in Hirnstamm oder Rückenmark

schnell bei einem angrenzenden Kollegen angekommen. Natürlich haben Pyramidenzellen auch befreundete Nervenzellen, die weit entfernt im Cortex sitzen. Zum Glück sind Ferngespräche im Gehirn kein Problem: Einfach über den Balken in die andere Hirnhälfte geschickt und schon kommen diese Kommissurenfasern (lat. für „Verbindungsfaser") auch an einer entfernten Pyramidenzelle an.

Damit eine Pyramidenzelle auch weiß, dass so eine Assoziations- oder Kommissurenfaser von einer anderen Pyramidenzelle kommt, docken diese immer nur in Schicht 1 oder 2 an die Pyramidenzelle an. Wenn eine Pyramidenzelle ein Signal in Schicht 3, 4 oder 5 erhält, müssen dafür andere Zellen verantwortlich sein, Zellen, die den Cortex mit Informationen von außen versorgen. Und woher kriegt der Cortex seine ganzen Informationen über die Außenwelt? Richtig – über den Thalamus, der ja alle Sinneseindrücke erst mal filtert. Also kommen die Verbindungen vom Thalamus immer in den Cortex-Schichten 3 bis 5 an (Abb. 1.12).

Natürlich schicken die Pyramidenzellen nicht nur Impulse an ihre Kollegen in benachbarten oder entfernten Regionen, sondern manchmal auch in den Körper zurück. Bewegungsimpulse müssen den Cortex ja auch irgendwann verlassen und dann zum Hirnstamm gelangen. Allerdings machen diese den Cortex verlassenden Nervenfasern, die Projektionsfasern, nur einen kleinen Teil aus. Über 99 % aller Verbindungen im Cortex bleiben auch dort. Das heißt, dass sich unsere Großhirnrinde fast nur mit sich selbst beschäftigt. Ich habe noch nie so ein selbstverliebtes Organ getroffen!

Wenn man sich die Pyramidenzellen genauer anschaut, erkennt man, dass die allermeisten ihrer Verbindungen gar nicht weit laufen, sondern im Umkreis von etwa 0,5 mm enden. Auf diese Weise bilden die Pyramidenzellen so eine Art „Säulen" aus, kleine funktionelle Einheiten, die wie Inseln einzelne Informationspakete bearbeiten können. Damit das aber auch gut funktioniert, reicht es nicht, wenn nur die Pyramidenzellen erregende Impulse an ihre Nachbarn schicken. Genauso wichtig ist es manchmal, die Klappe zu halten und Ruhe zu geben. Genau dafür gibt es die Sternzellen, den zweiten wichtigen Typ Nervenzelle im Cortex. Diese Sternzellen sitzen zwischen den erregenden Pyramidenzellen und hemmen diese. Dadurch kann die Aktivität von Nervenzellgruppierungen oder den erwähnten Pyramidenzell-Säulen ganz genau angepasst werden, mal werden sie aktiviert, mal gehemmt. Wie wir noch sehen werden, ist dies unheimlich wichtig, wenn es darum geht, neue Informationen zu speichern und unbekannte Aktivitätsmuster zu erzeugen – eben kreativ zu sein.

Dieses Prinzip der Schichtung von Nervenzellen im Cortex scheint ein recht erfolgreiches Prinzip in der Evolution gewesen zu sein. Offenbar hat sich der Cortex – einmal entwickelt – immer weiter ausgebaut. Auch Mäuse oder Affen besitzen einen solchen Cortex und kommen damit prima zurecht. Anscheinend ist seine Funktionsweise so universell, dass er sich sowohl für den Einsatz in Nagern wie auch Menschen eignet. Im letzteren Fall musste er nur ein wenig ausgebaut werden, das war's aber auch schon. Die Prinzipien, nach denen ein Mäuse- oder Menschen-Cortex arbeitet, sind nämlich weitgehend dieselben.

> **Zwischenruf**   Aber wie funktioniert der Cortex denn nun genau? Was machen die Nervenzellen, und wie erzeugen sie die kreativen Ideen?

Bevor wir nun zum nächsten Kapitel kommen, merken Sie sich einfach, dass es im Cortex offenbar verschiedene Verarbeitungsregionen bzw. spezialisierte Areale gibt, die alle miteinander verbunden sind. Die wichtigsten und aufwendigsten Rechenoperationen, die letztendlich zu Dingen wie Kreativität oder Intelligenz führen, liegen wohl ganz vorne im präfrontalen Cortex. Dort werden die verschiedenen Informationen und Aktivitätsmuster der entfernten Areale zu neuen Aktivitätsmustern zusammengesetzt. So weit, so gut.

Um nun aber genauer zu verstehen, wie ein Nervensystem funktioniert, muss man sich seine Bestandteile anschauen. Das wären in allererster Linie die Nervenzellen und ihre Helferzellen. Steigen wir nun also in die Tiefen der Nervenzellbiologie hinab.

2
Die Zellen

Gestatten Sie, dass ich das vorige Kapitel nochmal kurz zusammenfasse: Das Gehirn ist eitel, faul und selbstverliebt. Was mag das nur für ein komischer Haufen Zellen sein, der sich dazu bereit erklärt, so ein seltsames Organ zu formen? Dabei gibt es ja allerhand zu tun im Gehirn, die Vernetzungen sind so unübersichtlich, dass man denken könnte, es gäbe lauter Spezialzellen, die das Gehirn am Laufen halten. Doch so kompliziert das Gehirn auch wirkt, eigentlich ist es aus nur vier verschiedenen Zelltypen zusammengesetzt. Den eigentlichen Nervenzellen und drei unterschiedlichen Typen von Helferzellen, die die Nervenzellen bei ihrer Arbeit unterstützen. Da kann man sich schon fragen: Alle Achtung, wie soll das denn gehen? So wenige Zelltypen und doch entsteht so ein komplexes System? Ich kann an dieser Stelle nur sagen: Jawohl, die Natur hat immer recht und demonstriert hier wieder einmal, dass der Schlüssel zu einem funktionierenden Informationssystem in seiner Einfachheit liegt!

Nervenzellen können nur funktionieren, wenn alle mitmachen. Eine Nervenzelle alleine ist völlig nutzlos. Erst im Team vollbringen sie diese ganzen tollen Leistungen. Deswegen hat das Gehirn auch seine charakteristische Form und schafft für die Nervenzellen die perfekte Umgebung. Nervenzellen sind quasi die Diven unter den Zellen: Während sich Immunzellen an vorderster Front mit Bakterien und Viren herumärgern und die Zellen des Dickdarms mit den fragwürdigen Fast-Food-Kreationen unserer Gesellschaft konfrontiert werden (man kann sich vorstellen, dass das nach sieben Metern Verdauung im Darm kein schöner Anblick sein muss), sind die Nervenzellen hermetisch abgeriegelt von ihrer Umgebung. 99,9 % aller Nervenzellen kommen niemals mit der Außenwelt in Kontakt, sie werden ständig von einem leckeren Nährmedium umspült und von Helferzellen permanent umsorgt.

Nervenzellen sind also schon ganz außergewöhnliche Wesen. Wie immer im Leben wird so etwas dann besonders deutlich, wenn sie nackt sind, wie in Abb. 2.1.

Nackte Nervenzellen kommen selbstverständlich nur künstlich im Labor vor, wenn man ihnen ihre Zellmembran entfernt. Im Gehirn, in „freier Wild-

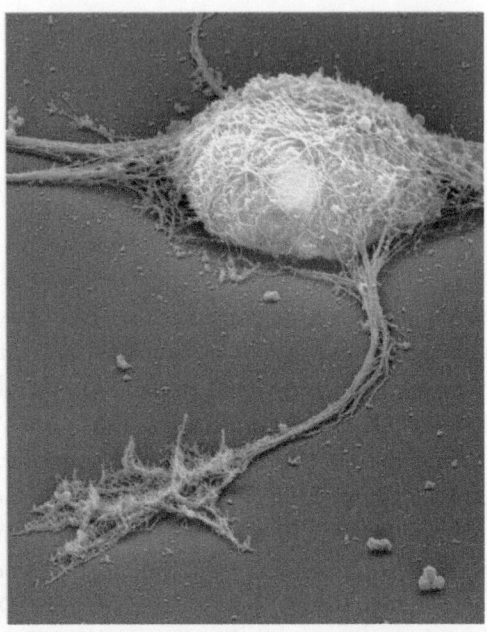

Abb. 2.1 Eine nackte Nervenzelle. Diese Nervenzelle ist in einer Kulturschale ausgewachsen und komplett entkleidet worden. Das bedeutet, dass sie ihre schützende Zellmembran verloren und der aufmerksame Betrachter nun einen direkten Blick auf Zellkern und Zellskelett hat. Lassen Sie sich von diesen Fachbegriffen nicht erschrecken, in diesem Kapitel werden sie kennenlernen, was für tolle Tricks Nervenzellen auf Lager haben und wie sie genau funktionieren. (Abbildung zur Verfügung gestellt von Prof. Knöll, Institut für Physiologische Chemie, Universität Ulm)

bahn" sozusagen, sind Nervenzellen hingegen immer fesch gekleidet und sind auch niemals so alleine wie in Abb. 2.1. Es sind sehr gesellige Wesen, die sich zu dichten Grüppchen sammeln und sofort drauflos quatschen, das kennt man ja vom Menschen. Doch Nervenzellen sind die wahren Meister aller Plaudertaschen und können mit mehreren Tausend anderen Nervenzellen gleichzeitig „sprechen". Das ist gar nicht so leicht und deshalb haben Nervenzellen ihre ganz besondere Form und Funktionen, die keine andere Zelle im Körper hat.

Ihre helfenden Kollegen, die Gliazellen, sind jedoch mindestens genauso wichtig wie die Nervenzellen selbst. Sie werden immer vergessen, wenn man vom Gehirn oder vom Nervensystem spricht. Das ist ziemlich unfair, denn gerade diese Helferzellen machen die ganze unliebsame Drecksarbeit im Gehirn, sie transportieren den Müll ab, sorgen sich um wichtige Bauarbeiten und wehren Eindringlinge ab. Höchste Zeit also, alle diese unterschätzten Zellen mal ins rechte Licht zu rücken.

2.1 Alles fängt klein an: die Nervenzelle

Sie sind der Star im Nervensystem: die Nervenzellen (Wissenschaftler nennen sie „Neurone"). Sie bilden die zelluläre Grundlage für die ganzen informationsverarbeitenden Prozesse im Gehirn und sind so quasi die „Computer im Miniaturformat". Es gibt eine ganze Menge von ihnen. Man schätzt, dass es allein im Gehirn etwa 100 Mrd. sind – und sie alle arbeiten mit vielen anderen Zellen (bis zu einigen Tausend) zusammen. Neurone können lange (und ich meine: sehr lange) Ausläufer, die sogenannten Axone, ausbilden. Wie so oft kommt auch hier dieses Wort aus dem Griechischen und bedeutet so viel wie „Achse". Und tatsächlich: Axone sind so etwas wie Verbindungsachsen zwischen den Nervenzellen und können sich von den Bewegungszentren im Gehirn bis zu den Muskeln im Bein erstrecken. Das bedeutet: Neurone (selbst nur wenige millionstel Meter dick) können über einen Meter lang werden. Verglichen mit einer Landstraße von geschätzt sechs Metern Breite müsste eine solche Straße im Extremfall 9000 km lang sein. Natürlich ohne Schlaglöcher oder andere Fahrbahnschäden (findet man meiner Erfahrung nach eher selten).

Das geht natürlich nur, weil sich ein Neuron genau darauf spezialisiert hat. Seine Aufgabe ist es, eintreffende Signale zu verarbeiten und seinerseits einen neuen Nervenimpuls zu erzeugen, den es dann entlang des Axons auf seine Reise schickt. So könnte man ein Neuron mit einer Empfangs- und Sendestation vergleichen. Bestimmte Bereiche eines Neurons haben sich darauf spezialisiert, eintreffende Signale zu empfangen, und wiederum andere Bereiche eines Neurons verarbeiten diese Signale und erzeugen einen neuen Impuls. Ein Neuron besteht also aus verschiedenen Regionen, die der Zelle ihre charakteristische Form geben: Da gibt es den Zellkörper (mal wieder ein Fachwort: Soma), dort laufen die ganzen Herstellungsprozesse von Proteinen und das Ablesen der Erbinformation ab. Vom Zellkörper aus entspringen die Nervenfasern (die Neuriten) – und wenn es sich dabei um die dominierende Nervenfaser handelt, spricht man vom Axon. Dieses Axon kann wie gesagt sehr lang werden und endet in einer Synapse (wie diese funktioniert, soll später erklärt werden). Die kürzeren Neuriten, die dem Zellkörper entspringen, nennt man Dendriten. Sie sind quasi die „Empfangsantennen" für eintreffende Signale, während das Axon die neuen Signale entsendet (Abb. 2.2).

Ein Neuron ist also auf den ersten Blick ziemlich kompliziert aufgebaut. Man sagt zu solchen hoch spezialisierten Zellen mit unterschiedlichen Regionen, dass sie „polarisiert" sind. Das bedeutet im Prinzip: Die Zelle hat eine Richtung. Es gibt einen Bereich, der weit entfernt vom Zellkörper, dem Soma, ist, und andere Bereiche befinden sich eben näher am Zellkörper. Diese

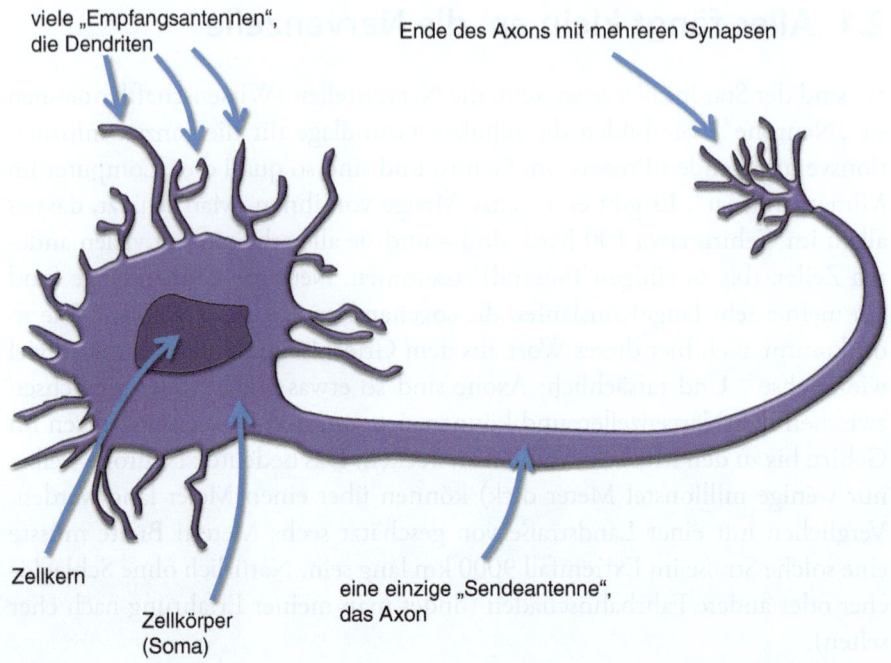

Abb. 2.2 Eine Nervenzelle (recht schematisch). Ein Neuron mit seinen typischen Bereichen. Alles geht vom Soma (Zellkörper) aus, dort liegt der Zellkern, in dem die Erbinformation gespeichert ist. Vom Soma aus entspringen Dendriten, die die eintreffenden Signale empfangen. Am stärksten ausgeprägt ist das Axon, die Nervenfaser, die sehr lang werden kann. Am Ende verästelt sich ein Axon häufig in mehrere Kontaktstellen, die sogenannten Synapsen

unterschiedlichen Bereiche haben auch unterschiedliche Aufgaben, sodass ein Neuron verschiedene Prozesse räumlich voneinander abgrenzt.

Aber so ein Neuron ist nun mal auch nur eine Zelle. Und wie die meisten Zellen (man lasse so „Sonderzellen" wie rote Blutkörperchen mal außen vor) vertraut auch ein Neuron auf die grundlegenden Bausteine des zellulären Lebens: Plasmamembran, Zellkern, endoplasmatisches Reticulum, ein Zellskelett und Mitochondrien. Lauter unbekannte Fremdwörter! Keine Panik, das klingt schlimmer als es ist. Wissenschaftler scheinen sich manchmal durch eine super komplizierte Fachsprache abschirmen zu wollen, aber damit ist in den Folgekapiteln Schluss! Was nun folgt, ist ein kleiner Crashkurs der Zellbiologie.

2.1.1 Du kommst hier nicht rein: die Plasmamembran

Was braucht man als Allererstes, wenn man sich eine Zelle basteln will? Ganz klar: eine Abgrenzung nach außen. Im Prinzip ist das ja auch die Bedeutung einer Zelle, dass sie sich von ihrer Umgebung abtrennt. Alle biochemischen Vorgänge innerhalb einer Zelle sind nämlich recht kompliziert und darauf angewiesen, dass nicht von außen ständig irgendwelche Substanzen und Moleküle in die Zelle einströmen und das ganze System stören. Eine Zelle muss sich also nach außen schützen. Dafür hat sie die sogenannte Plasmamembran. Ein dünnes Häutchen, das trotzdem sehr robust die Zelle umfasst. Damit die Plasmamembran nicht auseinanderbricht und immer stabil ist, bedient sich die Zelle eines biochemischen Tricks. Die einzelnen Bauteile der Membran, die Lipide, weisen nämlich eine Besonderheit auf: Sie sind sowohl wasser- als auch fettlöslich.

Was bedeutet das? Moleküle können entweder elektrisch geladen oder ungeladen sein. Falls sie elektrisch geladen sind (positiv oder negativ), lösen sie sich gut in Wasser, denn die Wassermoleküle sind in sich selbst schon „ein wenig" geladen und kommen gut mit anderen geladenen Molekülen aus. Das beste Beispiel dafür sind Salzmoleküle. Man hat es vielleicht schon mal bemerkt: Wenn man Salz in Wasser schüttet, dann löst es sich auf. Verrückt! Aber warum? Ganz einfach: Die Salzkristalle bestehen aus positiv und negativ geladenen Teilchen, den Ionen. Normalerweise ziehen sich solche unterschiedlich geladenen Ionen stark an, deswegen ist ein Salzkristall auch so stabil. Diese Ionen kommen aber auch super gut mit den Wassermolekülen klar, denn da sie geladen sind, ziehen sie die ebenfalls „etwas" geladenen Wassermoleküle an. Aus diesem Grund zerfällt der ganze Salzkristall in Wasser, und die Ionen werden schnell von vielen Wassermolekülen eingehüllt.

Andere Moleküle hingegen sind komplett ungeladen – wie zum Beispiel Fettmoleküle. Im Fett findet ein Wassermolekül einfach keinen Angriffspunkt, um es aufzulösen, und die langen Fettmoleküle können sich gut ineinander verhaken. Das kennt jeder, der schon mal versucht hat, ein Stück Butter von der Hand mit Wasser abzuwaschen. Das Fett pappt fest zusammen und geht einfach nicht ab.

Die Plasmamembran verbindet nun die Vorteile vom Fett (hält gut zusammen) mit denen von geladenen Molekülen (gute Wasserlöslichkeit). Im Prinzip ist eine Plasmamembran nichts anderes als ein Teppich aus besonderen Fettmolekülen, die in Wasser gelöst wurden. Das ist toll, denn so kann die Zelle eine sehr stabile Wand bauen, obwohl sie sich in einer wässrigen Umgebung befindet, die eigentlich alles schnell auflöst. Der Trick dabei sind die Bausteine der Plasmamembran: die Lipide. Lipide in Zellmembranen sind quasi Zwittermoleküle, sie bestehen aus einem wasserlöslichen und einem fettlöslichen Teil. Der wasserlösliche Teil kann dabei recht klein sein, Hauptsache er ist irgendwie geladen, sodass er mit den Wassermolekülen auskommen kann. Der fettlösliche Teil hingegen ist im Vergleich jedoch recht lang, denn er ist ja für den Zusammenhalt der Membran verantwortlich.

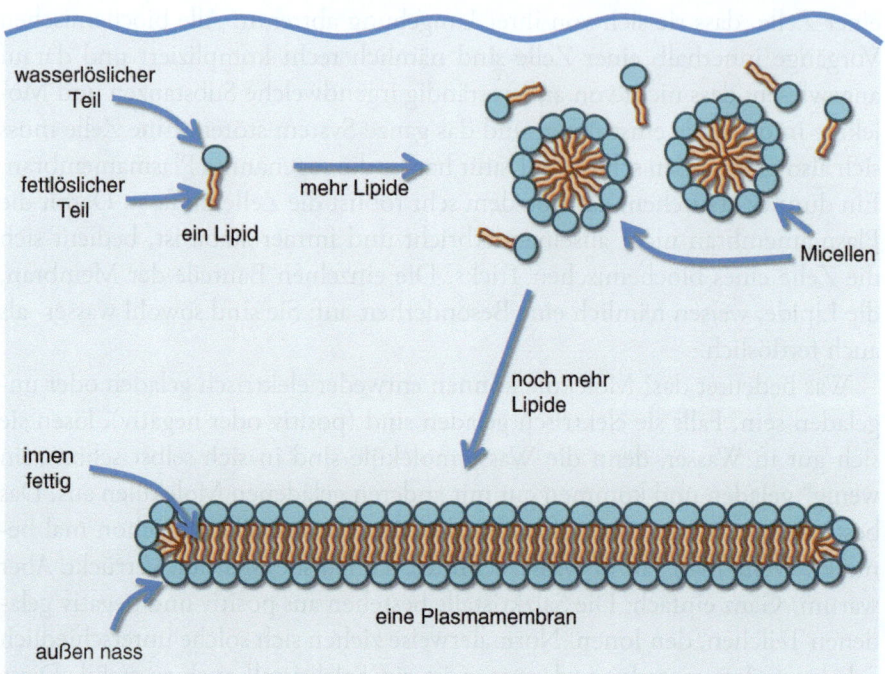

Abb. 2.3 Die Bildung einer Plasmamembran. Lipide sind Zwittermoleküle. In wässriger Lösung sammeln sie sich zunächst zu Micellen. Bei genügend großer Anzahl an Lipiden bilden diese einen Teppich aus, bei dem der fettige Teil innen und der wasserlösliche Teil außen ist. Dies ist der Grundbauplan einer Plasmamembran

Was passiert nun, wenn man ein solches Zwittermolekül ins Wasser wirft? Man sieht es in Abb. 2.3: Lipide können nicht so gut schwimmen und werden sich deswegen Partner suchen, an denen sie sich festhalten können. Am besten geht das natürlich über die fettlöslichen langen Ketten, und so bilden sich kleine Kügelchen, die Micellen: Innen sind die langen fettlöslichen Ketten alle ineinander verhakt; außen befinden sich die wasserlöslichen, geladenen Teile. So können die Micellen problemlos im Wasser umherschwimmen. Wenn nun immer mehr Lipide im Wasser hinzukommen, so können sich die Micellen zu einem großen Teppich verbinden. Dabei liegen sich immer zwei Lipide gegenüber, fettiger Teil innen, wasserlöslicher Teil außen. Fertig ist eine Membran. Und die ist wirklich super praktisch, denn sie ist sehr robust durch den fettigen inneren Teil und dennoch im wässrigen Umfeld stabil.

Zwischenruf Aber ist so eine Membran nicht auch sehr starr und unflexibel? Wenn sich diese Lipide fest ineinander verhaken, wird die Membran doch recht spröde, oder?

Es stimmt wohl: In der Abbildung ist diese Membran als relativ starres Gebilde dargestellt. Aber das ist absolut nicht der Fall! Denn die Lipide bilden keine festen chemischen Verbindungen untereinander aus, sondern hängen recht locker nebeneinander rum. Der Zusammenhalt der Membran rührt daher, dass die fettlöslichen Ketten auf jeden Fall einen Kontakt mit Wasser vermeiden müssen. So sind diese immer im Inneren der Membran, verhaken sich dort und machen die Membran so stabil. Aber die fettigen Lipidmoleküle sind prinzipiell beweglich und verschieben sich andauernd in der Membran (man kennt das ja, so ein Fett oder Öl ist ja auch recht glitschig). Eine Plasmamembran ist also eine dynamische Struktur, quasi eine „zweidimensionale Flüssigkeit".

Nun liegt es jedoch im Interesse der Zelle, dieses Flüssigsein der Membran zu kontrollieren. Dazu baut sie ein Molekül ein, das hierzulande einen etwas schlechten Ruf besitzt: Cholesterin. Auch Cholesterin ist ein Lipid – aber ein besonderes, denn es stabilisiert die Plasmamembran und sorgt dafür, dass diese robuster wird. Jeden Tag stellt der Mensch etwa ein knappes Gramm Cholesterin selbst her, denn Cholesterin wird sowohl für die Kontrolle der Membrandynamik, aber auch für Verdauungsprozesse benötigt, bei denen es hilft, Nahrungsfette aufzunehmen.

Einmal in einer Membran eingelagert, verstehen sich die Lipide untereinander richtig prima. Deswegen bleiben sie auch häufig auf „ihrer" Seite der Membran und wechseln nur selten auf die andere Seite. Damit ergibt sich ein anderer wichtiger Punkt: Membranen sind asymmetrisch, es gibt ein Innen und ein Außen. Die Innenseite einer Membran (also die Seite, die ins Zellinnere gerichtet ist) unterscheidet sich von der Außenseite hinsichtlich der Lipidzusammensetzung. Darüber hinaus sind in einer Plasmamembran immer Proteine eingebettet. Proteine sind die Eiweißbausteine der Zelle, und in einer Plasmamembran können sie vielfältige Aufgaben haben (eine der wichtigsten ist es, die elektrische Spannung entlang der Membran zu kontrollieren, aber dazu mehr im nächsten Kapitel). Wie riesige Bojen dümpeln diese Proteine in der Zellmembran, und sie können sich in dieser ständig verschieben (Abb. 2.4).

Mittlerweile geht man sogar noch einen Schritt weiter und stellt sich vor, dass sich in der Zellmembran so etwas wie „Flöße" ausbilden. Dort könnten sich ganz bestimmte Proteine mit ganz bestimmten Lipiden zusammentun, sich verknüpfen und wie kleine Schiffchen entlang der Zellmembran fahren. Dafür nutzt die Zelle wieder den Trick mit dem Cholesterin: An ganz bestimmten Orten konzentriert die Zelle viele dieser Cholesterinmoleküle. So wird die Membran genau an dieser Stelle besonders starr und bildet so etwas wie ein Floß aus, das dann zusammen mit den Membranproteinen durch die restliche Membran treiben kann.

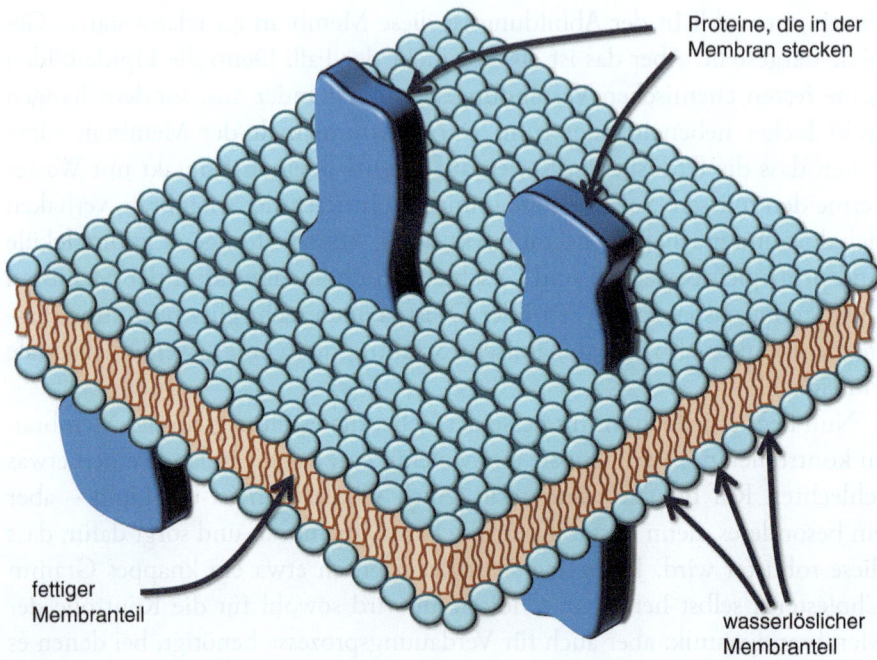

Abb. 2.4 Eine Plasmamembran mit eingebetteten Proteinen. Plasmamembranen sind dynamische zweidimensionale Flüssigkeiten. In die Membran sind häufig Proteine eingelagert, die die Membran zum Teil sogar komplett durchdringen können. Alle Membranbestandteile und auch die Proteine schwimmen ständig hin und her. Durch eine charakteristische Zusammensetzung der Lipide (im gezeigten Fall besteht die Membran nur aus einer einzigen Sorte) und durch unterschiedliche Proteine kann sich jede Zelle ihre individuelle Membran zusammenbasteln

Manche Membranen bestehen sogar zum Großteil aus Proteinen, und die Lipide machen nur noch eine Minderheit aus. So kann eine Zelle durch eine ganz bestimmte Lipid- oder Proteinzusammensetzung eine ganz charakteristische Membran aufbauen. Das ist ja bei Menschen nicht anders. Auch hier spielt das äußere Erscheinungsbild oft eine wichtige Rolle. Wie heißt es doch: Kleider machen Leute. Und so kann sich eine Zelle auch „in Schale werfen" und sich ein hübsches Zellkleid verpassen, wenn sie besonders auffallen will. Aber wie beim Menschen auch kommt es ja hauptsächlich auf die inneren Werte an. Und auch davon hat so eine Zelle einige zu bieten.

2.1.2 Der Chef im Ring: der Zellkern

Damit die Zelle weiß, wo es langgeht, braucht sie einen Boss. Jemand muss sagen, was in der Zelle so abgeht, ob sie sich teilen soll oder irgendwelche tollen Proteine herzustellen hat. Die Baupläne für alle Proteine liegen im Zellkern. Das ist ein sehr kostbarer Schatz, das Wertvollste, was es in der Zelle gibt. Die Zelle muss gut darauf aufpassen, und deshalb hat sich der Zellkern gleich mal mit zwei Membranen vom Rest der Zelle abgegrenzt. Diese Membranen sind nicht komplett verschlossen, es gibt kleine Poren, durch die ein Stoffaustausch stattfindet. Aber es wird streng kontrolliert, welche Stoffe und Moleküle den Zellkern betreten und welche nicht. Der Zellkern gleicht daher einem Hochsicherheitstrakt, alle Informationen darüber, was in der Zelle passieren kann, sind dort gespeichert – und das ist eine ganze Menge.

Im Laufe der Evolution hat sich ein bestimmtes Molekül als besonders robuster Träger der Erbinformation bewährt: die DNA (englisch: *deoxyriboncucleic acid*, zu Deutsch: Desoxyribonucleinsäure – aber das macht es ja auch nicht viel verständlicher). Dieses Molekül ist wirklich erstaunlich, denn es kann mit ganz einfachen Mitteln die Baupläne für alle Proteine speichern, die eine Zelle herstellen kann, und dennoch ist dieses Molekül so robust, dass es nicht bei der kleinsten Störung in seine Einzelteile zerfällt. Gerade dies ist nämlich bei vielen Biomolekülen oder organischen Stoffen der Fall: Wenn ein Molekül chemisch aktiv ist, dann ist es meist auch leicht anfällig für chemische Reaktionen, die das Molekül verändern. Proteine sind zum Beispiel recht hitzeempfindlich. Das sieht man, wenn man sich ein Ei in der Pfanne brät: Durch die Hitze gerinnen die Eiweiße, sie werden fest, verlieren ihre Struktur und damit ihre Funktion (aber das fertige Spiegelei schmeckt dafür umso besser). Im Falle der DNA würde dies das Ende der Speicherfähigkeit bedeuten – und das muss die Zelle unbedingt vermeiden.

> **Zwischenruf** Ja, DNA hat man schon mal gehört. Aber könnte man vielleicht mal erklären, wie dieser unübersichtliche Name zustande kommt?

So kompliziert der Name klingt – Desoxyribonucleinsäure –, eigentlich ist die DNA ein recht einfaches Molekül. Denn es handelt sich im Prinzip nur um eine sehr lange Kette von sich immer wiederholenden Bausteinen, es ist ein Biopolymer, wie man in Abb. 2.5 sieht.

Das Rückgrat der DNA besteht aus Phosphat- und Zuckereinheiten. Immer abwechselnd folgt eine Phosphatgruppe auf einen Zuckerbaustein. In wässriger Lösung (und das ist ja in einer Zelle der Fall, denn sie besteht zu mehr als drei Vierteln aus Wasser) sind die Phosphatgruppen und somit das gesamte DNA-Molekül negativ geladen. Phosphate leiten sind übrigens von Phosphorsäure ab: Wenn man diese ins Wasser gibt, dann bilden sich Phosphate. Daher ist die Desoxyribonucleinsäure eben auch eine Säure. Und weil diese „Säure" im Zellkern vorliegt, nennt man sie Nucleinsäure, denn der Zellkern wird auch als Nucleus bezeichnet.

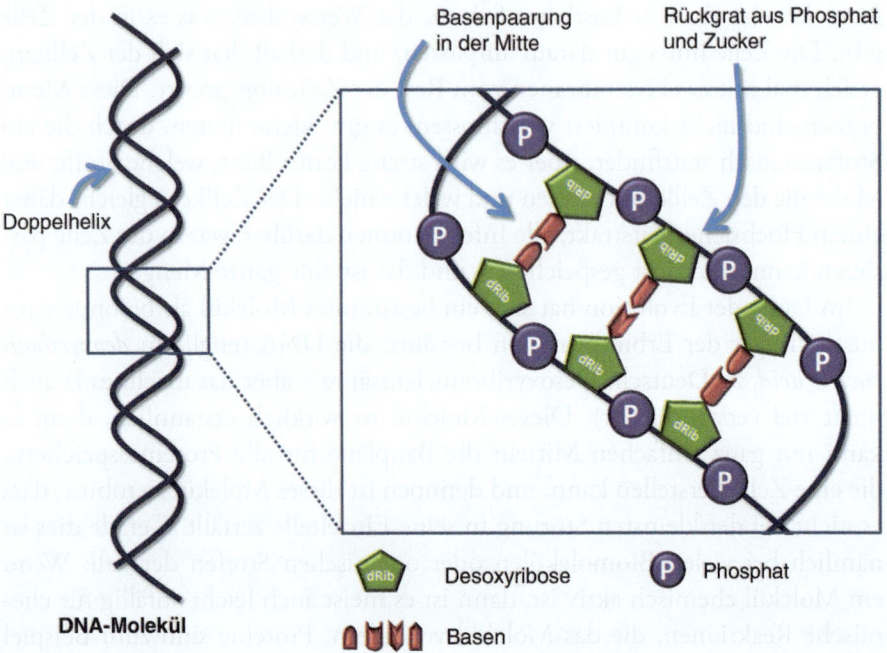

Abb. 2.5 Die Struktur der DNA ist schon besonders – und schön. Die DNA besteht aus zwei Strängen, die miteinander verdreht sind und die Doppelhelix ausbilden. Das Rückgrat der DNA-Stränge muss sehr stabil sein, deshalb werden immer abwechselnd ein Phosphat- und ein Desoxyribosebaustein miteinander verknüpft. Damit die beiden Stränge nicht auseinanderfallen, werden sie in der Mitte zusammengehalten. Dafür sind die vier verschiedenen Basen wichtig, die immer paarweise aneinander binden

Wie kommt die DNA aber zu ihrer Desoxyribo-Vorsilbe? Nun, das hängt mit den Zuckerbausteinen im Grundgerüst der DNA zusammen: Zuckermoleküle sind ja in der Regel recht stabil, kommen in der Natur häufig vor und sind leicht herzustellen. Alles prima Eigenschaften, um so einem wichtigen Molekül wie der DNA die nötige Stabilität zu verleihen. Es gibt ganz viele verschiedene Arten von Zuckern. Man kennt zum Beispiel die Glucose (den Traubenzucker), die Fructose (den Fruchtzucker) oder die Lactose (den Milchzucker). Aber natürlich gibt es in der Natur noch ganz viele abgefahrene andere Zuckermoleküle, die nicht so bekannt sind und eher bei biochemischen Spezialreaktionen eine Rolle spielen. Einer dieser Zucker, der eher ein Schattendasein führt, ist die Ribose. Dieses Molekül ist etwas kleiner als die Glucose oder die Fructose und wird für das Grundgerüst der DNA benötigt. Eigentlich eignet sich die Ribose auch recht gut, um in das Rückgrat der DNA eingebaut zu werden, aber damit die DNA auch so richtig stabil wird, muss die Ribose noch ein bisschen verändert werden. Dafür wird ihr ein Sauerstoffatom entfernt, die Ribose wird *desoxidiert*. Die so entstandene

Desoxyribose ist deutlich weniger reaktiv als die ursprüngliche Ribose und die DNA somit viel stabiler.

Wie alle biochemisch aktiven Biomoleküle in der Zelle legt auch die DNA größten Wert auf ihr äußeres Erscheinungsbild. Und wenn man so will, ist die DNA ganz besonders eitel, denn ihre räumliche Struktur ist von einer außergewöhnlichen Ästhetik geprägt: der Doppelhelix. Auch viele Proteine in der Zelle bilden Spiralen aus, die wie Wendeltreppen aussehen. Abgeleitet vom griechischen Wort *helix* für Spirale spricht man daher auch von helikalen Strukturen. Die DNA verzwirbelt gleich zwei Stränge ihres Rückgrats miteinander zu einer doppelten Helix (das sieht man auch in Abb. 2.5). Nun müssen diese beiden Stränge auch zusammengehalten werden. Dafür sind an das Rückgrat aus Phosphat und Desoxyribose sogenannte Basen gebunden. Es gibt vier verschiedene Basen: Adenin, Thymin, Guanin und Cytosin. Und diese Basen können immer paarweise aneinander binden. Adenin bindet immer Thymin und Guanin bindet immer Cytosin. Diese Basen sitzen somit in der Mitte der Doppelhelix und halten die beiden Stränge aneinander fest.

Man sieht also: Die Struktur der DNA ist nicht nur ausgesprochen stabil (und dabei auch noch recht hübsch), sie enthält auch noch eine Menge Informationen. Denn die Basen im Inneren der Doppelhelix haben nicht nur die Aufgabe, die beiden Stränge zusammenzuhalten, sondern die Abfolge der Basen legt vor allem fest, wie die Proteine der Zelle zusammengebaut werden müssen.

Zwischenruf Die DNA muss ja ein riesiges Molekül sein, wenn sie so viele Informationen enthält!

Tatsächlich: Würde man die DNA, die sich nur in einem einzigen Zellkern befindet, entwinden, so ergäbe sich ein DNA-Faden, der zwei Meter lang ist! Und dieser lange DNA-Faden ist in einem Zellkern verpackt, der nur wenige millionstel Meter misst. Damit dieses gigantische Molekül so perfekt verstaut werden kann, muss sich die Zelle einiger Tricks bedienen. Zunächst einmal ist die DNA nicht ein einziger langer Faden, sondern sie ist in verschiedene Abschnitte geteilt, die separat vorliegen. Diese DNA-Einheiten nennt man Chromosomen, und der Mensch besitzt 22 Chromosomenpaare und zusätzlich zwei X-Chromosomen (bei Frauen) oder ein XY-Chromosomenpaar (bei Männern). So eingeteilt kann die DNA schon mal leichter gehandhabt werden. Doch damit sie auch wirklich in den Zellkern passt, wird sie nochmals durch Hilfsproteine verdichtet. So ähnlich wie man einen langen Streifen Klopapier praktisch und handlich auf einer Klopapierrolle transportieren kann, wird auch die DNA zusammengerollt auf Proteinen (vielen „Klopapierrollen" hintereinander) verpackt. Wenn sich die Zelle teilt, wird diese Verdichtung ganz extrem: Die aufgerollte DNA verdrillt sich zu Superstrukturen und das Chromosom schnürt zu einem kleinen, extrem dichten Haufen DNA zusammen, den man im Mikroskop erkennen kann. Normalerweise sind die einzelnen Chromosomen in der Zelle jedoch nicht sichtbar. Im Gegenteil: Im Zellkern scheint ein heilloses Durcheinander an DNA-Fäden zu herrschen. Diese sind zwar teilweise immer noch auf ihre Hilfsproteine aufgerollt, aber ansonsten scheinen sie wenig geordnet in einem großen Knäul verstrickt zu sein. Denn natürlich wäre es ein riesiger Nachteil, wenn die DNA immer so extrem verdichtet wäre, die Zelle käme ja gar nicht an die ganzen Baupläne für die Proteine heran, die in der DNA gespeichert sind. Deswegen muss die DNA an den aktiven Stellen, die gerade abgelesen werden, aufgelockert werden.

Die Baupläne für alles, was in der Zelle hergestellt werden kann, liegen in Form von Genen vor. Wenn die DNA das Kochbuch der Zelle ist, so sind die Gene die Kochrezepte in diesem Buch.

Zwischenruf Hilfe, ein Gen! Gene, Gentechnik, das ist doch alles recht gefährlich!

Nun hat das „Gen" in der heutigen Gesellschaft tatsächlich einen etwas schlechten Ruf. Ich muss es an dieser Stelle daher etwas in Schutz nehmen. Ein Gen an sich ist ziemlich harmlos, denn meist ist es nur eine Bauanleitung für die Eiweiße, die Proteine, die in der Zelle gebildet werden. Eine „genfreie Welt", wie ich es schon gehört habe, ist also keinesfalls eine bessere Welt (dasselbe gilt übrigens auch für eine „atomfreie" oder „chemiefreie" Welt). Im Gegenteil: Ohne Gene läuft in der Biologie mal gar nichts!

Allerdings: Das menschliche Erbgut besteht beileibe nicht nur aus Genen. Die DNA einer einzigen menschlichen Zelle ist wie gesagt etwa zwei Meter lang und enthält über drei Milliarden Basenpaare. Wenn man großzügig rechnet, sind dabei etwa 30.000 verschiedene Gene codiert. Allerdings sind Gene im Schnitt nur 30.000 Basenpaare lang, was bedeutet, dass weniger als 10 % der gesamten DNA für die Codierung von Genen genutzt wird. Und der Rest – der bleibt ein großes Rätsel. Viele Bereiche sind lediglich ewig lange Wiederholungen immer derselben Sequenzen, offenbar sinnlose Abschnitte, die nicht gebraucht werden. Man hat diese scheinbar nutzlosen DNA-Bereiche „Müll-DNA" genannt, weil man sich derzeit nicht vorstellen kann, was die Zelle mit diesem Schrott anfangen soll. Aber Vorsicht! Es häufen sich die Anzeichen, dass auch diese „Müll-DNA" Aufgaben in der Zelle hat und beispielsweise für die Regulation der Gene wichtig ist. Niemals sollte man nicht verstandene Funktionen in der Zelle abschreiben. Genauso gut könnte man auch fragen: Warum verdoppelt eine Zelle bei jeder Zellteilung 90 % ihrer DNA, obwohl sie doch eigentlich nutzlos ist? Wer weiß, welche Überraschungen gerade diese „Müll-DNA" noch birgt!

> **Zwischenruf** Alles schön und gut. Die DNA ist ein sehr langes und verknäultes Molekül. Wie kommt die Zelle nun aber an die Information der DNA ran? Wenn sie ein Protein herstellen will, wie geht sie dann vor?

Proteine sind wirklich erstaunliche Moleküle. Im Prinzip sind es lange Ketten aus Aminosäuren, die quasi die Bausteine der Proteine sind. Es gibt 20 verschiedene Aminosäuren, die für den Aufbau eines Proteins verwendet werden können, und genau diese Aminosäureabfolge ist für jedes Protein in seinem entsprechenden Gen festgelegt. Irgendwie muss die Zelle an diesen Proteinbauplan rankommen. Nun hat sie dabei aber ein Problem, denn die Erbinformation liegt im Zellkern – und der schottet sich ja mit einer doppelten Membran gegen den Rest der Zelle ab. Proteine werden jedoch außerhalb des Zellkerns hergestellt, im Cytoplasma. Die Information muss aus dem Zellkern also irgendwie raus. Natürlich bleibt die DNA ständig im Zellkern, sie ist auch viel zu wertvoll, als dass sie für jede x-beliebige Synthese aus ihm heraustransportiert werden würde. Also muss ein Übermittler her, der den Bauplan für das gewünschte Protein aus dem Zellkern herausbringt: die Boten-RNA (RNA = Ribonucleinsäure). Sie ist etwas weniger stabil als die DNA, dafür schnell und einfach herzustellen, und sie speichert auch die genetische Information.

Man kann sich das vorstellen wie in einer Bibliothek, in der man die Bücher nicht ausleihen darf. Man geht nun in diese Bibliothek (den Zellkern) hinein und greift sich das Buch mit den Bauplänen (die DNA). Jetzt macht man sich eine kleine Notiz und schreibt den gewünschten Bauplan (das Gen) ab. Diese Notiz (die Boten-RNA) kann man dann problemlos aus der Bibliothek mitnehmen und sich zu Hause tolle Sachen (die Proteine) basteln. So ähnlich ist das in der Zelle auch. Eine ganze Gruppe von Hilfsproteinen ist nur damit beschäftigt, die entsprechenden Gene zu erkennen und sie abzuschreiben, deswegen nennt man diesen Prozess auch Transkription, was so viel wie „Überschreiben" bedeutet. Der Abschrieb (die Boten-RNA) wird häufig noch kurz bearbeitet und mit einer Schutzkappe an den Enden versehen, damit auch nichts kaputt geht. Wie man in Abb. 2.6 sehen kann, geht's dann aber schnurstracks aus dem Zellkern heraus, damit endlich ein Protein hergestellt werden kann.

Im Cytoplasma angekommen, wartet schon ein ganz besonderer Komplex auf die Boten-RNA: das Ribosom. Das Ribosom ist im Prinzip die Konstruktionsmaschine, die nach Anleitung der Boten-RNA die fertigen Proteine

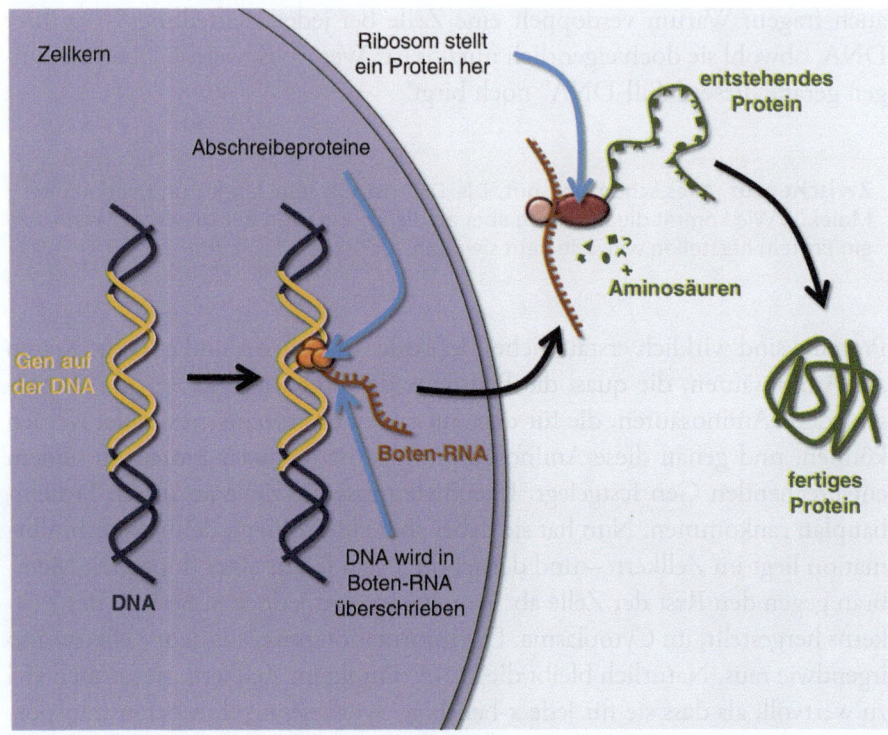

Abb. 2.6 Der Fluss der genetischen Information. Damit ein Protein hergestellt werden kann, muss die genetische Information der DNA im Zellkern erst einmal in eine Boten-RNA übersetzt werden (Transkription). Diese Boten-RNA wird anschließend ins Cytoplasma transportiert. Dort wird an einem Ribosom die genetische Information der Boten-RNA in ein fertiges Protein übersetzt (Translation). Die beteiligten Aminosäuren kommen übrigens nicht so frei im Cytoplasma vor, wie hier gezeigt, sondern sind an tRNAs (Transfer-RNAs) gebunden, die die Aminosäuren am Ribosom abliefern, je nachdem welche Basenfolge gerade auf der mRNA auftritt (aus Gründen der Übersichtlichkeit habe ich das in der Abbildung weggelassen)

herstellt. Und das ist eine richtige Fließbandarbeit, denn ein Ribosom fährt wie ein Ablesegerät an der Boten-RNA entlang, erkennt die Abfolge der Basen und setzt dementsprechend eine Aminosäure nach der anderen an die wachsende Proteinkette. Dieser Prozess, der Fluss der genetischen Information von der DNA über die RNA bis zum fertigen Protein, ist einigermaßen kompliziert und nahezu jeder Schritt wird durch Hilfs- und Steuermoleküle sowie Proteine reguliert.

Zwischenruf Alles klar! DNA wird in Boten-RNA umgeschrieben, und das Ribosom stellt dann die Proteine her. Woher weiß ein Ribosom jetzt aber, welche Bausteine es für das fertige Protein braucht?

Entscheidend für ein Protein ist ja gerade seine Aminosäureabfolge – und diese ist in der Abfolge der Basen auf der Boten-RNA gespeichert. Entscheidend ist dabei: Jeweils drei aufeinanderfolgende Basen auf der Boten-RNA codieren eine Aminosäure. Ein Ribosom „weiß" beim Ablesen der Boten-RNA also genau, welche Aminosäure gerade in das Protein eingebaut werden muss. Denn für jede Aminosäure gibt es einen charakteristischen „Basen-Dreierpack", der genau diese eine Aminosäure codiert. Wenn ein Ribosom nun also auf eine Boten-RNA trifft, erkennt es sofort den ersten Basen-Dreierpack. Daraufhin schnappt sich das Ribosom die entsprechende Aminosäure. Diese Aminosäure kommt natürlich nicht frei im Cytoplasma vor, sondern ist an eine tRNA (Transfer-RNA) gebunden. Nur wenn die entsprechende tRNA mit ihrer speziellen Aminosäure auch wirklich an den Basen-Dreierpack passt, wird die Aminosäure auch eingebaut. Dann springt das Ribosom an die nächsten drei Basen und liest in deren Abfolge wieder, welche Aminosäure als Nächstes gebraucht wird. Es nimmt sich auch diese Aminosäure und hängt sie an die vorige Aminosäure an. So entsteht wie an einem Fließband nach und nach eine lange Aminosäurekette aus zum Teil mehreren Hundert Aminosäuren.

Wenn alle notwendigen Aminosäuren zu einer langen Kette zusammengefügt wurden, ist aber noch kein fertiges Protein entstanden. Ganz entscheidend für ein Protein ist nämlich seine dreidimensionale Form. Ein Protein ist erst dann aktiv, wenn es seine endgültige Struktur bekommen hat. Eine bloße Aminosäurekette ist völlig nutzlos. Und wie alles in der Zelle wird auch diese Faltung der Aminosäurekette zu einem fertigen Protein von anderen Hilfsproteinen unterstützt. Es kann sogar passieren, dass die Aminosäurekette völlig korrekt zusammengebaut wurde, aber die anschließende Faltung nicht funktioniert. Dann ist das Protein komplett nutzlos und wird sofort wieder in seine Einzelteile zerlegt.

Die Herstellung von Proteinen ist der entscheidende Schritt, damit eine Zelle funktionsfähig wird. Proteine sind quasi „Maschinen im Miniaturformat", sie erfüllen nahezu alle wichtigen Aufgaben innerhalb und außerhalb der Zelle. Sie bilden Gerüstmoleküle, sie sitzen in der Zellmembran und kontrollieren deren Durchlässigkeit, sie können chemische Reaktionen katalysieren (dann nennt man sie Enzyme) oder sie werden von der Zelle ausgeschüttet und wirken dann als Hormone oder Botenstoffe. Und das ist auch so kompliziert, wie es sich anhört. Gerade im Nervensystem kommt es häufig darauf an, dass Proteine zu ganz bestimmten Zeiten an ganz bestimmten Orten hergestellt oder ausgeschüttet werden. Deswegen ist in Neuronen diese Proteinherstellung auch perfektioniert worden, wie wir bald sehen werden.

2.1.3 *Just in time:* die Logistik der Zelle

Nun nützt es allerdings wenig, wenn so ein Protein einfach in der Zelle hergestellt wird. Oftmals muss es zu seinem eigentlichen Bestimmungsort transportiert werden. Gerade bei Neuronen ist das besonders wichtig, denn diese Zellen sind ja polarisiert, also in verschiedene Regionen unterteilt. Außerdem sind Neurone auch recht groß und bilden lange Ausläufer. Ein Protein an der falschen Stelle ist bestenfalls nutzlos, im schlechten Fall jedoch schädlich. Zum Glück existiert in der Zelle ein ausgefeiltes Transport- und Logistiksystem.

Dabei ist es recht kompliziert, Proteine (oder auch andere Stoffe) an den richtigen Ort in der Zelle zu bringen.

> **Zwischenruf** Warum das denn? In den bisherigen Abbildungen sah so eine Zelle doch recht übersichtlich und leer aus?

Nun, wie man schon vielleicht vermutet hat: Aus Gründen der Einfachheit habe ich in diesen Zeichnungen einige Dinge weggelassen, denn in Wirklichkeit ist in der Zelle der Teufel los. Außerhalb des Zellkerns, im Cytoplasma, geht es richtig zur Sache: Natürlich besteht das Cytoplasma hauptsächlich aus Wasser, darüber hinaus befinden sich auch viele kleine Proteine, aber auch größere Membranbläschen (die Vesikel) oder Organellen im Cytoplasma. Organellen sind membranumschlossene Bereiche der Zelle, die sich auf bestimmte Aufgaben spezialisiert haben. Der Zellkern ist zum Beispiel ein solches Organell. In anderen Organellen laufen wichtige Stoffwechselprozesse ab oder es werden Moleküle verdaut. Das gesamte Cytoplasma ist angefüllt mit Zwischenprodukten aus biochemischen Reaktionen, mit Proteinen, mit kleinen Membranbläschen und mit großen Organellen. Was für ein Gedränge! Wie unordentlich das aussieht, erkennt man anhand der Abb. 2.7, die ich mit einem Elektronenmikroskop erstellt habe.

Ein Großteil des Bildes wird vom Zellkern eingenommen. Man sieht, wie eng es schon im Zellkern zugeht. Die DNA und die Hilfsproteine sind so dicht gepackt, dass sie in der Aufnahme nur als große dunkelgraue Fläche auftauchen. Hier sieht man auch schön, dass die DNA nicht so schön geordnet vorliegt, wie man das aus diesen Übersichtszeichnungen kennt, in denen die Chromosomen schön nach Größe sortiert nebeneinander liegen. Nein, in Wirklichkeit ist die DNA in einem großen Haufen verknäult. Weiter erkennt man, dass es auch außerhalb des Zellkerns recht unübersichtlich bleibt. Überall liegen kleine Organellen oder Vesikel herum, und dazwischen befinden sich große Moleküle (zum Beispiel Proteine), die man daran erkennt, dass sie

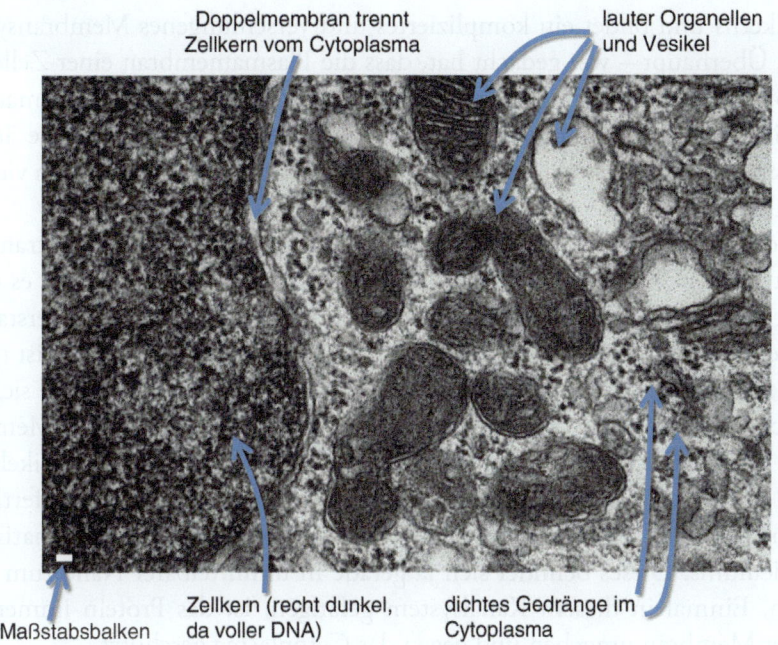

Abb. 2.7 Ein Blick in die Zelle. Auf dieser elektronenmikroskopischen Aufnahme einer Zelle erkennt man, wie dicht gedrängt es in der Zelle zugeht. Der Zellkern (auf der *linken* Seite im Bild) ist extrem dicht gepackt und deswegen dunkel. Er wird durch eine Doppelmembran vom Cytoplasma abgetrennt. Dort tummeln sich lauter Organellen und Vesikel. Einzelne Proteinkomplexe (vermutlich die kleinen *schwarzen* Punkte) kommen da kaum durch. Der *weiße* Maßstabsbalken unten *links* entspricht 50 nm, das heißt 50 milliardstel Metern, also handelt es sich in etwa um eine 60.000-fache Vergrößerung

etwas dunkler sind als die Umgebung. Da kann man sich leicht vorstellen, wie kompliziert so ein Transportprozess in der Zelle sein kann. Proteine sind ja ziemlich groß und schon kleine Moleküle bewegen sich nur sehr schwer, langsam und unkontrolliert hin und her. So ein Protein kann aber mehr als 10000-mal so schwer werden wie ein kleines Wassermolekül und dementsprechend träge schleppt es sich auch durchs Cytoplasma.

Natürlich ist klar: Etwas so wichtiges wie die Logistik in der Zelle überlässt man einem Profi! Und dafür hat sich ein eigenes Organell ausgebildet: das – Achtung! Langsam lesen! – endoplasmatische Reticulum. Endoplasmatisch bedeutet „innerhalb des Plasmas", also befindet sich dieses Organell im Cytoplasma. Reticulum steht für „kleines Netzwerk". Das ist doch ein wenig untertrieben, denn tatsächlich kann ein endoplasmatisches Reticulum sehr groß werden und fast die gesamte Zelle durchspannen. Im Prinzip ist das endoplasmatische Reticulum nämlich ein Schlauchsystem, das die Zelle durchzieht. Häufig befindet es sich schon direkt an der Außenseite des

Zellkerns und bildet ein kompliziertes und verschlungenes Membransystem aus. Überhaupt – wer gedacht hat, dass die Plasmamembran einer Zelle den Großteil der Membranen ausmacht, liegt falsch. Allein das endoplasmatische Reticulum kann mehr als zehnmal so umfangreich werden wie die äußere Plasmamembran, denn innerhalb der Zelle ist dieses Membransystem vielfach gefaltet.

Soll nun ein Protein an einen weit entfernten Ort in der Zelle transportiert werden (beispielsweise in äußere Bereiche des Axons), so wird es dafür erst einmal verpackt. Wir verschicken wichtige Fracht ja auch gut verstaut in Paketen, und für ein Protein ist so ein Paket ein Vesikel. Ein Vesikel ist nichts anderes als ein Membranbläschen. Innerhalb des Vesikels befindet sich die Fracht (also beispielsweise das Protein), das durch die umhüllende Membran gut geschützt ist. Wie kommt das Protein nun aber in so ein Vesikel hinein? Das übernehmen die Ribosomen, denn noch bevor das Protein fertig ist, stopfen sie die entstehende Proteinkette ins Innere des endoplasmatischen Reticulums. Dieses befindet sich ja gerade in unmittelbarer Nähe zum Zellkern. Einmal in diesem Kanalsystem gefangen, ist das Protein immer von einer Membran umgeben und gegen das Cytoplasma geschützt.

Wie geht's nun weiter? Den groben Fahrplan sieht man in Abb. 2.8, er gliedert sich grob in vier Schritte.

Schritt 1 Das Protein muss aus dem endoplasmatischen Reticulum raus, wenn es dort nicht weiter gebraucht wird. Dafür nähert es sich der Membran des Reticulums an, so kann sich ein Vesikel abschnüren, das dieses Protein enthält. Dieser Abschnürungsprozess ist wirklich kompliziert. Er erfordert die Hilfestellung von vielen weiteren Proteinen, die auch erkennen, welches Protein sich gerade im Vesikel befindet. Wir werden darauf zurückkommen, wenn es um die Ausschüttung von Botenstoffen im Gehirn geht, denn dort findet genau der gleiche Prozess statt, auch dort verschmelzen Vesikel mit Membranen oder schnüren sich ab.

Schritt 2 Nun befindet sich das Protein in einem Vesikel, es ist quasi in einem Paket verpackt. Wenn ich etwas mit der Post wegschicke, muss ich anschließend noch eine Adresse auf das Paket schreiben, damit man auch weiß, wohin die Reise geht. In der Poststation wird diese Adresse dann eingelesen (oder etwas moderner: mit einem Strichcode versehen, der anschließend gescannt werden kann). Genau das passiert auch mit diesen Vesikeln. Schon während sich ein Vesikel bildet, wird die Fracht von Proteinen erkannt, die in der Vesikelmembran sitzen. Durch diese speziellen Bindeproteine in der Membran wird das Vesikel quasi markiert, es erhält seine „Adresse".

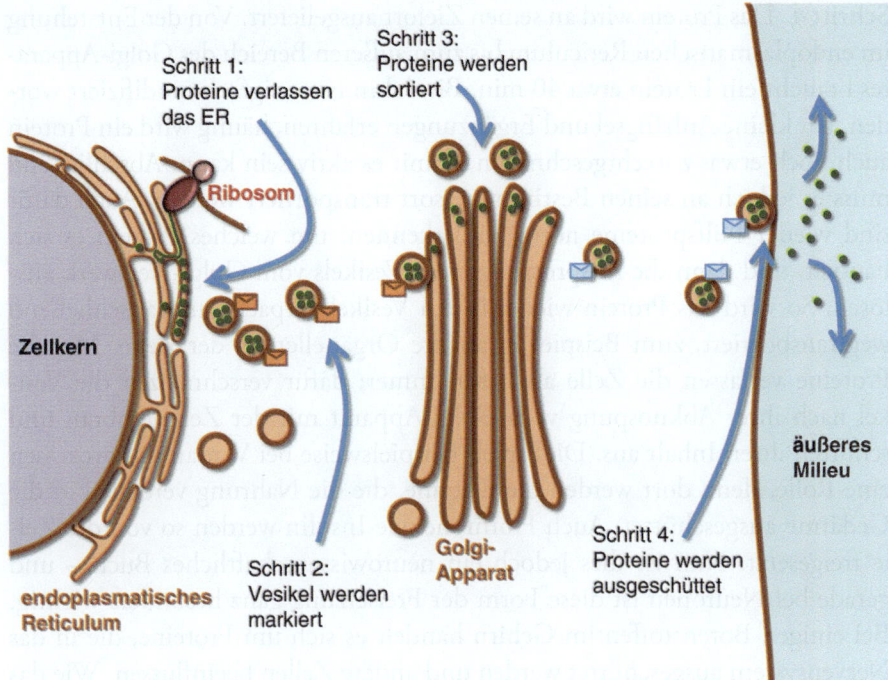

Abb. 2.8 Die Sortierung und Verteilung von Proteinen. Die Logistik in der Zelle ist ziemlich ausgereift. Damit ein Protein (hier in *Grün* gezeigt) ausgeschüttet werden kann, muss es zunächst ins endoplasmatische Reticulum (*ER*) hineingebracht werden. Das übernehmen die Ribosomen, die die Proteine direkt in das ER hineindrücken. Anschließend erfolgt die Verteilung der Proteine. Zunächst werden die Proteine in Vesikel verpackt (*Schritt 1*). Diese Vesikel werden dabei gleich adressiert (*Schritt 2*). Anschließend werden die Proteine in den Golgi-Apparat entlassen und dort weiter sortiert (*Schritt 3*). Schließlich schnüren sich wieder adressierte Vesikel ab, die mit der Zellmembran verschmelzen und die Proteine ausschütten (*Schritt 4*)

Schritt 3 In einem Logistikzentrum wird das Protein weiter sortiert. Die Verpackung in ein Vesikel war nur der erste Schritt, um vom endoplasmatischen Reticulum wegzukommen. Als Nächstes erreicht ein Protein nämlich den großen Umschlagplatz in der Zelle: den Golgi-Apparat. Ursprünglich wurde dieses Organell Ende des 19. Jahrhunderts vom Italiener Camillo Golgi entdeckt, daher der Name. Der Golgi-Apparat ist eigentlich nur ein Stapel aus lauter abgeflachten Zisternen und Röhren. Auf der einen Seite (der *cis*-Seite) treffen die Vesikel vom endoplasmatischen Reticulum ein. Sie verschmelzen mit dem Membransystem des Golgi-Apparates und entlassen die Proteine. Stück für Stück wandert das Protein durch den Golgi-Apparat hindurch. Ständig wird es dabei in Vesikel verpackt, die wieder mit der nächsten Golgi-Zisterne verschmelzen. Irgendwann kommt das Protein am äußeren Bereich des Golgi-Apparates (der *trans*-Seite) an und kann weiter verschickt werden.

Schritt 4 Das Protein wird an seinen Zielort ausgeliefert. Von der Entstehung im endoplasmatischen Reticulum bis zum äußeren Bereich des Golgi-Apparates braucht ein Protein etwa 40 min. Bis dahin ist es zigfach modifiziert worden, hat kleine Anhängsel und Ergänzungen erfahren, häufig wird ein Protein auch noch etwas zurechtgeschnitten, damit es aktiv sein kann. Abschließend muss es jedoch an seinen Bestimmungsort transportiert werden. Auch dafür sind wieder Hilfsproteine nötig, die erkennen, um welches Protein es sich handelt, und dann die Absprossung eines Vesikels vom Golgi-Netzwerk auslösen. So wird das Protein wieder in ein Vesikel verpackt und anschließend wegtransportiert, zum Beispiel in andere Organellen in der Zelle. Manche Proteine verlassen die Zelle auch für immer; dafür verschmelzen die Vesikel nach ihrer Abknospung vom Golgi-Apparat mit der Zellmembran und schütten ihren Inhalt aus. Dies spielt beispielsweise bei Verdauungsprozessen eine Rolle, denn dort werden die Enzyme, die die Nahrung verdauen in die Gedärme ausgeschüttet. Auch Hormone wie Insulin werden so von der Zelle freigesetzt. Nun ist dies jedoch ein neurowissenschaftliches Buch – und gerade bei Neuronen ist diese Form der Freisetzung ganz besonders wichtig. Bei einigen Botenstoffen im Gehirn handelt es sich um Proteine, die in das Nervensystem ausgeschüttet werden und andere Zellen beeinflussen. Wie das genau funktioniert, werden wir in Kürze sehen.

Dadurch, dass Proteine in Vesikel verpackt werden und anschließend in einem großen Membransystem sortiert werden können, umgehen sie das Problem, „nackt" im Cytoplasma umherzuschwimmen und nicht zu ihrem Zielort voranzukommen.

Zwischenruf Ist das wirklich so ein großer Vorteil für ein Protein, wenn es in einem Vesikel verpackt ist? Ein Vesikel ist doch noch größer, kommt es dann nicht noch schwerer im Cytoplasma voran?

Es stimmt, dass Vesikel noch größer als die einzelnen Proteine sind, denn häufig enthalten sie nicht nur ein einziges Protein, sondern viele Hundert. Deswegen kommen sie noch schwerer durch das Dickicht aus Proteinen, Molekülen und Organellen, die sich alle im Cytoplasma tummeln. Aber Vesikel haben einen großen Vorteil: Sie nutzen für ihr Vorankommen die Transportmaschinerie des Zellskeletts. So eine Zelle wird nämlich von verschiedenen Gerüststrukturen durchspannt, und einige Transportproteine haben sich genau darauf spezialisiert, Vesikel oder Organellen entlang dieser Gerüste zu transportieren. Und für Neurone spielt die korrekte Architektur außerdem die alles entscheidende Rolle, damit sie ihre charakteristische Form erhalten.

2.1.4 Haltung bewahren: das Zellskelett

Ohne inneres Gerüst wäre eine Zelle ein ziemlich trostloser Haufen. Wie ein nasser Tropfen voller glibbriger Proteine und Membranen würde sie einfach faul in der Ecke liegen und könnte nicht diese fantastischen Aufgaben erfüllen, wie sie es im Nervensystem tut. Damit die Zelle eben nicht dieses Schicksal ereilt und eine gewisse Haltung bewahrt, gibt es das Zellskelett. Dabei verlässt sich ein Neuron aber nicht auf ein einziges Gerüst. Nein, Neurone sind ja voller unterschiedlicher Regionen, die verschiedene Aufgaben erfüllen müssen. Ich möchte nochmals an ihre typische Form erinnern: Zellkörper, Dendriten, ein langes Axon, entfernte Kontaktstellen – alles hoch organisierte Bereiche mit einer ganz besonderen Struktur. Während Blut- oder Immunzellen eigentlich nur rund sind, haben gerade Nervenzellen eine unglaublich komplexe Architektur, die durch verschiedene Arten des Zellskeletts ermöglicht wird. Doch nicht nur für die Erhaltung einer definierten Struktur ist dieses Zellskelett wichtig. Denn Zellen – das weiß man vielleicht – sind beweglich. Sie können beispielsweise im Körper umherwandern (Immunzellen tun dies), sich zusammenziehen (wie Muskelzellen) oder neue Ausläufer ausbilden (Nervenzellen). Das Zellskelett muss also nicht nur äußerst stabil und robust sein, es muss sich auch dynamisch verändern können.

Welche verschiedenen Gerüstmoleküle braucht so eine Zelle? Nun, die drei wichtigsten Gerüststrukturen sind in Abb. 2.9 gezeigt. Es handelt sich um Mikrotubuli (die ein festes Gerüst bauen), Actin-Mikrofilamente (bilden ein gelartiges Netz) und Intermediärfilamente (wichtig für die Reißfestigkeit einer Zelle).

Wichtig ist zunächst einmal eine feste innere Verstrebung, damit die Zelle auch eine grobe und robuste Form hat. Ein haltbares Gebäude greift auf Stahlträger oder Ähnliches zurück. Die Zelle verwendet dafür sogenannte Mikrotubuli. Der Name sagt es schon: Es sind kleine (griech. *mikros*) Röhrchen (lat. *tubulus*). Röhren eignen sich ja sehr gut, um stabile Gerüststrukturen auszubilden, denn einwirkende (und potenziell schädliche) Kräfte werden bestmöglich verteilt, sodass die Röhre stabil bleibt.

Nun kann eine Zelle ja keine Röhre aus einem Stück fertigen, außerdem wäre so eine *en bloc*-Fertigung auch nicht sehr dynamisch: Einmal hergestellt, würde so eine Röhre in der Zelle herumliegen und könnte nicht der aktuellen Struktur angepasst werden. Deswegen bastelt sich die Zelle große Röhren aus kleinen Bausteinen zusammen. Natürlich verwendet sie dafür Proteine, denn diese sind ja leicht herzustellen und können bei Bedarf noch mit Zusatzfunktionen ausgestattet werden. Im Falle der Mikrotubuli handelt es sich dabei um Tubulin-Proteine. Diese Tubuline sehen ein bisschen aus wie eine Hantel und können sich nebeneinander anlagern. Um genau zu sein, gibt es zwei verschie-

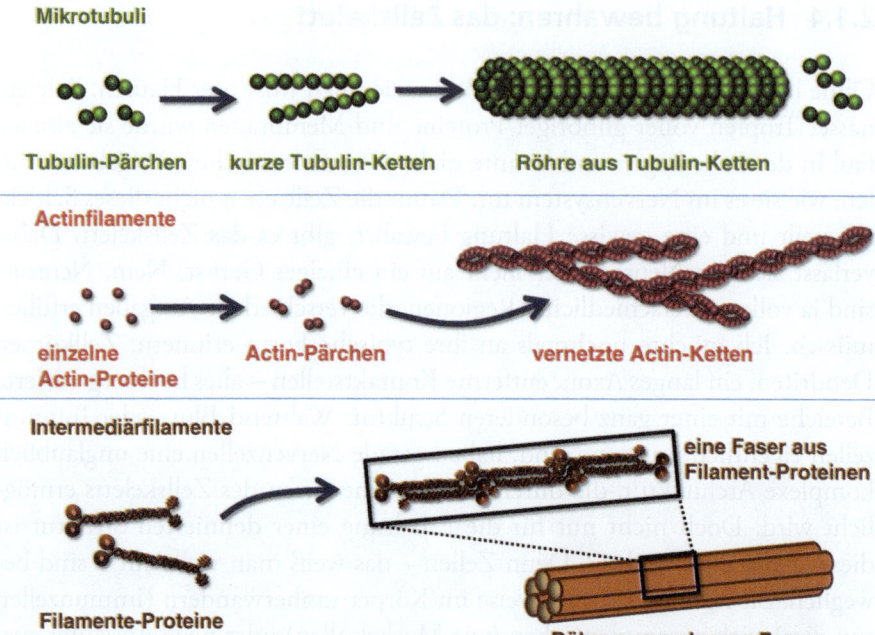

Abb. 2.9 Die Bestandteile des Zellskeletts (Achtung: nicht maßstabsgetreu!). Mikrotubuli sind lange und feste Röhren, die sich aus Tubulin-Proteinen zusammensetzen und die ganze Zelle wie ein steifes Gerüst durchziehen. Actinfilamente sind aus Actinmolekülen zusammengesetzt, die sich umeinander winden. Sie können dabei ein gelartiges Netz oder feste Bündel bilden, je nachdem was gerade gebraucht wird. Intermediärfilamente bestehen aus unterschiedlichen Proteinen, die sich ineinander verhaken und so eine Faser ausbilden. Wenn sich diese Fasern nebeneinander zu einer Röhre zusammenlagern, entsteht ein Filament, das sehr flexibel und reißfest ist

dene Tubuline: Alpha- und Beta-Tubulin (ja, auch wir Neurowissenschaftler finden griechische Buchstaben ganz toll). Diese beiden Tubuline finden sich dann zu kleinen Pärchen zusammen, die sich aneinanderlagern und so eine lange Kette bilden. Damit sich nun diese stabile Röhre bildet, legen sich 13 dieser Ketten ringförmig nebeneinander – fertig ist ein Mikrotubulus. Sein Durchmesser ist ziemlich klein, er misst nur 25 nm. Das bedeutet, dass bis zu 40 dieser Mikrotubuli in einer Nervenfaser, die etwa einen Mikrometer dick ist, nebeneinander liegen können.

Zwischenruf Wenn Mikrotubuli so stabile Röhren bilden, dann kann eine Zelle aber nicht sehr flexibel sein. Sie muss sich doch auch in ihrer Struktur ändern können!

Damit Zellen richtig funktionieren, ist es sogar sehr wichtig, dass sie ihre Form und Gestalt ihrer Umwelt anpassen können. Blutzellen müssen sich zum Beispiel oft durch enge Kapillaren quetschen, und Immunzellen können Blutgefäße sogar komplett verlassen und zwängen sich dafür durch kleinste Ritzen in das umliegende Gewebe. Nervenzellen erscheinen demgegenüber regelrecht als Bewegungsmuffel. Wenn sie einmal ihren Platz im Gehirn gefunden haben, geben sie diesen so schnell nicht wieder her. Es gibt jedoch einige Bereiche der Nervenzelle, die recht dynamisch sind und ihre Form ändern können. Dies ist zum Beispiel bei den Synapsen der Fall. Wir werden diese Kontaktstellen zwischen den Nervenzellen noch genauer betrachten, aber schon jetzt sei verraten, dass diese Bereiche in ihrer Form recht wandelbar sind. Überhaupt: Die äußersten Bereiche einer Nervenzelle, also auch zum Beispiel die Dendriten, sind einigermaßen formbar. Dies liegt daran, dass direkt unter der Zellmembran eine andere Form des Zellskeletts das Sagen hat: das Mikrofilament. Filament bedeutet so viel wie Faser oder Faden. Es handelt sich also um kleine Fäden, die direkt unter der dünnen Plasmamembran der Zelle deren Form und Struktur ausbilden.

Auch das Mikrofilament setzt sich aus Proteinuntereinheiten zusammen, den Actin-Proteinen. Auch wenn man noch nie davon gehört hat: Actin ist das mit Abstand häufigste Protein in der Zelle und kann bis zu 50 % aller Proteine ausmachen. Einzelne Actinmoleküle sehen aus wie kleine Kugeln (deswegen nennt man sie auch globuläre, also kugelförmige Proteine) und schwimmen überall in der Zelle herum. Bei Bedarf können sich diese Actinmoleküle aneinanderlagern und bilden dann eine lange Kette aus. Diese Kette besteht aus zwei Strängen von Actinmolekülen und windet sich treppenförmig voran. Wenn diese Ketten mindestens ein Dutzend Actinmoleküle enthalten, spricht man von filamentösem Actin. Diese Filamente können zwar nicht ganz so lang werden wie die Mikrotubuli, aber sie sind stark verzweigt und bilden eine Art Netz aus. Diese Actinfilamente sind im Vergleich mit den Mikrotubuli recht klein und messen nur acht Nanometer im Durchmesser (also etwa ein Drittel der Mikrotubuli). Sie müssen aber auch nicht besonders groß sein, denn sie werden ständig umgebaut, miteinander vernetzt, gebündelt oder zu einem gelartigen Geflecht verbunden. Weil das Actin-Mikrofilament so dynamisch ist und schnell verändert werden kann, kann auch eine Zelle ganz zügig ihre Form ändern. So kann eine Nervenzelle zum Beispiel entlang des Axons kleine Seitenärmchen ausbilden, die ausschließlich aus gebündeltem Actinfilament bestehen. Eine Synapse hat da eher eine flächenförmige Form, dafür bildet das Actin eine Art Netz aus, das die Synapse auskleidet. Und wenn mal schnell was umgebaut werden muss, aktiviert die Zelle Proteine, die das Actinfilament kleinschneiden, stabilisieren, vernetzen oder verlängern. Das Actin-Zellskelett ist quasi das Schweizer Taschenmesser unter den Gerüststrukturen und eignet sich für allerhand Umformungen und Strukturierungen.

Mikrotubuli bilden also das grobe Skelett der Zelle, Actin-Mikrofilamente sind für die schnellen Umformungen der Zelle notwendig. Nun muss eine Zelle aber auch eine gewisse „Reißfestigkeit" aufweisen. Denn Mikrotubuli sind zwar recht starr und stabil, dafür aber auch recht spröde. Und Actinfilamente sind zwar wunderbar formbar – aber eben auch nur so fest, wie es ein glibbriges Netz sein kann: gar nicht. Viele Zellen im Körper sind jedoch starken mechanischen Beanspruchungen ausgeliefert, wie zum Beispiel Hautzellen, die dafür eine bestimmte Zähigkeit aufweisen müssen. Und auch in Nervenfasern ist eine solche Zähigkeit gefragt, damit sie nicht bei der nächsten Bewegung auseinanderreißen. Damit dies nicht geschieht, gibt es in der Zelle die Intermediärfilamente. Der Name ist wirklich ziemlich unkreativ, denn sie werden so genannt, weil sie in ihrer Größe zwischen (lat. *intermedius*) Actin-Mikrofilamenten und Mikrotubuli liegen. Ihr Zusammenbau ist etwas komplizierter als bei den zuvor beschriebenen Mikrofilamenten oder Mikrotubuli, denn sie setzen sich nicht aus ständig wiederholenden Einheiten zusammen, sondern werden aus bis zu 50 verschiedenen Proteinen aufgebaut. Die Idee dahinter ist aber recht einfach, denn alle diese Proteine haben eine recht ähnliche Struktur: An ihren Enden sind sie zu Knubbeln verdickt, sodass sie sich gut aneinander festhalten können. In der Mitte sind sie jedoch wie eine Spiralfeder gespannt. Wenn diese Proteine nun immer versetzt einander angelagert werden, verhaken sie sich und können so auseinandergezogen werden, ohne zu reißen. So ist immer gewährleistet, dass die Zelle eine gewisse innere Spannung hat und einwirkenden Kräften entgegentreten kann.

Mit diesen drei Komponenten (Mikro- und Intermediärfilament sowie Mikrotubuli) kann sich eine Zelle also eine tolle innere Architektur verpassen, sodass sie stabil und flexibel zugleich ist. Da sich diese langen Gerüststrukturen durch die ganze Zelle ziehen, bieten sie sich zugleich aber noch für eine andere sehr wichtige Funktion an: Transportprozesse. Im vorigen Abschnitt haben wir ja gesehen, wie Proteine in einzelne Vesikel verpackt und vom endoplasmatischen Reticulum zum Golgi-Apparat und schließlich zur Zellwand gebracht werden können. Die Hauptprobleme bei solchen Transportprozessen sind zum einen die Adressierung der Fracht (das wird ja durch die Hilfsproteine gelöst, die in der Vesikelmembran sitzen) und zum anderen das Vorankommen in diesem Dschungel aus Proteinen, Organellen, Vesikeln und allerlei anderen kleinen Molekülen. So ein Transport ist keine leichte Sache und erfordert die Unterstützung von Spezialisten, den Transportproteinen, die wie kleine Motoren an den Gerüststrukturen entlanglaufen und dabei ihre Fracht (zum Beispiel ein Vesikel oder ein Organell) huckepack nehmen.

Gerade in Nervenzellen sind diese Transportprozesse extrem wichtig, denn wie sollen die ganzen schönen Dinge (also in der Regel Proteine) zu den weit entfernten Regionen in der Nervenzelle gelangen? Zum Teil sind das ja ganz

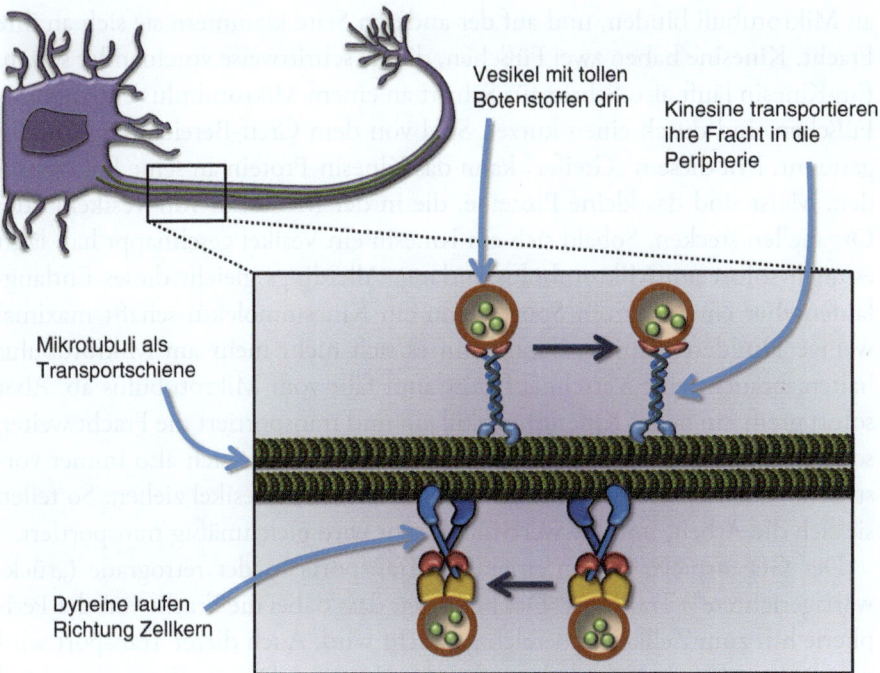

Abb. 2.10 Transport in Nervenfasern. Damit auch alles hinkommt, wo es in der Nervenzelle hingehört, gibt es zwei verschiedene Transportsysteme. Mit ihren „Greifern" (in *Rot* gezeigt) nehmen die Kinesine (*oben* im Bild) ihre Fracht huckepack und transportieren sie in die weit entfernten Bereiche in der Peripherie. Auch Dyneine sind Transportmaschinen, die sich ihre Fracht mit den (in *Gelb* kolorierten) „Greifern" schnappen und in Richtung des Zellkerns schaffen. Damit sie sich nicht in die Quere kommen, haben sich Kinesine und Dyneine das Transportgewerbe aufgeteilt: Kinesine laufen immer in die andere Richtung als die Dyneine, nämlich vom Zellkern weg

enorme Strecken, denn ein Axon kann über einen Meter lang werden, während kleine Vesikel mit ihrer Proteinfracht nur etwa ein millionstel Meter groß sind (wenn überhaupt). Dabei sind Transportprozesse doch recht zügig, und so ein winziges Vesikel kann am Tag über 40 cm weit transportiert werden. Das gelingt natürlich nur mit professioneller Unterstützung, wie man in Abb. 2.10 sieht.

Für den Langstreckentransport haben sich in der Zelle zwei Logistikunternehmen den Markt aufgeteilt und besitzen quasi ein Monopol. Damit sie sich nicht in die Quere kommen, kümmert sich ein System nur um den Transport weg vom Zellkörper hin zu den entfernten Bereichen in der Zelle. Man nennt diesen Prozess anterograden Transport, was so viel wie „vorwärtsgerichtet" bedeutet. Dieses Logistiksystem hat verschiedene „Transportfahrzeuge", die alle zu einer eigenen „Marke" gehören: die Kinesine. Kinesine sind Proteine, die sich auf schnellen Transport konzentriert haben. Sie können zum einen an Mikrotubuli binden, und auf der anderen Seite klammern sie sich an ihre Fracht. Kinesine haben zwei Füßchen, die sie schrittweise voreinander setzen. Ein Kinesin läuft also Schritt für Schritt an einem Mikrotubulus entlang. Die Füßchen sind durch einen kurzen Stiel von dem Greif-Bereich des Kinesins getrennt. Mit diesem „Greifer" kann das Kinesin-Protein an seine Fracht binden. Meist sind das kleine Proteine, die in der Membran von Vesikeln oder Organellen stecken. Sobald sich ein Kinesin ein Vesikel geschnappt hat, läuft es auch sofort am Mikrotubulus entlang. Allerdings gleicht dieses Entlanglaufen eher einem kurzen Spurt, denn ein Kinesinmolekül schafft maximal wenige Hundert Schritte, dann kann es sich nicht mehr am Mikrotubulus halten, braucht eine Verschnaufpause und fällt vom Mikrotubulus ab. Aber sofort greift ein neues Kinesinmolekül ein und transportiert die Fracht weiter, sodass diese niemals zum Stillstand kommt. Man sollte sich also immer vorstellen, dass mehrere Kinesine gleichzeitig an einem Vesikel ziehen. So teilen sie sich die Arbeit, und die wertvolle Fracht wird gleichmäßig transportiert.

Der Gegenspieler des anterograden Transports ist der retrograde („rückwärtsgerichtete") Transport. Das bedeutet, dass dabei die Fracht von der Peripherie hin zum Zellkörperbereich gebracht wird. Auch dieser Transport wird von einem Monopolisten beherrscht: dem Dynein. Dynein-Transporter sind deutlich größer als die Kinesine, und doch wandern sie vergleichbar schnell mit einigen Millimetern pro Stunde. Auch Dyneine haben zwei Füßchen, mit denen sie an einen Mikrotubulus binden, und auf der anderen Seite einen Bereich, an den die Fracht gebunden wird. Auch der Mechanismus der Fortbewegung scheint ähnlich demjenigen des Kinesin-Transports zu sein.

Für einen Langstreckentrip in der Nervenfaser stehen den Kinesinen und Dyneinen die Mikrotubuli zur Verfügung, die das Axon durchziehen. Soll ein Vesikel oder ein Organell jedoch fein positioniert (quasi eingeparkt) werden, wird das Actin-Mikrofilament benutzt. Wenn die Mikrotubuli die Autobahnen in der Zelle sind, dann sind die Mikrofilamente die Kreis- und Ortsstraßen, die auch den hintersten Winkel der Zelle erreichen. Kinesine und Dyneine sind für diese schmalen Straßen aber nicht gebaut, und so wird ein Vesikel, das beispielsweise in einen Seitenarm des Axons gebracht werden muss, von anderen Transportmolekülen bewegt: den Myosinen. Myosine sehen den Kinesinen recht ähnlich; auch sie haben zwei Füßchen und gegenüberliegend eine Fracht-Bindestelle. Allerdings bewegen sie sich anders voran. Während die Kinesine immer einen Fuß vor den anderen setzen, paddeln die Myosine am Filament entlang. Kurz binden sie mit ihren Füßchen (man sollte in diesem Fall besser von Händen sprechen) an das Mikrofilament, dann klappen sie zurück, lösen sich vom Filament, schnellen wieder nach vorne und krallen sich erneut fest. So ziehen sie sich an den Actinfilamenten entlang, ihre Fracht immer im Gepäck, und können dabei auch ihre Richtung ändern.

Transportprozesse sind, man kennt es aus dem eigenen Leben, recht energieaufwendig und können richtig ins Geld gehen. Während jedoch die Benzinpreise für Autofahrten ständig zu steigen scheinen, hat die Zelle das Glück, dass ihre Transportkosten immer recht konstant bleiben. Energieintensive Prozesse wie Transportvorgänge werden mit der universalen Energiewährung der Zelle angetrieben: dem ATP. Das ATP (die Abkürzung steht für den etwas spröden Namen Adenosintriphosphat) ist ein kleines, aber sehr energiereiches Molekül, dessen Spaltung Energie freisetzt, die für nahezu alle zellulären Vorgänge benötigt wird. Das ATP ist quasi der Treibstoff der Zelle – und eine Zelle braucht eine Menge davon. Also muss es in ausreichender Menge hergestellt werden, das übernehmen die Mitochondrien.

2.1.5 Heizt der Zelle ein: das Mitochondrium

Mitochondrien sind ganz außerordentliche Organellen. Genauso wie der Zellkern besitzen sie eine Doppelmembran – das deutet schon mal darauf hin, dass hier besonders wichtige Dinge passieren. Und tatsächlich: Mitochondrien sind die Kraftwerke der Zelle. Sie erzeugen die ganzen ATP-Moleküle, die für die energieumsetzenden Zellvorgänge gebraucht werden. In Lehrbüchern werden sie meist oval oder eiförmig dargestellt (und auch ich mache das in Abb. 2.11). Fairerweise muss ich jedoch sagen: Mitochondrien sind die Chamäleons der Zelle. Das wird auch schon durch ihren Namen deutlich: Aus dem Griechischen abgeleitet, bedeutet „Mitochondrium" so viel wie „Faden-Knubbel" – und so verhalten sie sich auch. Sie können nahezu jede Form annehmen, von kugelrund über würstchenförmig bis hin zu ausgedehnten Netzwerken (die aussehen wie das endoplasmatische Reticulum) ist alles möglich. Mitochondrien sind auch sehr beweglich und werden von den soeben beschriebenen Transportmolekülen durch die ganze Zelle transportiert, um dort Energie bereitzustellen. Das ist in etwa so, als würde man ein Großkraftwerk immer genau dahin fahren, wo gerade am meisten Strom verbraucht wird. Etwas schwierig – gerade bei Atomkraftwerken ist mit einigermaßen Widerstand zu rechnen, und auch Windräder sind recht unhandlich und sperrig beim Transport. Alles kein Problem in der Nervenzelle! So ein Mitochondrium ist schnell auf ein paar bereitstehende Kinesine geschnallt – und schon geht es ab zu den energieumsetzenden Regionen, und davon gibt es in den Nervenzellen einige: Synapsen, Dendriten und viele Bereiche im Axon.

Mitochondrien haben zwei Membranen, das sieht man gut in Abb. 2.11. Eine äußere Membran trennt das Mitochondrium vom Cytoplasma ab, allerdings ist diese Membran relativ durchlässig. Sie ist mit großen Poren durchsetzt, so können Wasser, Ionen und kleine Moleküle (wie Zucker) leicht hindurchschlüpfen. Die innere Membran hingegen ist absolut dicht und in viele

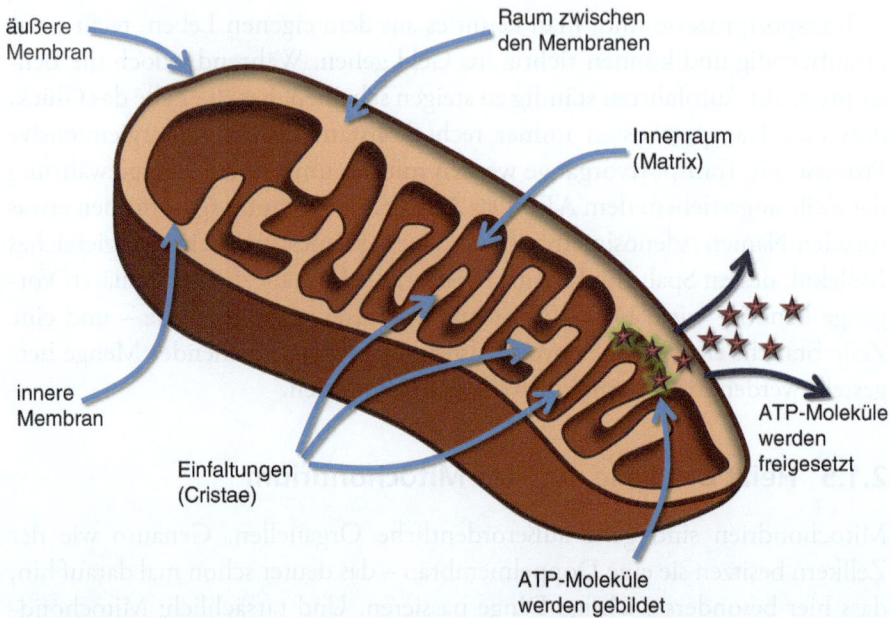

Abb. 2.11 Das Kraftwerk der Zelle – das Mitochondrium. Mitochondrien sind besondere Organellen, denn sie haben eine Doppelmembran. Die äußere Membran ist relativ durchlässig für Wasser und kleine Moleküle. Die innere Membran ist stark gefaltet, diese Einfaltungen (die Cristae) vergrößern die Oberfläche der inneren Membran enorm. Der innerste Bereich der Mitochondrien, die Matrix, ist der Ort wichtiger Stoffwechselprozesse. Die eigentliche Energiegewinnung findet dort und an der inneren Membran statt. Dabei entstehen ATP-Moleküle, die in der Zelle verteilt werden

Schleifen eingefaltet. So besteht ein Mitochondrium eigentlich hauptsächlich aus vielen Einstülpungen, die man Cristae (lat. *crista* – „der Kamm") nennt.

Der innerste Bereich des Mitochondriums ist die Matrix, und in der Matrix geht es richtig rund. Dort finden einige der wichtigsten biochemischen Reaktionen in der Zelle statt. Unter anderem werden dort Nahrungsstoffe komplett zerlegt und aus diesem Abbau Energie gewonnen. Man muss sich das in etwa so vorstellen: Im Cytoplasma werden Zuckermoleküle (zum Beispiel Glucose, der Traubenzucker) zunächst gespalten. Diese Spaltprodukte werden anschließend in die Matrix des Mitochondriums gebracht. Hier wird das Molekül komplett auseinandergenommen. Nun steckt in den chemischen Bindungen in diesen Molekülen jedoch eine Menge Energie, diese wird auf ein Protein, das an der inneren Mitochondrienmembran sitzt, übertragen. Mit dieser Energie kann das Protein jede Menge ATP-Moleküle herstellen, die anschließend das Mitochondrium verlassen (aus der Energie eines einzigen Moleküls Glucose werden etwa 30 Moleküle ATP erzeugt). Während die Energie der chemischen Bindungen also genutzt wird, um ATP zu erzeugen, bleiben die Atome, aus denen das Zuckermolekül einst zusammengesetzt war, übrig. Sie werden zu Wasser und Kohlendioxid verarbeitet, quasi „verbrannt". Dazu ist Sauerstoff nötig, und genau deswegen müssen wir ihn auch ständig einatmen.

Damit wird auch klar, wieso die innere Membran der Mitochondrien so stark eingefaltet ist: Alle diese Stoffwechselprozesse inklusive der endgültigen ATP-Erzeugung laufen eingebettet in dieser Membran ab. Deswegen muss sie eine möglichst große Oberfläche bieten, damit auch alle diese Vorgänge genügend Platz haben. Dass diese ATP-Erzeugung so wichtig ist, erkennt man auch daran, wie viel ATP erzeugt wird: Pro Tag produziert jeder Mensch in etwa so viel ATP wie er selbst wiegt! Natürlich wird dieses ATP sofort in allerlei biochemischen und zellulären Vorgängen wieder umgesetzt. Aber es macht doch deutlich, dass dieser Stoffwechselweg in den Mitochondrien entscheidend für die Funktion der Zellen ist.

Gerade Nervenzellen sind auf funktionierende Mitochondrien angewiesen. Natürlich möchte jede Zelle gerne diese effizienten Kraftwerke nutzen (Mitochondrien haben einen Wirkungsgrad von knapp 35 %), aber zur Not können sie auch Energie aus anderen Vorgängen gewinnen. Neurone können dies nicht. Sie müssen sich darauf verlassen, dass genügend Zucker und Sauerstoff zur Verfügung stehen und die Mitochondrien gut funktionieren. Aus diesem Grund ist ein Atem- oder Herzstillstand auch so gefährlich. Schon nach wenigen Minuten gehen die ersten Nervenzellen unwiederbringlich verloren, und schnell sterben ganze Hirnbereiche ab. Mittlerweile geht man auch davon aus, dass bestimmte Erkrankungen des Nervensystems (zum Beispiel Parkinson) zunächst die Funktion von Mitochondrien beeinträchtigen, was in der Folge dazu führt, dass die Neurone absterben.

Ein interessanter Aspekt am Rande: Im Mikroskop sehen Mitochondrien in Nervenfasern aus wie lange dünne Würstchen, die sich hin und her bewegen. Manchmal machen sie auch eine Pause und bewegen sich gar nicht, bevor sie dann wieder weitertransportiert werden. Mitochondrien besitzen zwei Membranen, einen eigenen Stoffwechsel und sogar eine eigene DNA. Viele der Proteine, die im Mitochondrium gebraucht werden, sind nicht in der DNA im Zellkern codiert, sondern direkt im Erbgut der Mitochondrien. Irgendwie wirkt es so, als seien Mitochondrien eigene Lebewesen, die sich in eine größere Zelle verirrt haben. Und tatsächlich gibt es die Hypothese, dass genau dies vor etwa einer Milliarde Jahren passiert ist. Damals befand sich eine große Menge Sauerstoff in der Atmosphäre, und eine Urzelle ohne Mitochondrien „verschluckte" aus Versehen ein Bakterium, das diesen Sauerstoff atmete und für die Energiegewinnung einsetzte. Urzelle und Bakterium gingen einen Deal ein: Das Bakterium lieferte genügend Energie (ATP-Moleküle), verbrauchte dafür Sauerstoff und wurde im Gegenzug von der Urzelle mit Nahrungsstoffen versorgt. Im Laufe der Zeit (und in einer Milliarde Jahren kann wirklich so einiges passieren) wurden aus den verschluckten Bakterien die Mitochondrien. Noch heute kann man aber die Überbleibsel der ursprünglichen Bakterien sehen, denn Mitochondrien haben Lipide in ihrer inneren Membran (der vormaligen Bakterienwand), die sonst nur bei Bakterien vorkommen. Außerdem haben sie noch Reste ihrer ursprünglichen DNA und eigene Ribosomen zur Proteinherstellung, die ebenfalls bakteriellen Ribosomen sehr ähnlich sind. Man sieht also: Eigentlich tragen fast alle Körperzellen (bis auf rote Blutkörperchen, die keine Mitochondrien haben) ein bakterielles Erbe in sich. Und Kooperation, auch zwischen Bakterien und Nicht-Bakterien, zahlt sich aus.

2.1.6 Die Nervenzelle ist schon etwas Besonderes

Wir haben nun gesehen, aus welchen wichtigen Bestandteilen sich eine Zelle im Allgemeinen zusammensetzt. Alle diese Strukturen und Systeme sind unerlässlich, damit eine Zelle funktionieren kann. Neurone sind jedoch ganz besondere Zellen, die sich in einigen wichtigen Punkten von anderen gewöhnlichen Zellen unterscheiden. Ein wichtiges Merkmal haben wir schon gesehen: Neurone haben eine lang gestreckte Form und viele unterschiedliche Bereiche mit verschiedensten Aufgaben (Zellkörper, Dendriten, ein langes Axon, mehrere Synapsen). Dies hat Konsequenzen auf die Ultrastruktur und die Funktionsweise der beschriebenen Organellen (Abb. 2.12). Angefangen von der Proteinsynthese, über die Logistik bis hin zur Energiegewinnung – in den Mitochondrien sind alle Prozesse optimiert. Die in den vorigen Abschnitten beschriebenen Systeme werden also für die besonderen Anforderungen des Neurons angepasst und sind extrem effizient.

Der Zellkörper ist bei Neuronen relativ klein und fast vollständig vom Zellkern ausgefüllt. Dessen einzige Aufgabe ist es, genügend Baupläne für Proteine (also Boten-RNA) ins Cytoplasma zu schicken. Mit Chromosomenverdichtung, DNA-Kondensation oder Aufkonzentrierung der Erbmasse hat ein Neuron nichts zu tun. Diese kleinen und extrem kompakten Chromosomen werden ja nur für die Zellteilung benötigt. Neurone teilen sich jedoch nicht mehr. Einmal ein Neuron, immer ein Neuron. Auf ein Neuron wartet nur der Tod, keine Vermehrung möglich. Das klingt nach einem traurigen Schicksal – aber dafür hat ein Neuron Zeit seines Lebens auch viele Kontakte zu anderen Zellen und lebt sehr lange (Jahrzehnte). Zwar gibt es im Gehirn ein paar Nischen, in denen auch bei Erwachsenen noch einige wenige Neurone gebildet werden. Aber das hält sich doch sehr in Grenzen. Passen Sie daher gut auf Ihre Hirnzellen auf! Sie sind unersetzbar.

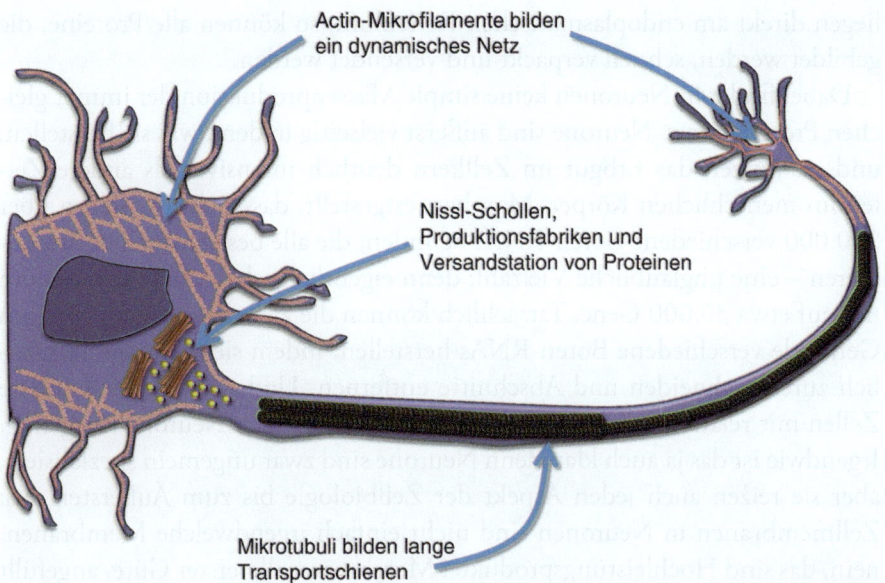

Abb. 2.12 Ein Neuron hat ein paar Tricks auf Lager. Hier sieht man, warum Neurone so eine besondere Form haben. In Bereichen, die schnell ihre Form ändern (zum Beispiel im Zellkörper oder den Synapsen), befindet sich das gelartige Netz aus Actin-Mikrofilamenten. Im Vergleich dazu muss das Axon stabil und robust gebaut sein. Deswegen ist es angefüllt mit Mikrotubuli, die gleichzeitig als Transportschiene für Vesikel oder Organellen dienen. Das ist auch nötig, denn im Zellkörper befinden sich Hochleistungsfabriken, die andauernd Proteine herstellen, sie verpacken und auf die Reise ins Axon schicken: die Nissl-Schollen

Ganz wichtig bei Neuronen: die Zellmembran. Nahezu alle wichtigen physiologischen Prozesse spielen sich bei Neuronen dort ab. Wie wir bald sehen werden, passt ein Neuron ganz besonders darauf auf, was durch die Zellmembran durchtritt und was nicht. Dafür baut es viele Kanäle und Pumpen (alles Proteine) in die Plasmamembran ein, die den Stoffdurchtritt regulieren.

Überhaupt, Neurone müssen unheimlich viele Proteine herstellen, um die ganze Architektur, den Energiestoffwechsel und die Funktion der Plasmamembran zu erhalten. Andere Zellen im Körper sind da deutlich entspannter. Immunzellen zum Beispiel können jahrelang im Blut vor sich hindösen, ohne dass sie großartig auf die Idee kämen, Proteine (in ihrem Fall wären das vor allem Antikörper) herzustellen. Werden sie jedoch einmal aktiviert, können sie ihre Proteinherstellungsfabriken (die Ribosomen) schnell aktivieren und massenhaft Antikörper produzieren. Neurone müssen hingegen ständig neue Proteine konstruieren und sie auf die lange Reise ins Axon schicken. Deswegen hat sich genau dort, wo das Axon entspringt (man nennt diesen Ort „Axonhügel"), eine Ansammlung aus Ribosomen gebildet: die Nissl-Schollen. Diese liegen direkt am endoplasmatischen Reticulum, so können alle Proteine, die gebildet werden, schnell verpackt und versendet werden.

Dabei findet in Neuronen keine simple Massenproduktion der immer gleichen Proteine statt. Neurone sind äußerst vielseitig in dem, was sie herstellen, und sie nutzen das Erbgut im Zellkern deutlich intensiver als andere Zellen im menschlichen Körper. Man hat festgestellt, dass sich im Gehirn über 200.000 verschiedene Boten-RNAs befinden, die alle bestimmte Proteine codieren – eine unglaubliche Vielzahl, denn eigentlich schätzt man das Genom nur auf etwa 30.000 Gene. Tatsächlich können die Zellen aus einem einzigen Gen viele verschiedene Boten-RNAs herstellen, indem sie diese unterschiedlich zurechtschneiden und Abschnitte entfernen. Und während sich andere Zellen mit relativ wenigen Proteinen begnügen, kriegen Neurone nie genug. Irgendwie ist das ja auch klar, denn Neurone sind zwar ungemein spezialisiert, aber sie reizen auch jeden Aspekt der Zellbiologie bis zum Äußersten aus: Zellmembranen in Neuronen sind nicht einfach irgendwelche Membranen, nein, das sind Hochleistungsprodukte! Membranen allererster Güte, angefüllt mit spezialisierten Proteinen und mit abgefahrenen Lipiden, die man nur im Gehirn findet. Das Gehirn stellt auch nicht irgendwelche Moleküle her, die dann ausgeschüttet werden, nein, Neurone produzieren Botenstoffe von Spitzenqualität! Genau zur richtigen Zeit am richtigen Ort werden die richtigen Moleküle hergestellt und im Nervensystem freigesetzt. Allein die Synthese einige dieser Botenstoffe ist eine Wissenschaft für sich und erfordert die Funktion von speziellen Proteinen und Enzymen. Da sieht man schnell: Neurone brauchen wirklich eine hochgezüchtete Produktionsstätte für Proteine, um dieser Flut an Anforderungen gerecht zu werden.

Und wenn so ein Protein einmal hergestellt worden ist, beginnt erst der wirklich komplizierte Teil: Es muss an seinen Bestimmungsort transportiert werden. Kein leichtes Unterfangen, ist doch die zurückzulegende Strecke einige 100 Mio. Mal so lang wie das Protein selbst. Transportprozesse in Zellen – schön und gut. Aber kein Vergleich zu dem, was in Neuronen so los ist. Hier kann man Transport in Perfektion erleben. Hochgeschwindigkeitsstrassen (die Mikrotubuli) durchziehen die Axone und ermöglichen schnellstmögliche Logistik. Egal ob kleines Vesikel oder großes Mitochondrium – alles kommt *just in time* an, und zwar genau dort, wo es gebraucht wird. So werden Proteine in weit entfernte Bereiche des Axons geschickt und Überreste von ausgedienten Proteinen wieder zurück zum Zellkern gebracht, wo sie auseinandergenommen und recycelt werden. Das alles ohne einen einzigen Stau! Und zu einem Spottpreis, denn verglichen mit anderen Prozessen kostet der Transport relativ wenig. Für einen Mikrometer braucht ein Kinesin gerade mal gute 120 Moleküle ATP. Das ist wirklich wenig, wenn man das mit den energieintensiven Prozessen an der Zellmembran vergleicht. Diese verbrauchen ein Vielfaches an ATP. Allein für die Aufrechterhaltung der elektrischen Spannung an der Membran eines Neurons geht über die Hälfte der gesamten ATP-Menge im Neuron drauf, der Transport macht nur wenige Prozent aus.

Hocheffiziente Proteinherstellung, perfekte Logistik, ausgereifte Energiegewinnung – all das ist nur möglich, weil die Neurone über eine ausgeklügelte Architektur verfügen. Mikrotubuli bilden die langen Schienen im Axon, an denen der Transport stattfindet. Wo sich das Neuron jedoch fein verästelt oder besonders dynamisch sein muss (zum Beispiel in den Dendriten oder an der Synapse), übernimmt das gelartige Actin-Mikrofilament die Kontrolle über die Struktur. So ist ein Neuron alles auf einmal: stabil und robust in den langen Nervenfasern, dynamisch und flexibel an den Kontaktstellen. Auf diese Weise werden alle Vorteile, die die unterschiedlichen Gerüstmoleküle bieten, bestmöglich genutzt. Das ist auch die Voraussetzung dafür, dass Neurone so unterschiedliche Strukturen ausbilden können. Da können Haut-, Blut- oder Darmzellen nicht mithalten. Eine Blutzelle ist in der Regel rund und eine Hautzelle eher flach und länglich. Neurone können aber ganz unterschiedliche Formen annehmen, wie man in Abb. 2.13 sieht.

Wenn das Neuron nur einen einzigen Ausläufer ausbildet, so spricht man von einer unipolaren Zelle. Mit einem einzigen Fortsatz kann so ein Neuron natürlich nicht so viel anfangen und für die Aufgaben im Gehirn wären solche Zellen etwas zu simpel, deswegen kommen sie hauptsächlich bei Wirbellosen vor (da hat so ein Nervensystem auch nicht so viel zu tun wie beim Menschen).

Bipolare Neurone haben hingegen zwei Enden. Das eine Ende empfängt über die Dendriten Informationen, leitet sie über einen langen Neuriten zum Zellkörper, von dem auf der anderen Seite wieder ein Axon entspringt. Dieses Axon endet dann meist in einer (oder mehreren) Synapsen, über die das Neuron seinerseits Kontakte zu anderen Zellen aufbaut. Im Rückenmark findet man einen besonderen Typ der bipolaren Neurone. Dabei sind Dendrit und Axon zu einer einzigen Leitung verschmolzen. Ein eintreffendes Signal wird sofort weitergeleitet, der Zellkern hat da gar nichts mehr zu sagen und liegt recht teilnahmslos auf der Seite. Das ist gerade im Rückenmark recht praktisch, denn solche pseudo-unipolaren Zellen dienen einfach nur als Zwischenzellen zur Verschaltung von Rückenmarks- und peripheren Nerven. Dabei ist es nur wichtig, dass der Nervenimpuls fehlerfrei und zügig weitergeleitet wird, komplizierte Verrechnungen der Impulse finden hier gar nicht mehr statt.

Ganz im Gegensatz zu den multipolaren Zellen. Das sind die Nervenzellen, die man so typischerweise kennt: Viele Dendriten empfangen Signale von anderen Zellen und leiten sie zum Zellkörper weiter, von dem wiederum ein Axon entspringt. Zur wahren Meisterschaft in dieser Architektur haben es

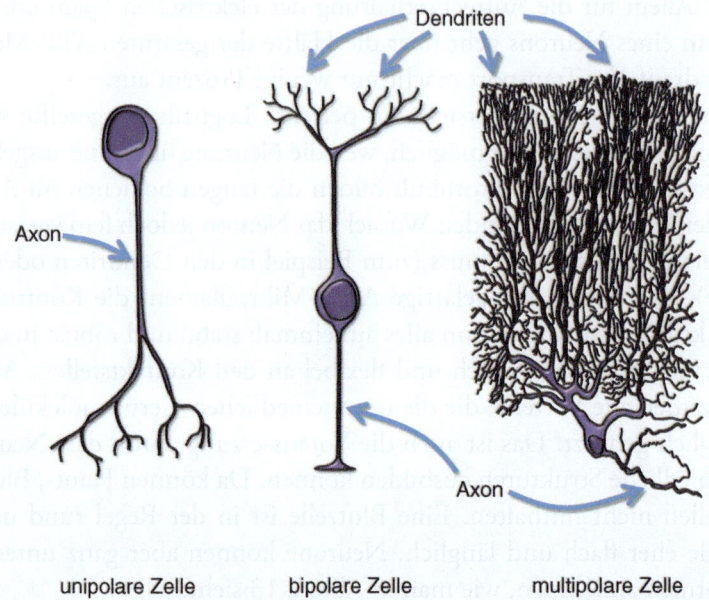

Abb. 2.13 Neurone können sehr unterschiedlich sein. Unipolare Zellen haben nur einen Ausläufer, das Axon. Damit können sie Signale versenden – mehr aber auch nicht. Bipolare Zellen haben zwei Fortsätze. Über den einen nehmen sie Signale auf, leiten diese zum Zellkörper und dann anschließend ins Axon. Das Axon endet meist in einer (oder mehreren) Synapsen und darüber nimmt die Zelle Kontakt zur nächsten auf. Multipolare Zellen besitzen ein Axon und viele Dendriten. Hier ist eine Purkinje-Zelle aus dem Kleinhirn gezeigt. Diese Neurone haben schon extrem viele Dendriten und können mit mehreren Hunderttausend anderen Zellen Kontakt aufnehmen. Aber auch sie haben nur ein Axon über das sie ihrerseits Signale aussenden

dabei die Purkinje-Zellen im Kleinhirn gebracht, von denen eine in Abb. 2.13 gezeigt ist. Bei diesen Zellen gibt es extrem viele fein verästelte Dendriten, die sich weit in das Nervengewebe erstrecken. Dadurch können Purkinje-Zellen mit über Hunderttausend anderen Nervenzellen kommunizieren! Dabei sind die sich verzweigenden Dendritenbäume komplett plattgedrückt. Im Prinzip handelt es sich um eine breite Fläche aus Verästelungen. Und auf der anderen Seite bilden auch die Purkinje-Zellen nur ein einziges Axon aus. Dieses „Ein-Axon-Prinzip" wird immer eingehalten. Das hat auch einen wichtigen Grund, wie wir bald sehen werden.

Neurone sind also etwas ganz Besonderes. Doch alleine haben sie keine Chance. Sie brauchen Unterstützung, damit sie ihr ganzes Potenzial ausschöpfen können. Klar, die Prozesse *innerhalb* eines Neurons sind bis aufs Letzte ausgereift, aber die Zusammenarbeit *außerhalb* des Neurons, das Zusammenspiel mit den anderen Zellen im Gehirn erfordert doch externe Hilfe.

Neurone sind zwar die eigentlichen Prozessoreinheiten, die Mini-Computer im Gehirn (wenn man so will), aber das bedeutet noch lange nicht, dass ein Gehirn nur mit Neuronen funktioniert. Manchmal ist es nämlich genauso entscheidend, was zwischen den Nervenzellen passiert – und da tut sich eine ganze Menge.

2.2 Die Helferzellen

Ein Nervensystem ist unfassbar kompliziert. Milliarden von Zellen, Millionen Kilometer Nervenfasern – und alle mit unaussprechlichen Namen, die man nur kennt, wenn man sich die Nerven einklemmt oder sonst irgendwie abquetscht. Da stellt sich die Frage: Wie kann so etwas Komplexes wie das Nervensystem so wundervoll funktionieren? Und man wird sagen: „Nervensystem? Alles klar, entscheidend sind ja wohl die Nervenzellen!"

Egal was Sie aufschlagen – Zeitungen, Lehrbücher, Fachzeitschriften –, man scheint sich darauf geeinigt zu haben, dass es die Nervenzellen alleine sind, die das Gehirn am Laufen halten. Denn wie sehen Illustrationen von Nervengeflechten im Gehirn aus? Meist sieht man ein Netzwerk aus Nervenfasern. Festlich illuminiert werden die Nervenimpulse in Form von hellen Blitzen dargestellt. In gewagter Kolorierung gleicht eine Abbildung von einem Nervensystem eher einem schönen Kunstwerk als der Darstellung der Wirklichkeit. Denn was bei diesen Bildern auffällt: Es gibt überall Lücken zwischen den Nervenzellen und ihren Axonen. Das Gehirn ist quasi ein großer, leerer Raum. Das mag bei manchen Menschen zutreffen, doch bei den meisten sind diese Zwischenräume aufgefüllt mit anderen Zellen. Ohne Zweifel, Nervenzellen sind wichtig, denn sie sind die informationsverarbeitenden Einheiten im Gehirn. Doch wie immer im Leben braucht es Unterstützung, und niemals könnten es Neurone alleine schaffen, ein Gehirn zu konstruieren.

Es kommt auf die Helfer an. Fährt ein Formel-1-Wagen an die Box, stürzen fast 20 Mann heraus, um den Wagen aufzubocken, Reifen zu wechseln, kurz das Visier zu putzen und gute Reise zu wünschen. Durchs Ziel fährt jedoch immer nur einer. Und doch hört man sie immer wieder: endlose Dankesreden bei Preisverleihungen oder Siegerehrungen. Da wird ein Grußwort an das ganze Team (vom Manager bis zum Koch) gerichtet, ohne das dieser Erfolg nicht möglich gewesen wäre. Und das völlig zu Recht! Im Gehirn ist es nicht anders.

Man sieht sie nie auf Schemazeichnungen vom Gehirn, denn würde man sie alle einzeichnen, wäre das Bild komplett schwarz. Sie füllen jeden Winkel im Nervensystem aus und führen doch ein Schattendasein. Während die

Neurone den ganzen Ruhm und alle Aufmerksamkeit auf sich ziehen, sind sie die eigentlichen Stars: die Helferzellen.

Mittlerweile dürfte der Leser dieses Buches bemerkt haben, dass die Neurowissenschaftler für alles einen super tollen Fachbegriff haben. Deswegen sind das auch keine Helferzellen, nein, man nennt sie Gliazellen (vom griechischen Wort für „Glibber" oder „Kleber"). Denn tatsächlich sitzen diese Gliazellen wie eine glibbrige Zwischenmasse im Gehirn und füllen alle Räume aus. Man sollte nicht unterschätzen, wie viele es von diesen Gliazellen gibt. Lange Zeit wurde sogar behauptet, es gäbe zehn- bis 50-mal mehr Gliazellen als eigentliche Nervenzellen. Nun sind solche Zahlen recht schwer zu ermitteln, und sie schwanken auch stark von Hirnregion zu Hirnregion. Tatsächlich scheint die Zahl der Gliazellen diejenige der Neurone zu übertreffen, wenngleich nicht so deutlich, wie man lange Zeit dachte. Dafür rückt ein anderer Aspekt immer mehr in den Mittelpunkt: Gliazellen sind nämlich weit mehr als bloße Gerüstzellen oder belanglose Füllmasse. Offenbar scheinen sie aktiv am Hirngeschehen mitzumachen. Dabei greifen sie in den Stoffwechsel der Neurone ein und beeinflussen die Übertragung von Nervenimpulsen oder die Ausschüttung von Botenstoffen.

> **Zwischenruf** So viele Aufgaben für die Gliazellen! Da haben sich bestimmt ganz viele Spezialisten herausgebildet!

Nein. Denn obwohl es so viele wichtige Prozesse gibt, die von den Gliazellen beeinflusst werden, ist deren Vielfalt recht klein gehalten. Im fertig ausgebildeten Gehirn gibt es im Prinzip drei verschiedene Typen Gliazellen, die sich auf die Hauptaufgaben Ernährung, Sicherheit und Infrastruktur konzentriert haben. Schauen wir uns zunächst den häufigsten Typ der Gliazellen an, die Astrocyten.

2.2.1 Ein Stern, der deinen Namen trägt: Astroglia

Astrocyten (oder Astroglia) haben ihren Namen aufgrund ihrer Form. Sie verzweigen sich sternförmig in das Nervengeflecht und bilden ihrerseits Kontakte mit vielen Nervenfasern aus. Obwohl sie dadurch ein wenig wie Neurone aussehen, sind sie doch grundsätzlich anders aufgebaut, denn sie sind nicht polarisiert. Neurone haben ja eine Richtung: Sie entsenden ein Axon in die Peripherie und bilden weit entfernt von ihrem Zellkörper Kontakte aus. Astrocyten hingegen entsenden ihre Ausläufer gleichmäßig in alle Richtungen und bilden auf diese Weise ein fein verzweigtes (aber ungerichtetes) Geflecht im Nervensystem aus.

Von allen Gliazellen kommen die Astrocyten am häufigsten vor, denn sie übernehmen nicht nur die wichtige Gerüstfunktion in den Zwischenräumen, sondern sie haben sich darauf spezialisiert, Neurone bei ihrer Arbeit bestmöglich zu unterstützen. Das fängt schon beim Schutz des Nervensystems an. Ein Gehirn ist nämlich eine recht geschlossene Gesellschaft, und es wird knallhart kontrolliert, was ins Gehirn reinkommt. Dazu hat sich eine Struktur herausgebildet, die die Nervenzellen nahezu komplett gegen die Außenwelt abschirmt: die Blut-Hirn-Schranke. Neurone sind so empfindlich, dass sie auf keinen Fall einfach so der Umwelt ausgeliefert werden dürfen. Dabei sind nicht in erster Linie Krankheitserreger das Problem, sondern kleine Substanzen wie Hormone, Entzündungsbotenstoffe oder sonstige Signalstoffe, die sich im Blut befinden. Wie schnell dringen diese Moleküle in das Nervensystem ein und beeinflussen so ungewollt das Verhalten der Neurone! Das gilt es auf jeden Fall zu vermeiden. Schon bloße Nahrungsbestandteile oder Zwischenprodukte des Stoffwechsels können ein Problem für Nervenzellen werden. Neurone haben nämlich einen exquisiten Geschmack und sind sehr wählerisch bei ihrer Nahrungsaufnahme. Sie wissen sehr genau, was sie wollen: Zucker, und zwar nur Zucker! Für alles andere ist das Nervensystem gar nicht ausgelegt, es sollte also schon vermieden werden, dass andere Nahrungsmittel zu den Neuronen vordringen.

Auch aus einem anderen Grund sollte der Eintritt von Stoffen in das Nervensystem genau reguliert werden: Die Erzeugung von Nervenimpulsen und das Ausschütten von Botenstoffen hängen davon ab, dass in den Nervenzellen eine ganz genaue Konzentration an Ionen (den kleinen geladenen Molekülen) eingehalten wird. Fremde Ionen aus dem Blut würden da nur den ganzen Betrieb im Gehirn stören. Außerdem sind Neurone von einer Flüssigkeit umgeben, deren Zusammensetzung an Molekülen in ganz definierten Grenzen gehalten werden muss. Wenn man es genau nimmt, existieren nämlich doch Zwischenräume zwischen den Neuronen und den Gliazellen, die mit einer Gewebeflüssigkeit gefüllt sind. Verändert sich die Molekülzusammensetzung in dieser Flüssigkeit, so hat das direkte Auswirkungen auf die Weiterleitung und Erzeugung von Nervenimpulsen. Würden die eigentlich harmlosen und zum Teil auch gesunden und notwendigen Nahrungs- und Botenstoffe also ungehindert aus dem Blut ins Gehirn gelangen, würden die Neurone derart irritiert werden, dass sie ihren Dienst einstellen und nicht mehr arbeiten. Hinzu kommt: Das Gehirn ist von einem dichten Geflecht aus Blutkapillaren durchzogen (man schätzt, dass deren Länge im Gehirn etwa 600 km beträgt). Daher liegt ein Neuron maximal 50 μm vom nächsten Blutgefäß entfernt und eintretende Stoffe erreichen so sehr schnell jeden Winkel des Gehirns. Schon nach 10–20 Sekunden kann auf diese Weise das Gehirn mit einem Stoff „geflutet" werden. Und wenn dieser Stoff schädlich ist (beispielsweise ein Gift

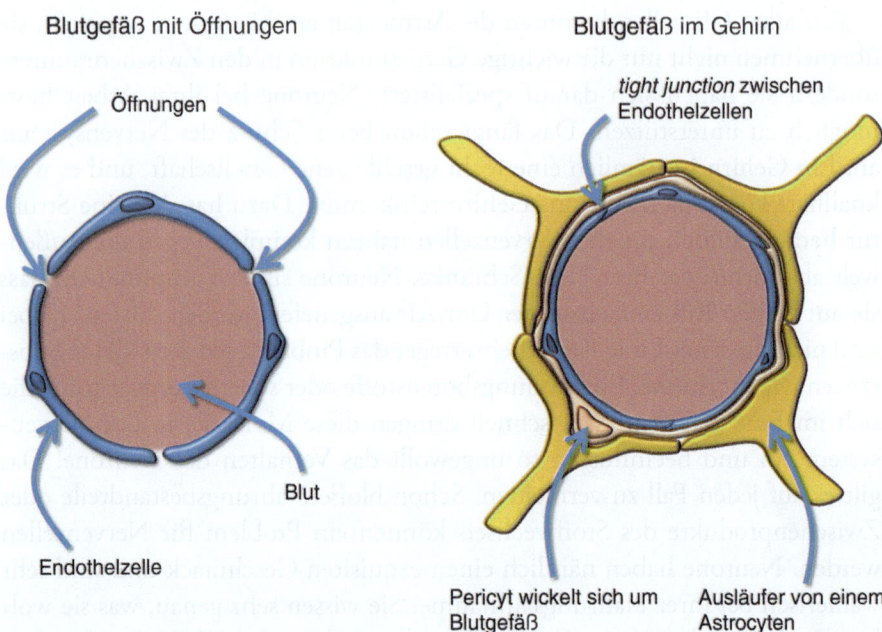

Abb. 2.14 Blutgefäße sind im Gehirn komplett dicht. *Links* sieht man eine Kapillare, wie sie im Körper häufig vorkommt. Endothelzellen bilden die Hülle des Blutgefäßes, aber sie lassen manchmal noch ein paar Lücken offen, und da können Nahrungsbestandteile oder Botenstoffe leicht in das umliegende Gewebe durchtreten. Im Gehirn gibt es jedoch ein ganzes Bündel an Zellen, die sich um die Kapillaren im Gehirn legen (das sieht man *rechts* im Bild). Die Endothelzellen rücken dicht zusammen und schließen das Gefäß mit ihren *tight junctions* (sehr engen Kontakten) komplett ab. Ein Pericyt legt sich zur Sicherheit nochmal darum herum, und zu guter Letzt entsenden die Astrocyten ihre Ausläufer direkt zu diesem gut verpackten Blutgefäß und achten penibel darauf, was an Stoffen so durchtritt

oder eine Droge), so ist das Gehirn nach wenigen Minuten komplett lahmgelegt. Und das darf ja wohl nicht passieren!

Genau dafür gibt es die Blut-Hirn-Schranke. In Abb. 2.14 sieht man schön, wie diese funktioniert. Drei Zelltypen spielen dabei eine Rolle: die Blutgefäßzellen (Endothelzellen), die Pericyten (eine Art „Zwischenzellen") und die Astrocyten.

Endothelzellen bilden quasi die Hüllschicht, die Wand eines Blutgefäßes. In nichtneuronalen Geweben sorgen sie auch dafür, dass Stoffe leicht von der Blutbahn in das Gewebe eintreten können. Dafür gibt es verschiedene Methoden. Entweder die Endothelzellen sind nicht so dicht gepackt und lassen kleine Zwischenräume offen oder sie besitzen selbst Öffnungen durch die die Stoffe hindurchtreten. In machen Geweben ist dies extrem ausgeprägt. Beispielsweise gleicht die Blutgefäßwand in einer Niere geradezu einem Schweizer Käse, sie ist total durchlöchert und ständig sickert Wasser durch die Endothelzellen hindurch, sodass aus dem Harn eine große Menge Flüssigkeit zurückgewonnen werden kann. Auch Leberzellen haben viele Öffnungen, durch die sie Stoffe aus dem Blut aufnehmen und weiterverarbeiten. Im Gehirn geht das natürlich nicht. Hier liegen die Endothelzellen äußerst dicht beieinander, fassen sich quasi an den zellulären Händen und lassen niemanden durch. Dabei werden sie geradezu aneinandergefesselt und ihre Kontaktpunkte (man nennt sie *tight junctions* aus dem Englischen für „enge Nahtstelle") mit Füllmasse versiegelt. Da kommt nichts durch. Und als wäre das noch nicht sicher genug, kommen die Pericyten hinzu und umklammern die Endothelzellen nochmals.

> **Zwischenruf** Wenn nun aber alles so dicht versiegelt ist, wie gelangt dann überhaupt etwas ins Gehirn?

Es stimmt wohl: Das Gehirn benötigt schon Unmengen an Zucker, der im Blut herbeiströmt und auch ins Gehirn gelangt. Auch andere Stoffe wie Aminosäuren und Vitamine müssen ja irgendwie zu den Neuronen durchkommen. Aber bitte immer schön kontrolliert, ein Zuckermolekül nach dem anderen, um ein Chaos zu vermeiden. Deswegen haben die Endothelzellen spezielle Transporter in ihrer Membran, die Zuckermoleküle (und zwar nur diese und nichts anderes) hindurchlassen. Andere Transporter konzentrieren sich nur auf bestimmte Aminosäuren oder Hormone. Diese Transporter können bei Bedarf geöffnet oder geschlossen werden, sodass der Stoffdurchtritt ganz präzise gesteuert werden kann. Das Gehirn will sich ja nicht vollständig vom restlichen Körper abkapseln, sondern einfach nur sichergehen, dass niemand Falsches eindringt. Wie ein Edel-Club hat es dafür die Endothelzellen quasi als Türsteher engagiert. Allerdings gelingt es einigen Stoffen immer wieder, diese Barriere zu überwinden, obwohl sie das gar nicht sollten. Zum Beispiel kümmern sich Alkohol, Nikotin oder andere Drogen überhaupt nicht um die Blut-Hirn-Schranke und strömen ungehindert ins Gehirn. Man könnte annehmen, dass die Größe eine Rolle spielt, und je kleiner und fettiger ein Molekül ist, desto besser schlüpft es durch die (ebenfalls fettige) Membran der Endothelzellen. Offenbar ist das aber nicht der Fall, denn fast 99 % aller kleinen Moleküle, die eigentlich die Membranen durchdringen könnten, werden von der Blut-Hirn-Schranke abgewiesen.

Dies liegt auch daran, dass die Astrocyten den Türsteher-Endothelzellen helfen, indem sie hinter ihnen eine weitere Kontrollbarriere aufbauen. Alle Stoffe, die durch die Endothelzellen gelangt sind, werden sofort von den Astrocyten aufgenommen. Diese bilden anschließend ein weitverzweigtes Netz aus, das in das eigentliche Neuronengeflecht übergeht. Über dieses Netz werden die aufgenommenen Nahrungsstoffe weiterverteilt. Besonders wichtig ist dies natürlich für den Zucker, denn einmal durch die Endothelzellen hindurchgetreten, ist so ein Zuckermolekül noch längst nicht zu einem Neuron gelangt. Sofort wird es von einem Astrocyten verschluckt und verdaut. Dabei entsteht Milchsäure bzw. deren Salz, das Lactat. Astrocyten scheiden dieses Lactat wieder aus, was wiederum von den Neuronen aufgenommen und zur Energiegewinnung verwendet wird. Wenn man so will, dann ernähren sich die doch so besonderen Neurone von den Ausscheidungsprodukten ihrer Helferzellen. Das soll man sich mal auf den Menschen übertragen vorstellen. Da gäbe es wohl einigen Ärger. Aber nicht so im Gehirn, denn dort verstehen sich die Zellen prima.

Astrocyten versorgen die Neurone nämlich nicht nur mit Nahrungsstoffen, sie sind auch daran beteiligt, dass gerade ausgeschüttete Botenstoffe und Neurotransmitter wieder abgebaut werden. Sie überprüfen dabei ständig, welche Moleküle oder Ionen gerade in der Gewebeflüssigkeit umherschwimmen, nehmen diese Substanzen bei Bedarf auf oder schütten sie aus, um den Nervenzellen auch immer genau die chemischen Verbindungen zur Verfügung zu stellen, die diese brauchen. Neben dem eigentlichen neuronalen Netz, das aus den Nervenfasern, den Dendriten und Axonen besteht, gibt es also noch ein weiteres Netzwerk, das von den Astrocyten gebildet wird (Abb. 2.15).

Astrocyten bauen somit im Prinzip ein Versorgungssystem auf und sorgen dafür, dass sich die Neurone immer in ihrer Wohlfühlumgebung befinden. Neurone im Gehirn treten so mit der Außenwelt kaum in Kontakt und befinden sich in einer eigenen Welt. Lediglich über die Sinneszellen können sie Reize von außen empfangen oder als Motoneurone Bewegungsbefehle erteilen. Der Großteil der Neurone jedoch hat keine Ahnung von der Außenwelt und wird von dieser durch die Astrocyten abgekapselt.

Dabei nehmen die Astrocyten auch aktiv am Geschehen im Gehirn teil, denn sie beeinflussen die Weiterleitung und Erzeugung von Nervenimpulsen nicht nur indirekt, indem sie überschüssige Botenstoffe abbauen oder Ionen aufnehmen. Astrocyten können selbst elektrische Impulse erzeugen und sie über kurze Strecken untereinander austauschen. Dies ist bei Weitem nicht so effizient wie in den Neuronen, denn letztendlich werden nur ein paar Ionen zwischen den Astrocyten hin und her geschoben. Aber das kann schon ausreichen, damit auch Astrocyten über kurze Strecken miteinander oder mit den Endothelzellen kommunizieren. Denn offenbar können Astrocyten auch dafür sorgen, dass sich Endothelzellen zusammenziehen und so die Kapillaren im Gehirn verengen. Auf diese Weise kann der Blutfluss im Gehirn reguliert und der Aktivität der Hirnregionen angepasst werden.

Astrocyten haben auch noch eine ganz andere faszinierende Eigenschaft: Sie können sich teilen und so vermehren. Das scheint auf den ersten Blick

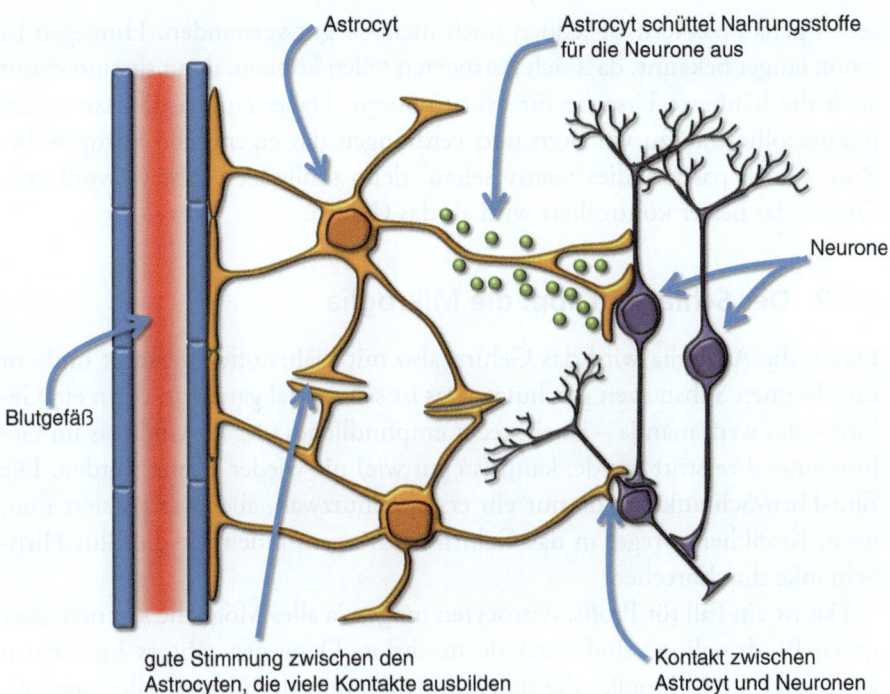

Abb. 2.15 Auch Astrocyten bilden ein Netzwerk im Gehirn. Astrocyten (*gelb*) haben so viele Aufgaben im Gehirn, dass sie sich dafür stark verzweigen müssen. Sie bilden die Blut-Hirn-Schranke und dichten dafür das Blutgefäß ab. Aufgenommene Nahrungsbestandteile werden zerlegt, die Abbauprodukte an die Neurone weiterverfüttert. Sie docken auch direkt an die Neurone an und nehmen gerade ausgeschüttete Botenstoffe wieder auf. Auch untereinander verknüpfen sich die Astrocyten, tauschen Ionen und Botenstoffe aus und kommunizieren so miteinander

nichts Besonderes zu sein, denn Zellteilung ist im Körper weit verbreitet. Täglich sterben etwa 100 Mrd. Blutzellen ab, die durch Teilung aus Stammzellen im Knochenmark ersetzt werden. Die Oberfläche des Darms erneuert sich alle fünf, die Haut alle 20 Tage vollständig durch Zellteilung. Alles kein Problem, wohl aber im Gehirn. Denn Nervenzellen teilen sich nie, und wenn sie einmal gestorben sind, können sie nicht so leicht ersetzt werden. Allerdings können in bestimmten Nischen im Gehirn Astrocyten als Stammzellen für neue Neurone dienen, die so in gewissem Ausmaß ersetzt werden können. Bisher kennt man das nur vom Hippocampus (man erinnere sich: wichtig für das Gedächtnis) und dem Riechkolben. Jawohl, einen Riechkolben gibt es wirklich, und er verarbeitet (wer hätte es gedacht?) die Geruchsinformationen aus der Nase. Dass in dieser Region auch im Erwachsenenalter noch neue Neurone auftreten, ist wirklich erstaunlich und offenbar wichtig, damit wir neue Gerüche gut unterscheiden können. Wie diese Neubildung von Nervenzellen genau passiert, ist jedoch noch nicht so gut verstanden. Hingegen ist schon länger bekannt, dass sich Astrocyten teilen können, denn sie sind damit auch die häufigste Ursache für Hirntumoren. Dabei fangen die Astrocyten unkontrolliert an zu wuchern und verdrängen das eigentliche Hirngewebe. Zum Glück passiert dies relativ selten, denn schließlich gibt es wohl kein Organ, das besser kontrolliert wird als das Gehirn.

2.2.2 Der Schlägertrupp: die Mikroglia

Durch die Astroglia wird das Gehirn also mit Nährstoffen versorgt und vor unliebsamen Substanzen geschützt. Das ist schon mal ganz gut, denn ein Gehirn – das weiß man ja – ist ein recht empfindliches Organ. Und was im Gehirn einmal zerstört wurde, kann (so gut wie) nie wieder ersetzt werden. Die Blut-Hirn-Schranke ist da nur ein erster Schutzwall, aber was passiert nun, wenn Krankheitserreger in das Gehirn eindringen, indem sie die Blut-Hirn-Schranke durchbrechen?

Das ist ein Fall für Profis. Astrocyten mögen ja alles Mögliche können, aber gegen Eindringlinge sind auch sie machtlos. Deswegen gibt es im Gehirn Fachleute, die Mikroglia, die sich auf die Abwehr der Nervenzellen spezialisiert haben. Nun ist ein Gehirn ja auf die Informationsverarbeitung spezialisiert. Neurone, Astro- und (wie wir gleich sehen werden) Oligodendroglia sind Experten in der Informationstechnik. Den wichtigen Bereich der Sicherheit hat das Gehirn daher ausgegliedert und sich Hilfe von außen geholt.

Immunzellen, die im Knochenmark gebildet werden, sind die wahren Könner, wenn es um die Vernichtung von Keimen geht. Somit entstammen die Mikroglia auch ursprünglich dem Knochenmark und wurden gar nicht im Gehirn gebildet. Streng genommen sind sie also gar keine echten Gliazellen, sondern eher Söldner, die von außerhalb rekrutiert wurden, um das Gehirn zu schützen. Noch vor der Geburt wandern die Mikrogliazellen von der Blutbahn in das Gehirn ein und verteilen sich dort. Während dieser Wanderung sehen sie aus wie kleine Amöben, die sich durch das enge Netz aus Nervenzellen zwängen. Wenn sie jedoch ihren endgültigen Platz erreicht haben, schalten sie um auf ihren Überwachungsmodus. Sie ändern ihr Aussehen komplett und bilden sehr lange und feine Ausläufer, die wie Empfangsantennen im ganzen Gehirn verteilt werden. So wissen die Mikroglia immer genau, was im Gehirn so abgeht.

Lange Zeit dachte man, dass die Mikroglia nichts zu tun haben, bis plötzlich das Nervensystem geschädigt oder angegriffen wird. Aber das wäre ja wohl eine ungeheuerliche Verschwendung an Ressourcen. Wie oft kommt es schon vor, dass sich ein Gehirn entzündet, von Viren angegriffen wird oder Nervenfasern verletzt werden? Ich hoffe, sehr selten. Deswegen haben Mikroglia auch ohne konkretes Bedrohungsszenario schon ein paar Aufgaben und kümmern sich wie Hausmeister im Gehirn um wichtige Instandhaltungs- und Reparaturarbeiten. Denn permanent geht irgendwas im Gehirn kaputt, mal zerbröselt eine Nervenfaser, mal wird eine Membran löchrig oder ein Neuron droht schlapp zu machen, weil seine Dendriten den Kontakt verlieren. Zellen sind nun mal lebende Objekte – und da geht schon mal was zu Bruch! Die Mikroglia sind nun wie kleine Hausmeister und reparieren einen solchen Schaden schnell. Zum Beispiel schütten sie überlebensfördernde Stoffe und Wachstumsfaktoren aus oder räumen Zelltrümmer aus dem Weg.

Jeder kennt bestimmt einen Hausmeister, der sein unter Obhut gestelltes Objekt mit Vehemenz verteidigt. Und Mikroglia sind genauso. Normalerweise führen sie die handwerklichen Arbeiten schnell und zügig aus. Wenn sie jedoch über ihre langen Antennen mitbekommen, dass das Gehirn angegriffen wird, unternehmen sie alles, um es zu verteidigen, man könnte fast sagen: Sie rasten aus! Sofort holen sie erst einmal ihre langen Ausläufer ein, denn die sind reichlich hinderlich, wenn man durch das Dickicht an Nervenfasern zu seinem Einsatzort eilen muss. Sie nehmen wieder ihre amöboide Form an und können auf diese Weise schnell durch die kleinen Räume zwischen den Astrocyten durchschlüpfen. Wenn sie dann an ihrem Ziel angekommen sind, mutieren sie wieder zu professionellen Killerzellen, die sie einst waren, schütten hochgiftige Stoffe auf die eindringenden Bakterien aus, töten sie so ab und fressen sie auf. Das reicht meistens, wenn es sich um wenige und somit ungefährliche Angreifer handelt. Manchmal sind die Eindringlinge jedoch zahlenmäßig weit überlegen, und die Mikroglia müssen um Hilfe rufen. Auch das ist kein Problem, denn für diesen Fall können sie Entzündungsstoffe ausschütten, die andere Immunzellen aus der Blutbahn anlocken und sie beim Kampf unterstützen (Abb. 2.16).

Nun ist das Gehirn jedoch ein denkbar ungünstiger Ort für eine ausgiebige Schlacht, denn abgestorbene Neurone können in der Regel nicht ersetzt werden. Mikroglia sind aber nicht gerade zimperlich und produzieren eine ganze Menge von Entzündungsstoffen und giftigen Sauerstoff- und Stickstoffradikalen. Diese Moleküle sind zwar super gut, um Bakterien abzutöten, denn sie greifen deren Zellwand an und machen sie löchrig. Doch auch Neurone leiden unter diesem Dauerbeschuss aus aggressiven Molekülen und können daran zugrunde gehen. Häufig ist bei Erkrankungen des Nervensystems daher gar nicht der eigentliche Eindringling so schädlich, die Neurone gehen oft auch an den sekundären Entzündungsreaktionen ein und erholen sich davon nicht mehr. Das erkennt man schon am Namen der Krankheit. Gefährlich ist zum Beispiel eine Hirnhaut*entzündung*. Die Erreger können vielfältig sein (meist sind es Bakterien, manchmal auch Viren) und natürlich muss ihre Attacke auf das Hirngewebe abgewehrt werden. Allerdings können auch die Ab-

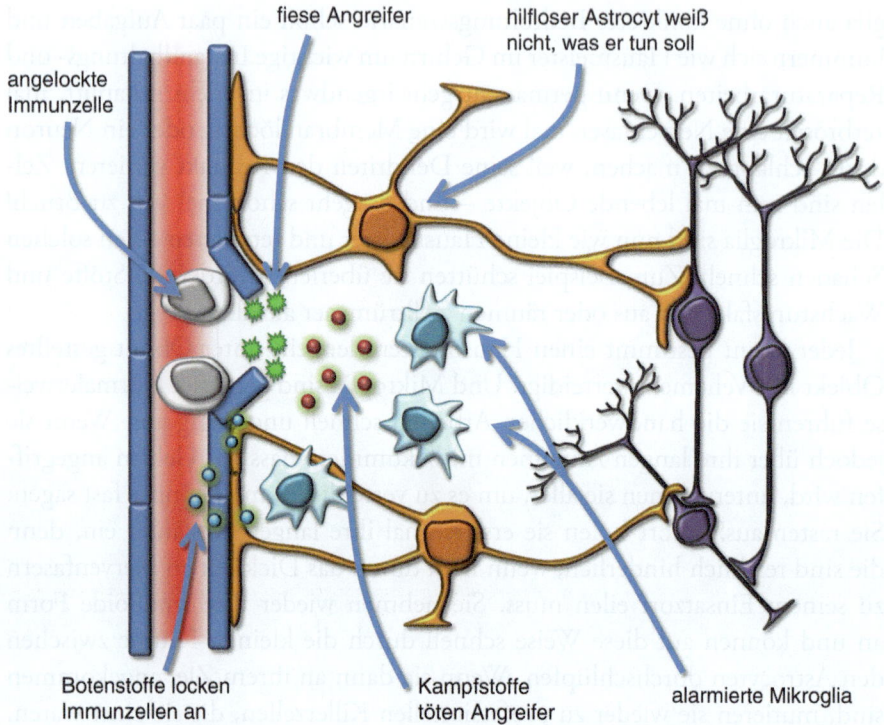

Abb. 2.16 Eine Schlägerei im Nervensystem. Wenn Keime das Hirngewebe angreifen, werden sie von den Mikroglia (*türkis*) bekämpft. Sofort schütten sie aggressive Gifte aus, die die Angreifer abtöten. Häufig rufen sie aber auch professionelle Immunzellen (*weiß*) aus dem Blutgefäß zu Hilfe. Dafür schütten sie Botenstoffe aus, die diese Immunzellen anlocken und eine Entzündungsreaktion auslösen

wehr- und Entzündungsreaktionen der Mikroglia (also das Ausschütten von Entzündungsstoffen und das Anlocken von anderen Immunzellen) ihrerseits problematisch für das Gehirn sein. Um ein unkontrolliertes Um-sich-Schlagen der Mikroglia zu vermeiden, sind diese Entzündungsreaktionen daher streng kontrolliert und kommen nur im äußersten Notfall zum Einsatz.

Dennoch: Mit Mikroglia ist nicht zu spaßen. Einmal aktiviert, können sie auch komplett austicken, über das Ziel hinausschießen und das Gehirn nachhaltig schädigen. Beispielsweise greifen bei bestimmten Autoimmunkrankheiten die Mikroglia aus unerklärlichen Gründen die schützende Isolierungsschicht der Nervenfasern an, die anschließend absterben. Diese Isolierungsschicht haben wir bislang noch überhaupt nicht betrachtet. Dabei ist dies doch ein Buch über Geistesblitze! Und gerade für die Weiterleitung von Nervenimpulsen (also auch der Geistesblitze) ist diese Isolierung außerordentlich wichtig. Höchste Zeit also, dass das Geheimnis dieser Gliazellen gelüftet wird.

2.2.3 Die Elektrotechniker: Oligodendroglia und Schwann-Zellen

Wenn man sich ein gewöhnliches Stromkabel anschaut, so fällt sofort auf, dass es von einer Gummihülle isoliert ist. Das ist recht praktisch, denn so kann man auch ein stromdurchflossenes Kabel leicht anfassen, ohne sich gleich einen elektrischen Schlag zu holen. Außerdem können auf diese Weise Kabel leicht gebündelt werden. Ohne Schutzschicht käme es sofort zu einem Kurzschluss, weil die Ströme zwischen verschiedenen Kabeln hin und her liefen.

Nun sind Nervenfasern oder Axone keine Stromkabel, wie man sie so kennt. In Kürze wird klar, dass die Impulsweiterleitung in Nervenfasern durch einen gänzlich anderen Mechanismus als in Stromkabeln geschieht (und bei aller Bescheidenheit muss ich doch anmerken: Bei Nervenfasern ist das viel schöner als in Stromkabeln). Trotzdem müssen auch die Axone isoliert werden. Zum einen lassen sie sich dann besser zu einem Nervenbündel zusammenfassen. Zum anderen wären Nervenimpulse ohne Isolierung deutlich langsamer.

Die Elektrotechniker unter den Gliazellen sind die Oligodendroglia (sie kommen im zentralen Nervensystem, also in Gehirn und Rückenmark vor) und die Schwann-Zellen (diese gibt es im peripheren Nervensystem).

Irgendwie scheinen alle Zellen im Gehirn eine Gemeinsamkeit zu haben: Sie bilden Ausläufer. Egal ob Neurone, Astro- oder Mikroglia – immer bilden diese Zellen lange Fortsätze. Natürlich machen die Oligodendroglia da keine Ausnahme. Schon ihr Name legt es nahe: Sie bilden einige (griech. *oligos*) Bäumchen (griech. *dendros*) aus, mit denen sie die Nervenfaser umhüllen. Ein Oligodendrocyt kann auf diese Weise mehrere Nervenfasern oder auch eine einzelne Nervenfaser an mehreren Stellen umhüllen. So formen die Oligodendrocyten die schützende Isolierschicht der Nervenfaser – und da das so kompliziert ist, können sie sich nicht wie die Astrocyten auch noch um Stoffwechsel oder Ähnliches kümmern. Es sind also hoch spezialisierte Fachleute, die hier am Werk sind. Sie sind so in ihre Aufgabe vertieft, dass sie völlig darin aufgehen und sich für die Isolierung komplett aufopfern.

> **Zwischenruf** Wie muss man sich das vorstellen? Wie isoliert ein Oligodendrocyt eine Nervenfaser?

Natürlich bildet sich so eine komplizierte elektrische Isolierung nicht von jetzt auf gleich aus. Das ist schon ein stufenweiser und kontrollierter Prozess. Am Anfang verstehen sich der Oligodendrocyt und die Nervenzelle nämlich gar nicht gut. In Abb. 2.17 ist gezeigt, warum das so ist.

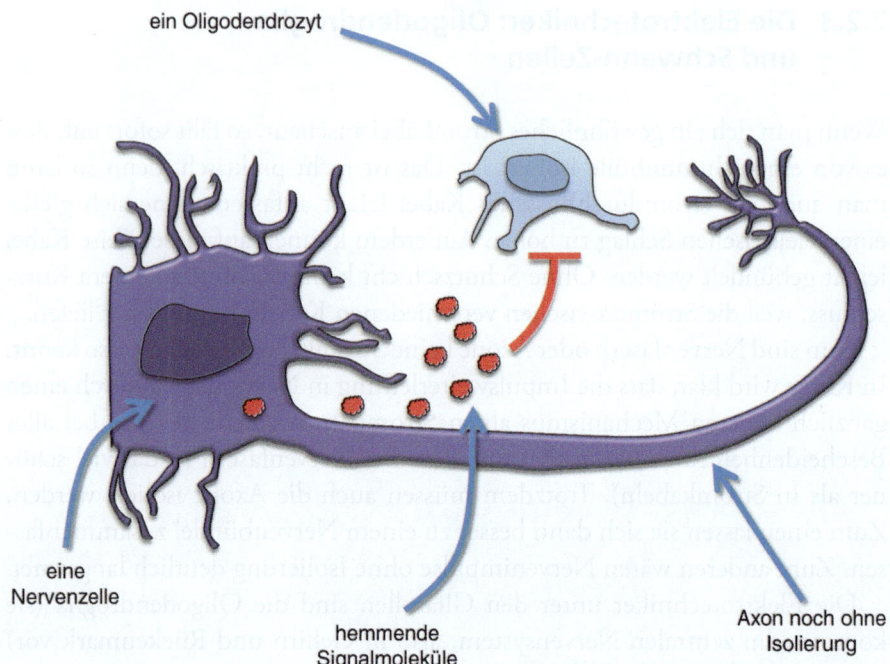

Abb. 2.17 Das erste Zusammentreffen zwischen Neuron und Oligodendrocyt. Bevor sich eine Nervenzelle auf einen Begleiter einlässt, hält sie sich unangenehme Verehrer vom Hals (also vom Axon). Dazu schüttet sie Hemmstoffe aus, die den Oligodendrocyten zurückhalten

Zu Beginn ihres Lebens, in den schier unendlichen Weiten des Nervensystems, ist die Nervenzelle geradezu verloren. Einsam und nackt sehnt sie sich nach Nähe durch eine andere Zelle. Und tatsächlich, was für ein Zufall: Ein Oligodendrocyt befindet sich direkt in der Nachbarschaft! Die Nervenzelle hat aber ein altbekanntes Problem: Sie müffelt äußerst unangenehm unter den vielen Achseln ihrer Dendriten. Bevor sie sich nämlich auf ein Rendezvous einlässt, hält sie sich unliebsame Verehrer vom Hals, indem sie Hemmstoffe ausschüttet, die für die meisten anderen Zellen äußerst unangenehm sind. Sobald sie jedoch auf den richtigen Begleiter trifft, schaltet sie die Ausschüttung dieser Hemmstoffe ab – und plötzlich stellt der Oligodendrocyt fest: Nanu, was ist das denn für eine hübsche Zelle direkt in meiner Nachbarschaft? Sofort macht sich der Oligodendrocyt an die Nervenfaser ran und wickelt sich nicht ein-, zweimal um die Faser, sondern gleich mehrere 100-mal (Abb. 2.18). Wie bei einem Druckverband wird so das komplette Cytoplasma aus diesem Bereich herausgequetscht. Letztendlich bleibt daher nur ein Stapel aus eiweiß- und fettreichen Membranen übrig. Wie wir ja gesehen haben, geht durch solche Membranen nichts hindurch, sie sind die perfekte

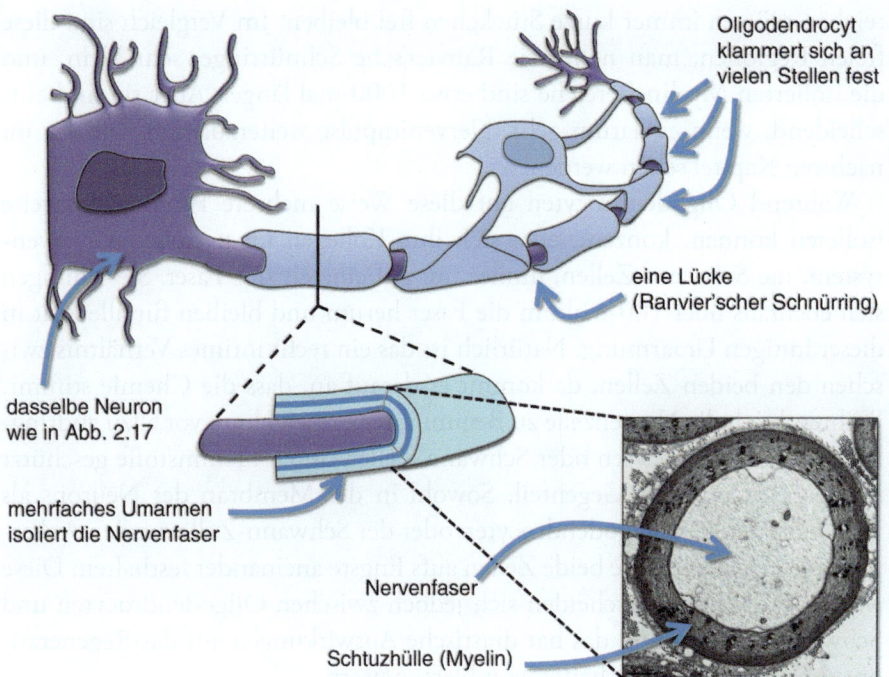

Abb. 2.18 Die innige Umarmung der Nervenfaser durch den Oligodendrocyten. Einmal angenähert, klammert sich der Oligodendrocyt an vielen Stellen an der Nervenfaser fest. Daraufhin wickelt er sich über 100-mal um die Faser herum, drückt seinen Zellsaft heraus, bis nur noch die eiweiß- und fetthaltige Membranhülle (das Myelin) übrig bleibt. Unten *rechts* erkennt man in der Elektronenmikroskopaufnahme, wie das in echt aussieht (Abbildung zur Verfügung gestellt von Sofia Anastasiadou, Institut für Physiologische Chemie der Universität Ulm). Wichtig ist aber auch, dass zwischen diesen isolierten Bereichen immer kleine Lücken frei bleiben, die Ranvier'schen Schnürringe. Nur an diesen Stellen hat die Nervenfaser noch Kontakt zur Umgebung

Isolierung für eine Nervenfaser, die so komplett gegen ihre Umgebung abgeschirmt wird.

Diesen Prozess nennt man Myelinisierung, und der entstehende Stapel aus fettigen Membranen wird entsprechend Myelin genannt, was so viel wie „Mark" bedeutet. In Abb. 2.18 sieht man unten rechts eine Aufnahme, die zeigt, wie das in Wirklichkeit aussieht. Zunächst wurde die Nervenfaser quer geschnitten und dann mit einem Elektronenmikroskop aufgenommen. In der Mitte ist die Nervenfaser recht hell und somit an dieser Stelle frei von größeren Brocken (Organellen, Vesikeln oder so). Drum herum liegen jedoch ganz viele Stapel von Myelin-Membranen, die alle schön dunkel sind. Dunkel bedeutet: besonders dicht, hier kommt also nichts hindurch.

Neben der eigentlichen Isolierung und der Stapelung der Myelin-Membranen ist jedoch noch etwas anderes ganz wichtig: Zwischen den Myelin-Bereichen müssen immer kurze Stückchen frei bleiben. Im Vergleich sind diese freien Regionen, man nennt sie Ranvier'sche Schnürringe, sehr klein, und die isolierten Myelin-Bereiche sind etwa 1000-mal länger. Aber sie sind entscheidend, wenn es darum geht, Nervenimpulse weiterzuleiten, wie wir im nächsten Kapitel sehen werden.

Während Oligodendrocyten auf diese Weise mehrere Fasern stückweise isolieren können, konzentrieren sich ihre Kollegen im peripheren Nervensystem, die Schwann-Zellen, immer nur auf eine einzige Faser. Sie schlingen sich ebenfalls über 100-mal um die Faser herum und bleiben für alle Zeit in dieser innigen Umarmung. Natürlich ist das ein recht intimes Verhältnis zwischen den beiden Zellen, da kommt es darauf an, dass die Chemie stimmt. Während sich die Nervenzelle zu Beginn ihrer Entwicklung vor allzu zudringlichen Oligodendrocyten oder Schwann-Zellen durch Hemmstoffe geschützt hat, passiert nun das Gegenteil. Sowohl in der Membran des Neurons als auch aufseiten des Oligodendrocyten oder der Schwann-Zelle werden Ankerproteine eingelagert, die beide Zellen aufs Engste aneinander festhalten. Diese Myelin-Proteine unterscheiden sich jedoch zwischen Oligodendrocyten und Schwann-Zellen – und das hat drastische Auswirkungen auf das Regenerations- und Wachstumsverhalten von Nervenfasern.

> **Zwischenruf** Wieso jetzt Regeneration von Nervenfasern? Sind diese nicht durch die Gliazellen gut geschützt? Warum sollten sie regenerieren?

Natürlich bilden die Astro- und Oligodendroglia das perfekte Stützgerüst für die Neurone. Aber es kann nun mal passieren, dass man sich verletzt und dabei Nervenfasern durchtrennt. Ist Ihnen denn schon mal aufgefallen, dass es eigentlich kein Problem darstellt, wenn man sich in den Finger geschnitten hat? Natürlich, das tut erst einmal weh, aber in der Regel heilt so eine Schnittverletzung schnell, und auch die durchtrennten Nervenfasern wachsen wieder zusammen, das Gefühl kehrt in den Finger zurück. Das ist im peripheren Nervensystem in den Armen und Beinen, wo die Schwann-Zellen das Sagen haben, auch kein Problem. Kompliziert wird es erst im zentralen Nervensystem. Denn wenn man sich das Rückenmark durchtrennt, dann hat man ein Problem. Dort wachsen die Nervenfasern nicht wieder zusammen. Warum bloß? An sich unterscheiden sich die Nervenfasern nämlich gar nicht von denen im peripheren Nervensystem. Manche Neurone haben sogar Fasern sowohl im peripheren als auch im zentralen Nervensystem, aber von einem Schnitt erholen sich nur die peripheren Nerven wieder. Ein Grund dafür liegt wohl in den Myelin-Proteinen der isolierenden Zellen. Offenbar besitzen Oligodendrocyten viele Proteine in ihrer Zellmembran, die sich negativ auf das

Wachstumsverhalten von Nervenfasern auswirken. Bei einer Verletzung des Rückenmarks wird nun alles auseinandergerissen. Die ganzen Myelin-Proteine (eben noch gut versteckt an der Innenseite der Isolierungsschicht) gelangen auf einmal ins Freie und reagieren mit den freien Nervenenden. Das ist eine üble Sache, denn dadurch werden Prozesse ausgelöst, die die Nervenfaser verkümmern lassen, sodass sie nicht regenerieren kann. Offenbar fehlen einige dieser Myelin-Proteine bei den Schwann-Zellen, deshalb ist es auch kein großes Problem, wenn man sich in den Finger schneidet.

Es ist eine interessante Frage, wieso einige dieser Myelin-Proteine so negative Eigenschaften haben. Denn das ist nicht bei allen Tieren der Fall, bei manchen Amphibien können Nervenfasern auch im zentralen Nervensystem wieder regenerieren – und wäre es nicht ein großer Vorteil, wenn man auch als Mensch nicht querschnittsgelähmt werden könnte? Nun sind die Menschen (der eine oder andere wird es sicher bemerkt haben) doch etwas komplizierter aufgebaut als so ein Salamander. Möglicherweise liegt der Vorteil der Myelin-Proteine darin, das Nervensystem bei seiner Entwicklung besser kontrollieren zu können. So könnten unerwünschte Neuverknüpfungen vermieden werden. Allerdings: Man weiß es nicht genau (etwas Forschung sollte für die Neurowissenschaftler ja auch noch übrig bleiben).

Auch hier sieht man wieder, dass jeder Vorgang im Gehirn seine zwei Seiten hat. Astrocyten können sich teilen und neue Nervenzellen bilden – eine unkontrollierte Vermehrung führt jedoch zu einer Tumorbildung. Mikroglia halten das Gehirn schön sauber – übermäßig aktiviert können sie jedoch schädliche Entzündungsreaktionen auslösen. Oligodendrocyten isolieren die Nervenfaser – aber ihre Proteine verhindern, dass diese nach einer Verletzung neu auswachsen kann. Da wird eines deutlich: Biologische Systeme unterliegen immer ausgeklügelten Kontrollmechanismen. Und gerade im Falle des Gehirns sind diese besonders ausgeprägt, denn wohl kein Gewebe ist so wichtig und gleichzeitig empfindlich wie das Nervensystem.

Deutlich wird aber auch: Die Funktion des Gehirns ist die Folge des perfekten Teamworks von Neuronen und Gliazellen. Da ist der eine nichts ohne den anderen, und die Gliazellen tun alles, um es den Neuronen gut gehen zu lassen. Diese haben ja auch eine wichtige Aufgabe. Es ist die Königsdisziplin im Nervensystem, das, was es so besonders macht und von allen anderen Geweben unterscheidet: die Erzeugung eines Nervenimpulses, einer Information, eines Geistesblitzes. Wie das geschieht, soll in den folgenden Kapiteln beschrieben werden.

3
Der Nervenimpuls

Wer es bis jetzt noch nicht bemerkt hat, dem sage ich es an dieser Stelle nochmal in aller Deutlichkeit: Nervenzellen funktionieren im Netzwerk. Das hört sich einfach und verständlich an, doch wenn man sich so ein Netzwerk anschaut, sieht man, dass das gar nicht so einfach ist.

Dabei ist das Netzwerk in Abb. 3.1 noch recht einfach, denn es hat sich in einer Zellkulturschale und nicht im Gehirn ausgebildet. Außerdem sind hier nur Neurone und keine Gliazellen beteiligt, und es ist zweidimensional. Echte Netzwerke sind im Gehirn also deutlich komplizierter.

Doch wie bilden sich überhaupt solche Netzwerke aus? Wie finden sich die Nervenzellen in diesem komplizierten Geflecht zurecht, und wie können sie sich miteinander unterhalten? Es war ja schon häufiger die Rede davon, dass Neurone oder Neuronengruppen mit anderen Neuronen in Kontakt stehen und so Informationen im Gehirn oder Nervensystem hin und her geleitet werden. Aber wie funktioniert das eigentlich? Was ist das überhaupt: eine Information in einem Nervensystem? Und wie können durch deren Austausch neue, kreative Geistesblitze entstehen?

Zunächst daher ein paar Worte zum Wesen des Geistesblitzes. Wie jedes besondere Ereignis im Körper, so hat auch der Geistesblitz ganz konkrete Funktionen für den Organismus. Biologisch betrachtet sind Geistesblitze nämlich nichts anderes als elektrische Impulse in unserem Nervensystem. Diese Nervenimpulse werden von den Neuronen erzeugt, laufen eine lange Nervenfaser entlang, bis sie eine nächste Zelle erreichen und in dieser einen neuen Impuls auslösen. Dabei geschieht dies mit der recht sportlichen Geschwindigkeit von über 400 km pro Stunde. Das ist schon etwas sehr Besonderes, denn Neurone sind eigentlich recht zierlich. Gerade mal ein Hunderstel Millimeter misst ihr Zellkörper (zum Vergleich: Ein handelsüblicher Radiergummi ist etwa 5000-mal so groß). Aber ihre Ausläufer, die Axone, können Zentimeter oder Meter lang werden. Und sobald einmal ein Impuls am Zellkörper erzeugt wurde, läuft dieser, ohne schwächer zu werden, diese enorme Strecke ent-

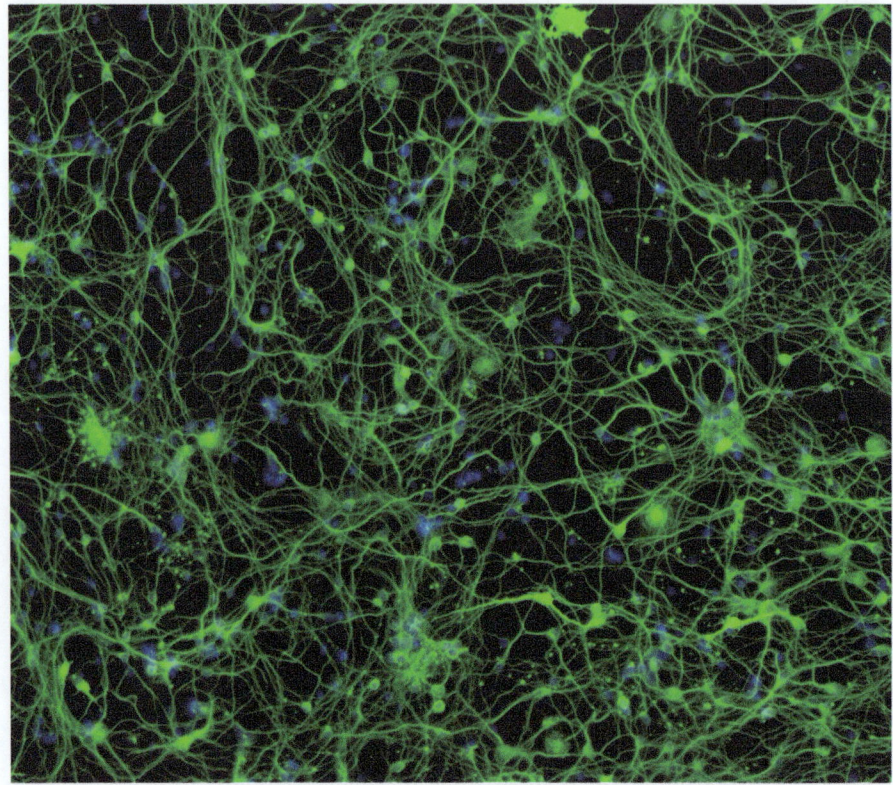

Abb. 3.1 Ein Netzwerk aus Nervenzellen. Dies ist wirklich ein einfaches Netzwerk aus hier grün gefärbten Nervenfasern, denn es wurde in einem künstlichen System, in einer Zellkulturschale aufgenommen. In Blau sind die Zellkerne dargestellt

lang. Um die Verhältnisse noch etwas deutlicher zu machen: Das ist in etwa so, als würde man in einem Auto sitzen und mit Fernlicht eine Strecke von 400 km ausleuchten wollen. Selbst mit modernen Xenon-Lampen ein gewagtes Unterfangen! Es muss also einen Trick geben, wie es die Nervenzellen schaffen, ihren Impuls gleichmäßig durch den ganzen Körper zu leiten, bis er am richtigen Ziel ankommt.

Außerdem haben wir gesehen, dass das Nervensystem ziemlich kompliziert aufgebaut ist – und das erschwert die Lage zusätzlich. Es gibt nicht nur einige wenige Nervenzellen, sondern allein im Gehirn etwa 100 Mrd. Jede einzelne Nervenzelle bildet durchschnittlich etwa 10.000 Kontakte zu anderen Zellen aus. Daher existieren schon im Gehirn geschätzt eine Billiarde Verknüpfungen. Eine unvorstellbar große Zahl, die dadurch noch unfassbarer wird, dass nicht jede Verknüpfung gleich funktioniert. Manche hemmen ihre Nachbarzellen, andere aktivieren sie. Einige Verknüpfungen docken sogar nicht direkt an andere Zellkörper, sondern an andere Verknüpfungen an und beeinflussen, wie andere Nervenzellen ihre Impulse weiterleiten. Das macht das Verständnis der Hirnfunktionen nicht leichter – aber die Forschung daran auch sehr spannend.

So, nun aber endlich zur entscheidenden Frage: Wie entsteht ein (biologischer) Geistesblitz?

3.1 Die Biologie des Geistesblitzes

Im Gehirn gibt es die eigentlichen Nervenzellen, die miteinander vernetzt sind und die Nervenimpulse erzeugen. Doch wie wir im vorigen Kapitel gesehen haben, wird ihre Arbeit unterstützt von den Gliazellen, die unter anderem dafür sorgen, dass Nervenimpulse schnell weitergeleitet werden.

> **Zwischenruf** Aber was ist das – ein Nervenimpuls? Was wird dabei eigentlich weitergeleitet, und wie funktioniert das?

Man stellt sich das ja so vor, dass bei Nervenimpulsen elektrische Ströme durch das Gehirn „zucken" und in Illustrationen in Lehr- und Sachbüchern wird das meist als festlich illuminiertes Feuerwerk von Nervenzellverbünden dargestellt. An dieser Stelle eine große Enttäuschung: In Wirklichkeit sind Nervenimpulse deutlich unspektakulärer und weniger actionreich. Aber im Unterschied zu elektrischen Strömen, die man so kennt, sind die Prozesse, die bei Nervenimpulsen ablaufen, viel spannender. Bei einem elektrischen Strom in einem normalen Stromkabel fließen Elektronen von einem Pol zum anderen, das ist eigentlich ziemlich langweilig. Im Gegensatz dazu sind Nervenimpulse richtig dynamische und gesteuerte Vorgänge. Nervenimpulse können reguliert werden, sie können in verschiedenen Frequenzen und verschieden häufig ausgesendet werden und dabei Informationen codieren. Dabei sind die zugrunde liegenden Vorgänge bei Nervenimpulsen grundlegend anders als bei elektrischen Strömen. Das fängt schon bei den beteiligten Molekülen an: In biologischen Systemen werden keine Elektronen als Ladungsträger verwendet, sondern Ionen. Dabei sind einige Ionentypen ganz besonders wichtig: Die kleinen Natrium- und Kaliumionen werden benötigt, damit ein Nervenimpuls an einer Nervenfaser überhaupt entlanglaufen kann. Calciumionen erfüllen eher Kontrollfunktionen und sind daran beteiligt, Stoffwechselprozesse in der Zelle zu regulieren. Sie kommen bei den Abläufen an den Kontaktstellen zwischen zwei Nervenzellen (den Synapsen) ins Spiel.

Befassen wir uns jedoch zunächst mit der Ausbildung eines Nervenimpulses. Im Vergleich zu den kleinen und flinken Elektronen in einem Stromkabel

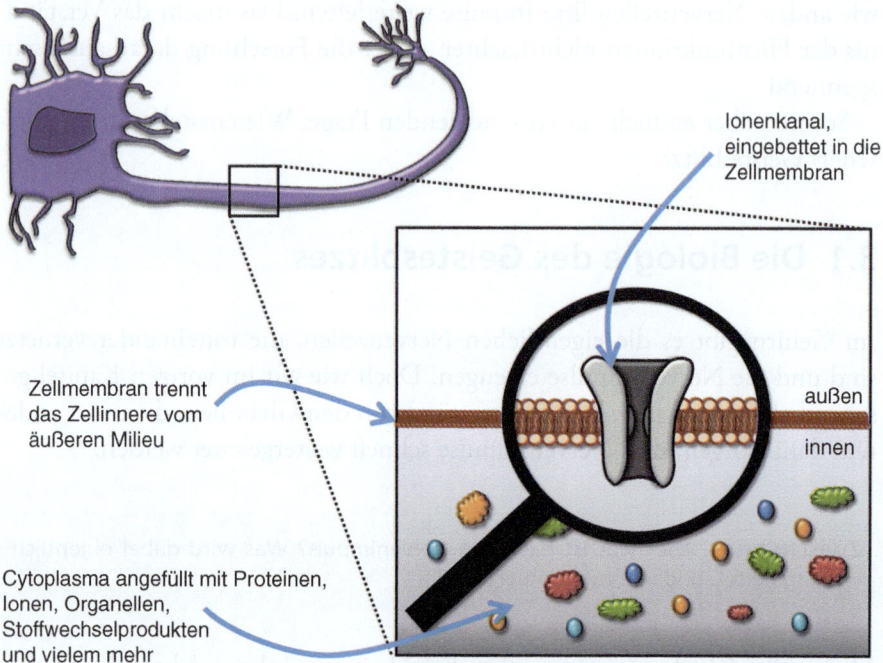

Abb. 3.2 Die Membran der Neurone ist mit Ionenkanälen bestückt. Normalerweise trennt die Zellwand das Innere eines Neurons (das Cytoplasma) vom äußeren Raum ab. Das Cytoplasma ist angefüllt mit allerlei Molekülen, Proteinen und Organellen. Weil die Membran aber so fetthaltig ist, kann nichts durch sie hindurch gelangen, schon gar keine elektrisch geladenen Moleküle wie Ionen. Das ist aber unbedingt notwendig, damit ein Nervenimpuls ausgelöst werden kann, und das Neuron löst dieses Problem, indem es viele Ionenkanäle in die Membran einbaut, die ganz selektiv nur einen Typ von Ionen durchlassen

sind Ionen große und schwere geladene Teilchen, die eher langsam und träge hin und her wandern und auch nicht durch ein Metallkabel, sondern entlang der Zellmembran der Nervenzellen laufen. Man erinnere sich: Die Zellmembran besteht aus diesen fettigen Lipiden, die sich zu einer dichten Fläche zusammengelagert haben. So ein Ion hat da ein Problem: Es ist selbst überhaupt nicht fettig. Im Gegenteil, Ionen sind ja geladene Teilchen, die sich sehr gut in Wasser lösen und somit keine Chance haben, durch die dicht gedrängten Lipide durchzuschlüpfen. Dennoch können diese Ionen die Zellmembran passieren, denn die Zelle hat dafür spezielle Kanäle und Transporter in ihre Zellmembran eingebaut, so kann der Fluss der Ionen entlang der Zellwand einfach reguliert werden (das sieht man gut in Abb. 3.2).

Mittlerweile ist dieses Bild ja recht vertraut: Eine Nervenzelle bildet ein Axon aus. Nun unterscheidet sich das Innere des Neurons stark vom äußeren Milieu. Während im Zellinneren, dem Cytoplasma, lauter Proteine,

Organellen, kleine Nahrungsmoleküle und allerhand Stoffwechselprodukte umherschwimmen, hat die äußere Flüssigkeit eine gänzlich andere Zusammensetzung. Damit sich diese Flüssigkeiten nicht durchmischen, trennt sich das Neuron durch die Plasmamembran von außen ab. Fettig und dick, wie sie ist, lässt diese Membran keinerlei Substanzen passieren. Ab und zu schlüpft vielleicht mal ein kleines fettiges Molekül hindurch, aber für Ionen gibt es kein Durchkommen. Damit sich jedoch ein Nervenimpuls ausbilden kann, muss genau dies passieren: Die Membran muss irgendwie durchlässig für Ionen werden. Dazu nutzt die Nervenzelle einen Trick: Sie baut kleine Kanäle in die Membran ein, die selektiv ganz bestimmte Ionen hindurchlassen. Dabei muss man sich diese Ionenkanäle tatsächlich wie ein Rohr vorstellen, dass eine Öffnung in die Zellmembran einfügt. Ein Ionenkanal besteht aus einer Wand, die sich häufig aus mehreren Untereinheiten zusammensetzt und genau in die fetthaltige Zellmembran passt. Das Innere des Kanals ist hingegen so optimiert, dass nur passende Ionen hindurchgehen können.

Im Gegensatz zu einem Abflusskanal, den man aus dem Haushalt kennt, sind Ionenkanäle allerdings hochfunktionale Gebilde, keine simple Öffnung in der Zellmembran, sondern spezialisiert und dynamisch. So ein Hochleistungsabfluss von Spitzenqualität muss dabei zwei wichtige Eigenschaften mitbringen:

1. Ionenkanäle müssen selektiv sein. Ein Ionenkanal darf nur ein ganz spezifisches Ion durchlassen. Ein Natriumkanal ist daher so optimiert, dass nur Natriumionen passieren können. Kaliumionen sind zu groß und passen nicht hindurch. Der Kaliumkanal hingegen ist so beschaffen, dass nur Kaliumionen optimal hindurchpassen. Natriumionen sind zwar kleiner als Kaliumionen, vertragen sich aber nicht so gut mit der Innenwand des Kanals und werden daher schlechter durchgeleitet.
2. Die Öffnung von Ionenkanälen muss reguliert werden können, was am Beispiel des Natriumkanals besonders deutlich wird: Dieser Kanal kann geöffnet oder verschlossen werden, das hängt vom umgebenden elektrischen Feld ab. Normalerweise ist das Innere der Nervenzelle negativ geladen (der Grund dafür wird in Kürze deutlich) und die Natriumkanäle sind verschlossen. Ändert sich das Spannungsumfeld, indem die Ladung des Membraninneren positiver wird, öffnen sich die Natriumkanäle und Natriumionen können passieren.

Ionenkanäle sind also mehr als einfache Öffnungen in der Zellwand. Sie besitzen eine optimierte Struktur und ihre Öffnung kann gesteuert werden. Dies kann nicht nur durch Änderung des umgebenden elektrischen Feldes geschehen, sondern auch durch Bindung von kleinen Molekülen, sogenannten Liganden.

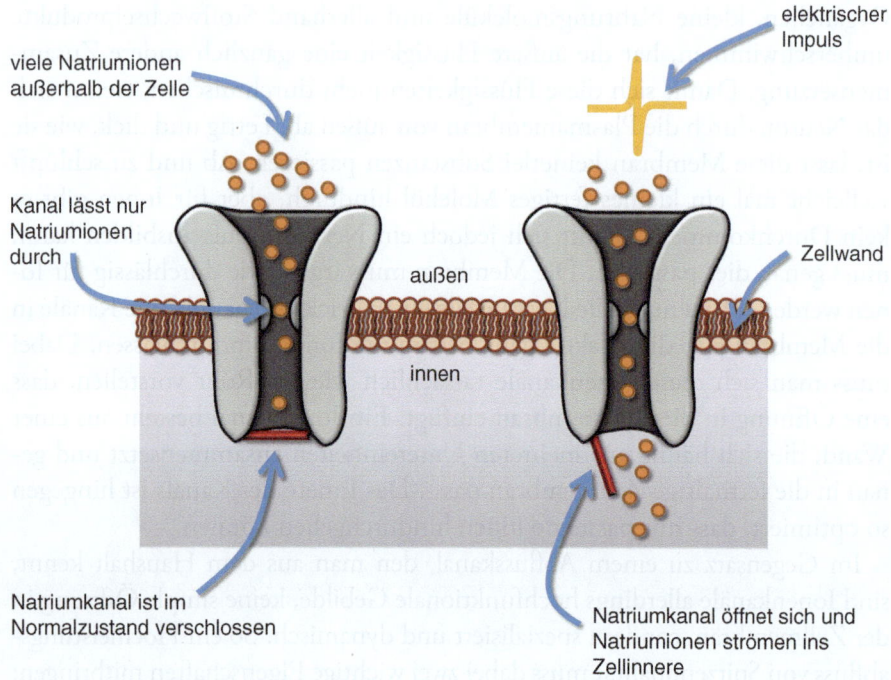

Abb. 3.3   Der Natriumkanal kann verschlossen oder geöffnet sein. Im Normalzustand (*links*) ist der Natriumkanal verschlossen und die Natriumionen, die sich im äußeren Raum befinden, können die Zelle nicht betreten. Ändert sich jedoch das elektrische Spannungsumfeld (zum Beispiel, wenn ein Nervenimpuls ankommt, *rechts* im Bild), dann öffnet sich der Kanal und die Natriumionen strömen ins Cytoplasma

> **Zwischenruf**   Sekunde mal! Ein Ligand, was ist das denn?

Liganden sind kleine Moleküle, die an größere Moleküle binden können. Der Name kommt aus dem Lateinischen (*ligare* = „binden") und bedeutet so viel wie „der Bindende". Es gibt viele verschiedene Moleküle, die als Liganden wirken können, zum Beispiel Hormone (wie Testosteron oder Insulin). Im Gehirn spielen Neurotransmitter (wie Glutamat oder Serotonin) eine wichtige Rolle als Liganden, doch dazu kommen wir später.

Betrachten wir zunächst die spannungsgesteuerten Ionenkanäle am Beispiel des Natriumkanals, denn dieser ist für die Erklärung des Nervenimpulses besonders wichtig (Abb. 3.3).

So ein Natriumkanal ist wie ein professioneller Türsteher und passt genau auf, wer durch die Membran durchtritt. Natürlich lässt er nur Natriumionen in die Zelle, aber das passiert recht selten, denn das Cytoplasma ist eine ziemlich geschlossene Gesellschaft, da kommt man nicht so einfach rein. Im Normalzustand ist der Kanal nämlich an der Innenseite durch eine Verschlusskappe fest verschlossen. Damit jedoch ein Nervenimpuls weitergeleitet werden kann, muss diese Barriere aufgehoben werden. Dazu hat der Kanal eine Besonderheit: Er reagiert auf das elektrische Feld in seiner Umgebung. Ionenkanäle sind Proteine, und wie wir gesehen haben, setzen sich Proteine aus verschiedenen Aminosäuren zusammen. Manche dieser Aminosäuren sind ihrerseits kleine geladene Moleküle und ändern ihr Verhalten, wenn auf sie ein elektrisches Feld einwirkt. Genau das passiert auch, wenn ein Nervenimpuls ankommt. Dann reagieren die geladenen Aminosäuren auf die Veränderung im elektrischen Feld und lagern sich um. Plötzlich kann sich so die gesamte Struktur des Proteins (im vorliegenden Fall des Ionenkanals) ändern. Konkret für einen Ionenkanal bedeutet das, dass die Verschlusskappe des Kanals zur Seite klappt und dieser plötzlich geöffnet wird. Natürlich passiert dies extrem schnell: Schon nach wenigen Millisekunden ist so ein Kanal offen, schließlich ist genau das die Grundlage dafür, dass der Nervenimpuls schnell weitergeleitet werden kann.

In Nervenzellen scheinen Natriumionen jedoch recht unerwünschte Gäste zu sein. So schnell sich ein Natriumkanal öffnet, so schnell schließt er sich nämlich auch wieder. An seiner Öffnung im Cytoplasma ist dafür eine Art Stöpsel befestigt. Sobald sich der Natriumkanal öffnet, wird dieser Stöpsel zur gerade frei gewordenen Öffnung gezogen und verschließt diese. So strömen die Natriumionen immer nur für einen Sekundenbruchteil durch die Membran hindurch.

Ionenkanäle sind zwar dynamische Moleküle, die den Ionenfluss entlang der Membran regulieren, aber sie haben einen Nachteil: Sie arbeiten passiv. Das bedeutet, dass sie lediglich den Durchfluss von Ionen ermöglichen und regulieren können. Sie können jedoch nicht selbst aktiv werden und Ionen hin und her transportieren. Es muss also noch eine weitere Möglichkeit geben, das Gleichgewicht des Ionenflusses zu steuern. Dazu werden Ionenpumpen eingesetzt. Auch hier ist der Name Programm: Diese Ionenpumpen transportieren aktiv Ionen von der einen Seite der Membran auf die andere Seite. Wie immer im Leben geschieht das nicht kostenlos, sondern erfordert den Einsatz von Energie. Die bekannteste und wichtigste Ionenpumpe im Nervensystem ist die Natrium/Kalium-Ionenpumpe. Ihre Aktivität sorgt dafür, dass sich die Zellmembran elektrisch auflädt.

Hauptverantwortlich für die elektrische Spannung entlang der Zellmembran sind nämlich gerade die Natrium- und Kaliumionen. Beide Ionen tragen eine positive Ladung. Wäre die Zellmembran durchlässig für beide Ionen, so könnten diese ungehindert hin und her wandern, die Ionen wären gleichmäßig zwischen dem Zellinneren und -äußeren verteilt und es gäbe keine

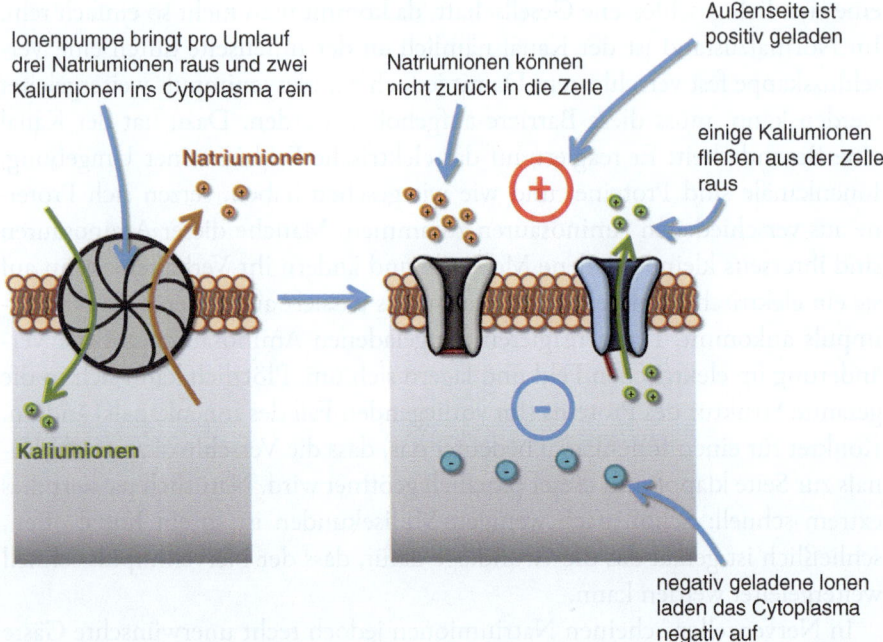

Abb. 3.4 Die Natrium/Kalium-Ionenpumpe baut eine elektrische Spannung auf.
Links sieht man die Funktionsweise der Natrium/Kalium-Ionenpumpe: In einem Umlauf schafft sie drei Natriumionen aus der Zelle heraus und bringt im Gegenzug zwei Kaliumionen in die Zelle hinein. Da jedes Ion eine einzige positive Ladung besitzt, wandert netto eine positive Ladung nach außen. Das lädt die Membran schon mal ein wenig auf. Hinzu kommt noch, dass ein Teil der Kaliumionen durch einen eigenen Ionenkanal wieder aus der Zelle herausströmt (*rechts*). Ihre positive Ladung nehmen sie gleich mit. Natriumionen können hingegen nicht wieder ins Cytoplasma zurück, ihr Kanal ist verschlossen. So lädt sich die Außenseite immer mehr positiv auf. Außerdem befinden sich im Cytoplasma viel negativ geladene Moleküle, die die Membran nicht passieren können (beispielsweise Proteine). Also wird die Innenseite negativ geladen

Spannung zwischen den beiden Membranseiten. Nun lässt die Zellmembran (fettig und dick, wie sie ist) Ionen nicht hindurch. Trotzdem befinden sich außerhalb der Zelle mehr Natriumionen als im Zellinneren, die Kaliumionen sind hingegen eher gleichmäßig verteilt. Warum ist das so?

Verantwortlich dafür ist ebenjene Natrium/Kalium-Ionenpumpe. In Abb. 3.4 (linke Bildseite) sieht man, wie sie arbeitet: Pro Umlauf transportiert sie drei Natriumionen aus der Nervenzelle hinaus und lässt im Gegenzug nur zwei Kaliumionen hinein. Wie schon gesagt: Das kostet – und zwar Energie in Form von ATP. Man erinnere sich: ATP, das ist diese Energiewährung in der Zelle, ein kleines Molekül, das in den Mitochondrien gebildet wird. Ein Neuron ist randvoll mit Mitochondrien, die permanent ATP erzeugen, weil die Natrium/Kalium-Ionenpumpe so energieintensiv arbeitet, dass sie über die Hälfte des erzeugten ATP verbraucht.

Die Natrium/Kalium-Ionenpumpe verwendet dieses ATP, um den Kalium- und Natriumionen immer abwechselnd einen Durchgang durch die Membran zu bauen. Erst schnappt sich die Ionenpumpe drei Natriumionen im Cytoplasma, transportiert sie nach außen, holt sich dort gleich zwei Kaliumionen, die sogleich ins Zellinnere gebracht werden. Pro Umlauf werden somit drei positive Ladungen (Natriumionen) nach außen und zwei positive Ladungen (Kaliumionen) nach innen transportiert. Netto wandert also eine positive Ladung nach außen. In der Zellmembran der Neurone gibt es sehr viele dieser Ionenpumpen, die diesen Zyklus gleich mehrere Dutzend Mal pro Minute durchlaufen. So sammeln sich schnell viele Natriumionen außerhalb der Zelle an.

Nun legen Ionen großen Wert auf eine gleichmäßige Verteilung, und wenn mehr Natriumionen außen als innen sind, so besteht die Tendenz, diese Ungleichverteilung auszugleichen. Die Natriumionen streben also wieder ins Cytoplasma zurück – das können sie aber nicht, da die Zellmembran undurchlässig für Natriumionen ist (man betrachte den geschlossenen Natriumkanal in der rechten Bildhälfte in Abb. 3.4). Die Kaliumionen werden ihrerseits durch die Natrium/Kalium-Ionenpumpe ins Zellinnere gebracht und streben ebenfalls einen Konzentrationsausgleich an, indem sie wieder nach außen strömen. In diesem Fall ist das kein Problem, denn in der Membran sitzen Ionenkanäle, die Kaliumionen durchlassen und geöffnet sind (ganz rechts in Abb. 3.4). Viele der Kaliumionen verlassen also sofort wieder das Cytoplasma, strömen nach außen und nehmen dabei ihre positive Ladung gleich mit. Das bedeutet: Die äußere Seite der Zellmembran wird immer positiver, während die innere Seite immer negativer wird (denn es befinden sich immer viele negativ geladene Ionen im Zellinneren, die nie die Zellmembran überwinden, zum Beispiel Aminosäuren oder Proteine).

Die Zellmembran steht also im Prinzip immer unter Spannung – unter elektrischer Spannung: außen positiv geladen, innen negativ geladen. Man spricht vom sogenannten Membranpotential. Wir reden hier nicht von großen Spannungen, wie man sie aus der Steckdose kennt (230 V), sondern von vergleichsweise geringen – 60 mV (– 60 mV, da das Zellinnere nun mal negativ geladen ist). Das ist fast 4000-mal weniger als in einem normalen Stromkabel, aber Nervenzellen sind ja auch äußerst sensibel und registrieren kleinste Spannungsänderungen.

Dieser Spannungszustand entlang der Zellmembran ist eigentlich überhaupt nicht stabil und wird nur durch die Funktion der Ionenkanäle und Ionenpumpen aufrechterhalten. Die ganze Zeit warten die Natriumionen an der Außenseite der Membran, wann sich denn endlich mal eine Lücke auftut, damit sie wieder ins Cytoplasma zurück können. Doch die ganze Zeit ist die Plasmamembran absolut dicht und die Ionenkanäle sind verschlossen, so lange bis ein Nervenimpuls ankommt. Denn dann ändert sich alles: Als Erstes bemerkt der Natriumionenkanal, dass etwas im Gange ist. Durch den ankommenden Nervenimpuls ändert sich das elektrische Feld, nur ein wenig zwar (gerade mal 10 mV), aber das reicht völlig aus, damit sich der Kanal öffnet (zur Erinnerung: Aminosäuren reagieren auf das elektrische Feld, die Proteinfaltung ändert sich, Verschlusskappe klappt zur Seite, Kanal offen). So eine Gelegenheit lassen sich die Natriumionen nicht entgehen, sofort strömen sie ins Cytoplasma. Nun darf man sich nicht vorstellen, dass dabei nahezu alle Natriumionen in die Zelle stürzen, lediglich ein Millionstel der vorliegenden Ionen kommt überhaupt durch die Membran. Aber das reicht schon aus, um die elektrische Spannung direkt an der Membran zu ändern, denn ihre positive Ladung nehmen sie mit – und so wird die Zelle an der Innenseite der Membran plötzlich positiv geladen (von – 60 mV auf + 50 mV). Das geht sehr schnell und in wenigen Millisekunden ist diese Spannungsumkehr erledigt. Doch genauso schnell werden die Natriumkanäle wieder geschlossen und dafür zusätzliche Kaliumkanäle geöffnet. Jetzt können keine Natriumionen mehr in die Zelle hinein, hingegen strömen Kaliumionen wieder nach außen, nehmen ihre positive Ladung aus dem Zellinneren mit und sorgen so dafür, dass die Membran (kaum war sie mal positiv geladen) wieder negativ geladen wird. Dieses Hin und Her der Natrium- und Kaliumionen sorgt für eine kurzfristige Spannungsspitze an einem bestimmten Ort in der Membran. Man spricht von einem Aktionspotential.

Zwischenruf Schon klar – aber das ist ja nur eine plötzliche Ladungsumkehr der Membran an einem bestimmten Punkt. Wie wird nun ein Impuls daraus? Wie wird das Aktionspotential weitergeleitet?

Sehr richtig: In der obigen Beschreibung finden diese Ionenströme nur an einem Punkt der Zellmembran statt. Der Witz ist aber folgender: Nachdem sich die Natriumkanäle geöffnet haben und die Natriumionen ins Zellinnere geströmt sind, werden die Kanäle erst mal wieder fest verschlossen (Stöpsel verschließt die Öffnung des Natriumkanals) – und sind für eine gewisse Zeit überhaupt nicht in der Lage, sich zu öffnen, da kann das elektrische Feld so stark sein, wie es will. Wo das Aktionspotential noch nicht hingewandert ist, sind die Natriumkanäle noch bereit, geöffnet zu werden – und das elektrische Feld, das gerade durch das Aktionspotential erzeugt wurde, reicht dafür aus. Somit öffnen sich die Natriumkanäle nur auf der einen Seite des Aktions-

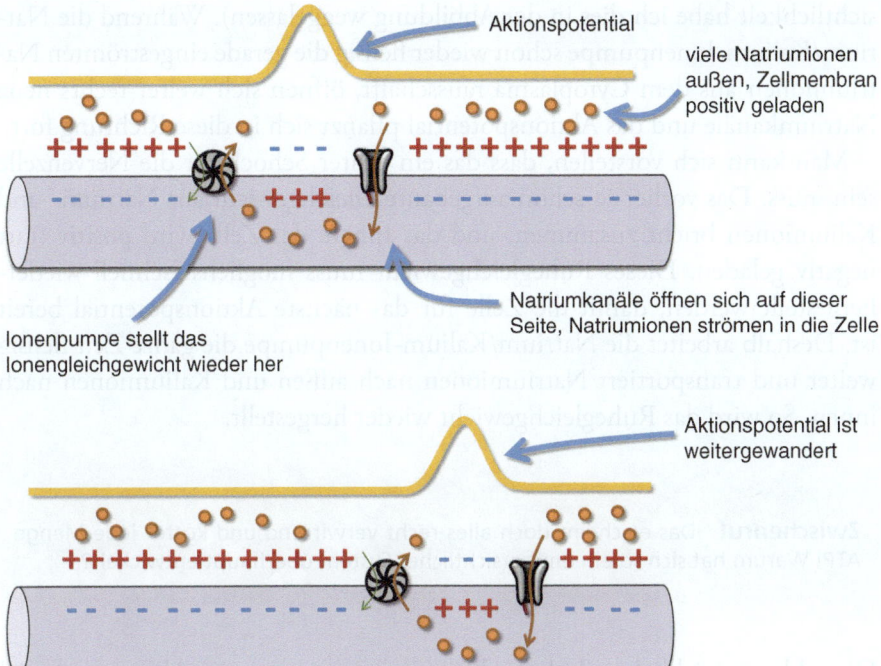

Abb. 3.5 Ein Aktionspotential bewegt sich an der Nervenfaser entlang. *Oben*: Durch eine lokale Spannungsspitze (ein Aktionspotential) öffnen sich Natriumkanäle auf der rechten Seite des Aktionspotentials. Auf dessen linker Seite sind die Natriumkanäle fest verschlossen worden (nicht gezeigt) und die Natrium/Kalium-Ionenpumpe transportiert die Natriumionen schon wieder aus dem Cytoplasma heraus. *Unten*: Das Aktionspotential ist weitergelaufen, denn nur auf der rechten Seite öffnen sich immer wieder neue Natriumkanäle, während die Kanäle auf der linken Seite immer sofort verschlossen werden. Die Spannungsspitze breitet sich also nur nach rechts aus

potentials, während die Kanäle auf der anderen Seite (wo das Aktionspotential gerade entlanggelaufen ist) nicht mehr geöffnet werden können. Daher kann das Aktionspotential nur in eine Richtung der Nervenfaser wandern.

Man sieht in Abb. 3.5, dass sich das Aktionspotential wie eine Welle an der Zellmembran entlangbewegt. Ausgelöst durch eine Spannungsspitze öffnen sich spannungsgesteuerte Natriumkanäle. Dadurch strömen an diesem Ort Natriumionen ein, was wiederum an dieser Stelle ein neues elektrisches Feld bewirkt. Dieses sorgt dafür, dass sich Natriumkanäle, die weiter entfernt liegen (in diesem Fall rechts), geöffnet werden. Links davon gibt es zwar auch ein elektrisches Feld, aber dort sind die Natriumkanäle ja kurzzeitig nicht zu öffnen, weil das Aktionspotential gerade dort entlanggelaufen ist, deswegen kann es auch nicht in diese Richtung zurückwandern (aus Gründen der Übersichtlichkeit habe ich dies in der Abbildung weggelassen). Während die Natrium/Kalium-Ionenpumpe schon wieder fleißig die gerade eingeströmten Natriumionen aus dem Cytoplasma rausschafft, öffnen sich weiter rechts neue Natriumkanäle und das Aktionspotential pflanzt sich in diese Richtung fort.

Man kann sich vorstellen, dass das ein echter Schock für die Nervenzelle sein muss: Das vorher so schön aufgebaute Gleichgewicht aus Natrium- und Kaliumionen bricht zusammen, und das Innere der Zelle wird positiv statt negativ geladen. Dieses Ruhegleichgewicht muss möglichst schnell wiederhergestellt werden, damit die Zelle für das nächste Aktionspotential bereit ist. Deshalb arbeitet die Natrium/Kalium-Ionenpumpe die ganze Zeit fleißig weiter und transportiert Natriumionen nach außen und Kaliumionen nach innen. So wird das Ruhegleichgewicht wieder hergestellt.

> **Zwischenruf** Das erscheint doch alles recht verwirrend und kostet jede Menge ATP! Warum hat sich so ein unübersichtliches System überhaupt entwickelt?

Obwohl es tatsächlich recht kompliziert anmutet, hat so ein Aktionspotential einige entscheidende Vorteile, die es dem Gehirn ermöglichen, Informationen effizient zu verarbeiten:

1. Aktionspotentiale sind binär.
   Die gesamte digitale Welt besteht aus einem Binärcode aus Nullen und Einsen. Es gilt das Alles-oder-nichts-Prinzip: Entweder eine Information (zum Beispiel ein Stromfluss in einem Computerchip) ist da oder nicht. Dies ist ein sehr einfaches und trotzdem recht effizientes System, um Informationen zu verarbeiten (kaum jemand wird wohl bestreiten, wie ausgereift heutige Computersysteme auf Basis des Binärsystems arbeiten). Doch schon lange bevor der Mensch auf die Idee kam, ein mathematisches Konstrukt aus „Ja und Nein" zu erschaffen, wurde dieses Prinzip in der Natur verwirklicht, denn auch Aktionspotentiale sind binär. Es gibt sie – oder nicht. Halbe Aktionspotentiale kommen nicht vor. Das liegt daran, dass der gesamte Prozess der Öffnung der Ionenkanäle ab einem Schwellenwert völlig automatisch abläuft. Ändert sich das Spannungsumfeld nur um 10 mV, so öffnen sich die Natriumkanäle, die Natriumionen strömen ein und alle folgenden Schritte laufen komplett automatisch ab. Ob sich das Membranpotential zuvor um 11 mV oder 25 mV geändert hat, ist völlig egal. Folglich erfüllt ein Aktionspotential genau den Anspruch, der an ein Binärsystem gestellt wird: Der Strom fließt – oder eben nicht.

2. Aktionspotentiale können Informationen codieren.
Wenn es nicht die Stärke eines Aktionspotentials ist, das die Information codiert, muss es eine andere Möglichkeit geben. Die Intensität des Aktionspotentials (also das Ausmaß der Spannungsänderung an der Membran) lässt sich nicht ändern, wohl aber seine Frequenz. Der Frequenz der Aktionspotentiale ist dabei eine Obergrenze gesetzt, denn die Natriumkanäle sind nach ihrem plötzlichen Verschließen für etwa 2 ms nicht erregbar, deswegen kann ein Aktionspotential auch nur etwa alle 2 ms erzeugt werden. Jedoch kann ansonsten die Frequenz beliebig verändert werden. So können drei Aktionspotentiale mit einem Abstand von je 20 ms genauso gut erzeugt werden wie 50 Aktionspotentiale mit einem Abstand von 5 ms. Es ist klar, dass durch eine schnelle Abfolge von vielen Aktionspotentialen ein anderer Effekt ausgelöst werden kann, als wenn nur wenige Aktionspotentiale in großen Abständen an der Nervenfaser entlangwandern. Auf diese Weise kann eine Nervenzelle Informationen in Form der Abfolge der (immer gleich großen) Aktionspotentiale weitergeben.
3. Aktionspotentiale sind robust.
Nichts ist schlimmer, als eine wichtige Information auf halber Strecke zu verlieren. Da Aktionspotentiale jedoch nach dem Alles-oder-nichts-Prinzip erzeugt werden, sind sie ziemlich unempfindlich gegen Störungen. Wie gesagt reicht ja schon eine kleine Änderung des Membranpotentials aus, um einen starken Ionenstrom zu ermöglichen, der in der Folge seinerseits die Spannungsverhältnisse so stark beeinflusst, dass auf jeden Fall ein nächstes Aktionspotential ausgelöst werden kann. Man erinnere sich, dass durch den Einstrom von Natriumionen die Membranspannung um insgesamt mehr als 100 mV verändert wird. 10 mV wären jedoch nur nötig, um ein neues Aktionspotential zu bewirken.
4. Aktionspotentiale können sich vervielfältigen.
Ein Aktionspotential wandert entlang der kompletten Zellmembran der Nervenfaser. Und wenn sich diese weiter aufteilt, so wandert das Aktionspotential in jedem Teil der Nervenfaser weiter – ohne dass ein Teil der Information (Anzahl und Frequenz der Aktionspotentiale) verloren geht. Dadurch kann eine einzelne Nervenzelle eine einzige Abfolge von Aktionspotentialen auslösen, die dann an viele verschiedene weitere Nervenzellen weitergeleitet werden kann. So kann eine Nervenzelle mit vielen weiteren Nervenzellen auf einmal kommunizieren, so als würde man eine Rundmail an alle seine Bekannten schreiben.

Dieses Verfahren, Nervenimpulse in Form von Alles-oder-nichts-Aktionspotentialen weiterzuleiten, hat also entscheidende Vorteile für die Kontrolle der Informationsweiterleitung. Es besteht jedoch auch noch ein gewaltiger Nachteil: Diese Form der Weiterleitung ist ziemlich langsam und kostet viel Energie in Form von ATP. Deshalb haben sich in der Natur Methoden entwickelt, die die Impulsweiterleitung beschleunigen.

3.2 Warum sind Geistesblitze so schnell?

Der Begriff „Geistesblitz" ist wirklich etwas irreführend. Er legt nahe, dass Nervenimpulse tatsächlich „blitzartig" durch den Körper eilen, mit Lichtgeschwindigkeit quasi. Das ist aber keineswegs der Fall, denn Nervenimpulse (also Aktionspotentiale) sind nicht besonders schnell. In einer einfachen, dünnen Nervenfaser, die so etwa 1 μm dick ist, liegt die Geschwindigkeit des Aktionspotentials bei etwa 10 km pro Stunde. Das ist wirklich ein Schneckentempo, reicht aber aus, solange die Strecken noch recht kurz sind (nur wenige Mikrometer). Dass Nervenimpulse so langsam sind, ist auch irgendwie logisch, denn immer müssen die relativ schweren Ionen erst durch die Zellmembran durchtreten, für eine Ladungsumkehr der Membran sorgen und neue Kanäle öffnen, damit weitere Ionen durchströmen können. Das dauert und ist (vom Standpunkt der Geschwindigkeit betrachtet) relativ ineffizient.

Zwischenruf Wovon hängt jetzt aber die Geschwindigkeit der Nervenimpulse ab? Welche Faktoren spielen da eine Rolle?

Für die Geschwindigkeit eines Aktionspotentials sind im Wesentlichen das Ausmaß des Natriumionen-Einstroms und der Durchmesser der Faser entscheidend.

Was recht einleuchtend ist: Je einfacher nach einem Spannungsimpuls die Natriumionen in die Zelle einströmen können, desto schneller läuft auch der Nervenimpuls. Nun sind die Natriumkanäle schon optimiert und der Natriumeinstrom kann kaum noch beschleunigt werden, aber dieses Prinzip kann umgekehrt dafür ausgenutzt werden, um Nervenimpulse zu bremsen. Betäubungsmittel greifen beispielsweise genau an diesem Punkt an und vermindern den Einstrom von Natriumionen. So wird die Impulsweiterleitung verlangsamt und Schmerzen werden nicht so gut wahrgenommen.

Ganz maßgeblich wird die Leitungsgeschwindigkeit auch von der Struktur der Nervenfaser beeinflusst. Und in der Evolution wurde genau dort angesetzt, um die Weiterleitung der Aktionspotentiale zu beschleunigen. Ein einfaches Verfahren ist dabei recht naheliegend: Man macht die Nervenfaser einfach dicker. Wie bei einem Wasserschlauch kann man sich vorstellen, dass

3 Der Nervenimpuls 103

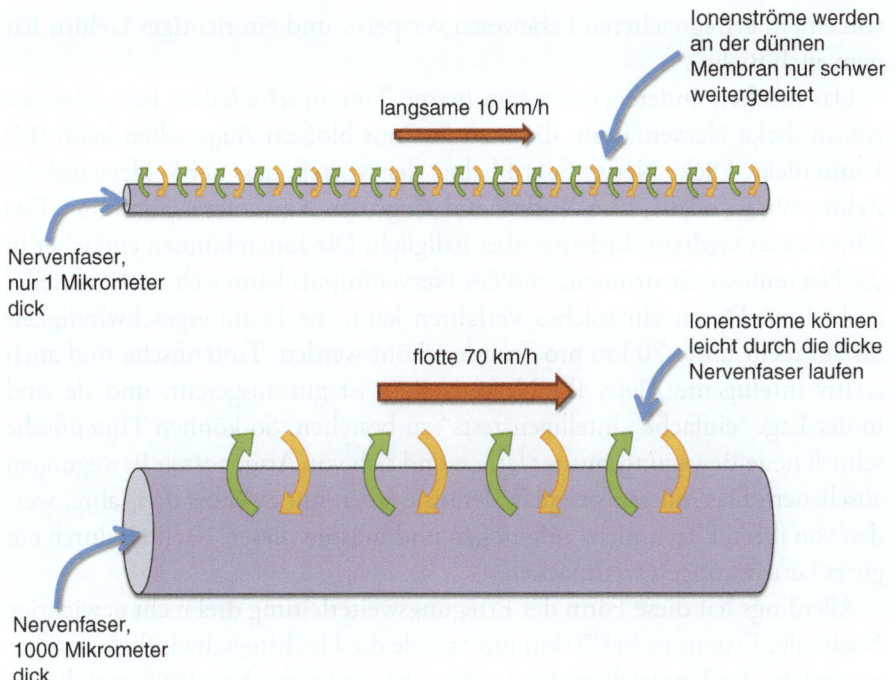

Abb. 3.6 Die Geschwindigkeit eines Nervenimpulses hängt von der Dicke der Nervenfaser ab. *Oben*: Eine dünne Nervenfaser; die Ionenströme laufen langsam und der Nervenimpuls ist gerade mal 10 km pro Stunde schnell. *Unten*: In einer dicken Nervenfaser können sich die Ionenströme leichter ausbreiten, weil die Faser einen geringeren Leitungswiderstand hat. Man erreicht so maximal recht flotte 70 km pro Stunde. Man beachte, dass die Faser 1000-mal dicker ist, der Impuls jedoch nur siebenmal so schnell weitergeleitet wird. Achtung: Natürlich ist die Zeichnung nicht maßstabsgetreu

durch eine dickere Leitungsbahn mehr hindurchpasst und die Ströme somit schneller fließen. Das ist auch bei den Ionenströmen entlang der Nervenfasern der Fall. Das kann man schön sehen, wenn man die Dicke und die Leitungsgeschwindigkeit von Nervenfasern vergleicht (Abb. 3.6).

In der dünnen Nervenfaser laufen die Ionen relativ schwerfällig, und der Impuls ist mit 10 km pro Stunde auch recht langsam. Für die Weiterleitung über lange Strecken ist so eine Nervenfaser ungeeignet. Für kleine Lebewesen mit weniger komplexen Bewegungen reicht das jedoch aus. Insekten haben so dünne Nervenfasern und kommen in der Natur ganz gut zurecht. Tatsächlich sind Insekten die „erfolgreichste" Tierklasse, haben nahezu jeden Winkel besetzt und sind unfassbar artenreich (es gibt allein über 350.000 verschiedene Käferarten). Doch wie jeder weiß: Insekt zu sein, ist nicht so das Wahre, für ein paar Monate lebt man am unteren Ende der Nahrungskette, wird dann von einem erfolgreicheren Lebewesen verspeist, und ein richtiges Gehirn hat man auch nicht.

Das machen andere Tiere schon besser. Tintenfische haben beispielsweise enorm dicke Nervenfasern, die man fast mit bloßem Auge sehen kann (bis 1 mm dick). Dicke Nervenfasern haben den Vorteil, dass der Widerstand der Zellmembran relativ zum Widerstand längs der Nervenfaser abnimmt. Das klingt etwas verdreht, bedeutet aber lediglich: Die Ionen können einfacher in die Nervenfaser einströmen, und der Nervenimpuls kann sich auch schneller ausbreiten. Durch ein solches Verfahren kann die Leitungsgeschwindigkeit bis auf recht flotte 70 km pro Stunde erhöht werden. Tintenfische sind auch relativ intelligente Tiere. Ihr Nervensystem ist gut ausgereift, und sie sind in der Lage, einfache „Intelligenztests" zu bestehen. So können Tintenfische schnell neue Bewegungsmuster lernen und sich von Artgenossen Bewegungen abschauen. Das müssen sie auch, denn sie leben nur zwei bis drei Jahre, werden von ihren Eltern nicht aufgezogen und müssen diesen Nachteil durch ein gutes Lernvermögen wettmachen.

Allerdings hat diese Form der Erregungsweiterleitung drei recht gewichtige Nachteile: Erstens ist bei 70 km pro Stunde die Höchstgeschwindigkeit nahezu erreicht. Im Vergleich zu den Insekten ist die Faser schon 1000-mal dicker, und doch hat sich die Geschwindigkeit nur um den Faktor 7 erhöht. Eine weitere Verdickung der Faser hätte kaum noch einen Effekt. Zum Zweiten nehmen solch riesige Nervenfasern viel Platz weg. Ein komplexes Nervensystem wie bei Säugetieren muss jedoch ökonomisch sein und platzsparend optimiert werden. Drittens setzt diese Form der Weiterleitung von Nervenimpulsen viel Energie um. Man erinnere sich: Ionen entlang einer Membran zu transportieren, ist sehr kostspielig und verbraucht einen Großteil der ATP-Moleküle im Gehirn. Und im Falle der Tintenfisch-Nervenfasern müssen diese Ionenströme entlang der kompletten Nervenfaser aufrechterhalten werden. Gerade in der heutigen Zeit sollte man doch ans Energiesparen denken und nicht so verschwenderisch mit den Ressourcen umgehen!

Es muss also eine noch bessere Möglichkeit geben, Nervenimpulse weiterzuleiten. Und – wer hätte es gedacht – die Säugetiere nutzen dieses Prinzip. Durch einen Trick schlagen sie dabei zwei Fliegen mit einer Klappe: Die Ausbreitung der Nervenimpulse ist energieoptimiert und extrem schnell zugleich.

Wie funktioniert das nun? Wir haben gesehen, dass es im Gehirn die Oligodendrocyten gibt, die die Nervenfasern umschlingen und mit ihrer fetthaltigen Membran (dem Myelin) isolieren. Durch die Myelinisierung können Nervenfasern besser gebündelt werden, da diese jetzt gegeneinander isoliert sind. Zusätzlich hat diese Isolierung durch die Oligodendrocyten noch einen anderen gewaltigen Vorteil. Das wird deutlich, wenn man sich die Ionenströme und die elektrischen Felder betrachtet, die in einer solchen Nervenfaser

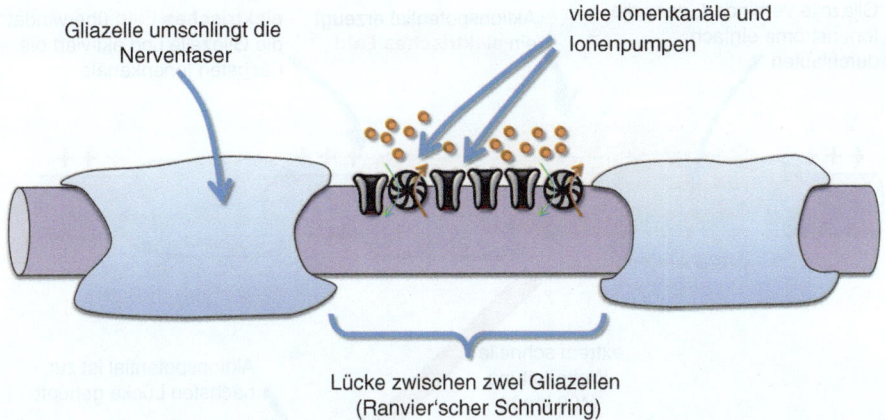

Abb. 3.7 Detaillierter Blick auf die Isolierung der Nervenfaser. Eine Gliazelle (Oligodendrocyt im zentralen, Schwann-Zelle im peripheren Nervensystem) umhüllt die Nervenfaser immer abschnittsweise und isoliert sie an diesen Stellen. Die Zwischenräume zwischen diesen Isolationsschichten (die Ranvier'schen Schnürringe) sind vollgepackt mit Ionenkanälen, Transporten und allem, was man so braucht, wenn man Ionenströme weiterleiten will. Man beachte, dass diese Abbildung in keiner Weise maßstabsgetreu ist. Ranvier'sche Schnürringe sind nur wenige Mikrometer breit, die isolierten Bereiche können jedoch über 1000-mal so lang werden

ausgelöst werden. Durch das Myelin der Gliazellen sind die Nervenfasern in einzelne Abschnitte unterteilt. Die Lücken zwischen dem Myelin (die Ranvier'schen Schnürringe) sind vollgepackt mit Ionenkanälen und Ionenpumpen, dagegen sind die myelinisierten Bereiche, die von den Gliazellen umschlungen werden, frei von solchen Proteinen (Abb. 3.7).

Die eigentlichen Ionentransportprozesse können also nur an diesen Lücken zwischen den Gliazellen ablaufen – das spart schon mal eine Menge Energie. Dabei muss man bedenken, dass die Lücken sehr kurz sind (nur so 2 µm). Die Bereiche zwischen den Lücken, an denen die Gliazellen die Nervenfaser isolieren, können jedoch bis zu 2000 µm (= 2 mm), also 1000-mal so lang sein. Folglich muss ein Aktionspotential auch nur alle 2 mm ausgelöst werden und nicht kontinuierlich entlang der Nervenfaser.

> **Zwischenruf** Aber wie kann der Nervenimpuls nun weitergleitet werden? Die Gliazellen blockieren doch den Ionenfluss entlang der Nervenfaser?

Natürlich können sich die Ionenströme nicht in den Bereichen ausbilden, an denen die Nervenfaser von den Gliazellen innig umschlungen ist. Das müssen sie aber auch gar nicht, denn die Weiterleitung des Nervenimpulses erfolgt

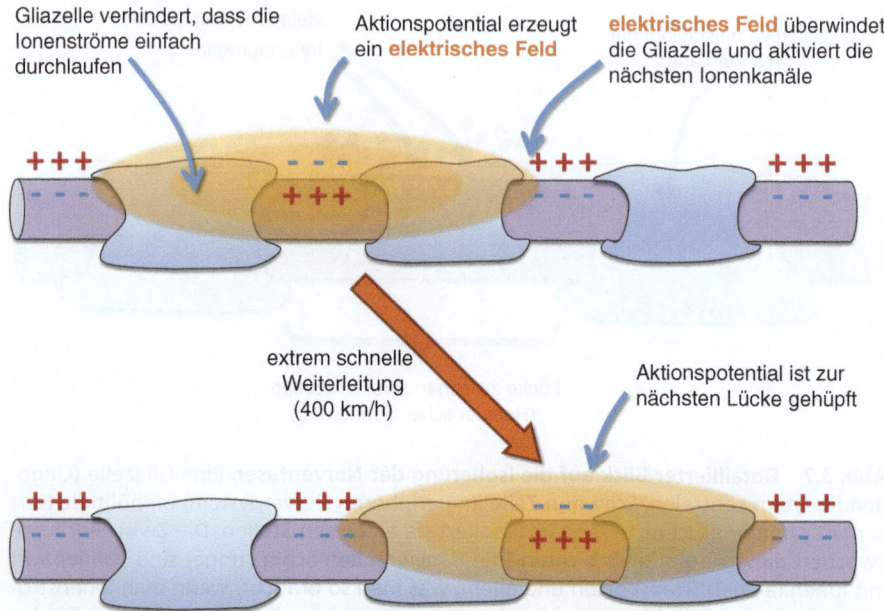

Abb. 3.8 Der Nervenimpuls springt von Lücke zu Lücke. *Oben*: Ein Aktionspotential an einer Lücke zwischen zwei Isolierungen erzeugt ein elektrisches Feld, das über diese Isolierung hinweg reicht – und schon reagieren die Ionenkanäle an der nächsten Lücke und öffnen sich. *Unten*: Das Aktionspotential ist zur nächsten Lücke gesprungen. Auf diese Weise wird die Impulsweiterleitung extrem beschleunigt und das Aktionspotential hüpft mit über 400 km pro Stunde von Lücke zu Lücke

durch einen Trick. Wie schon erwähnt, sind für die Ausbildung des Aktionspotentials die Natriumkanäle verantwortlich, die sich durch eine Spannungsänderung öffnen. Man stelle sich nun Folgendes vor: An einer Lücke zwischen zwei Gliazellen befindet sich gerade ein Aktionspotential. Die Natriumkanäle öffnen sich, Natriumionen strömen in die Faser ein und sorgen dafür, dass sich das Membranpotential umkehrt (jetzt ist die Innenseite der Membran durch den Einstrom der positiv geladenen Natriumionen plötzlich ebenfalls positiv geladen). Dadurch wird ein elektrisches Feld erzeugt. Dieses ist stark genug, um über die Gliazelle hinweg zu reichen und an der nächsten Lücke immer noch eine Öffnung der Natriumkanäle zu bewirken. Also werden durch das ausgebildete elektrische Feld an der nächsten Lücke dieselben Prozesse ausgelöst, wie an der Lücke zuvor: Natriumionen strömen ein, erzeugen wieder ein elektrisches Feld, dieses wirkt wieder auf die nächste Lücke, öffnet die dortigen Natriumkanäle und so fort. Durch diesen Prozess „springt" der Nervenimpuls quasi von Lücke zu Lücke, man spricht von saltatorischer (sprunghafter) Erregungsweiterleitung (Abb. 3.8).

Da sich elektrische Felder viel schneller ausbreiten als Ionenströme, wird die Erregungsweiterleitung enorm beschleunigt. Außerdem erfolgt der Sprung über die Gliazelle ohne Verlust der Information des Aktionspotentials. Hier zeigt sich wieder der Vorteil des Alles-oder-nichts-Prinzips: Dadurch, dass das Aktionspotential schon durch eine kleine Änderung der Membranspannung ausgelöst werden kann und sich anschließend komplett selbstständig und in vollem Umfang ausbildet, geht keinerlei Information bezüglich Frequenz und Abfolge der Aktionspotentiale verloren.

Durch dieses Verfahren ist es Säugetieren möglich, die Erregungsleitung auf über 400 km pro Stunde zu beschleunigen. Dabei sind die Nervenfasern nur wenig dicker als bei Insekten (eine typische Nervenfaser ist etwa 10 μm dick) und können somit dichter gepackt werden als beispielsweise bei Tintenfischen. Überdies ist diese Form der Erregungsweiterleitung energetisch optimiert. So wird in der Summe weniger Energie umgesetzt als bei Tintenfischen, dabei ist die Geschwindigkeit der Nervenimpulse fast sechsmal so schnell.

Alles hängt also von der Funktion der Gliazellen ab, und der Prozess der Isolierung der Nervenfasern, die Myelinisierung, ist enorm wichtig bei der Ausbildung des Nervensystems. Tatsächlich findet die Myelinisierung erst nach der Geburt statt und dauert mehrere Jahre an. Die Isolationsschicht, das Myelin, besteht hauptsächlich aus Eiweiß und Fett, denn letztendlich handelt es sich dabei ja nur um die Zellmembran des Oligodendrocyten oder der Schwann-Zelle, die immer wieder um die Nervenfaser herumgewickelt wurde, bis der letzte Rest Zellsaft herausgequetscht ist. Aus diesem Grund ist auch die Ernährung in den ersten Lebensjahren besonders wichtig. Ohne die notwendigen Eiweißbausteine und das Fett kann die Isolierung der Nervenfasern nur unzureichend stattfinden. Mangelernährte Neugeborene können so ihre Vernetzung im Gehirn nicht richtig ausbilden und zeigen eine Minderung der Intelligenz. Dieser Prozess kann auch nachträglich nicht rückgängig gemacht werden, was zeigt, wie kritisch einige Phasen in der Entwicklung des Gehirns sind. Um gleich einem Panikgefühl vorzugreifen: Hierzulande ist die Ernährung von Neugeborenen mehr als ausreichend (und das ist häufig noch weit untertrieben).

Auch in unserer (also der menschlichen) Evolutionsgeschichte zeigt sich, wie entscheidend der Schritt zu myelinisierten (also elektrisch isolierten) Nervenfasern war – und hier spielte die Ernährung wohl ebenfalls eine wichtige Rolle. Dass Affen und Menschen so wunderbar intelligent sind, liegt wohl daran, dass diese ihre Nervenfasern besonders gut isoliert haben. Vor allem beim Menschen wird reger Gebrauch von der Myelinisierung gemacht, und kein anderes Lebewesen hat so perfekt isolierte Nervenfasern wie der Mensch.

Heute geht man davon aus, dass dies ein entscheidender Schritt in der Evolution war. Als der Mensch nämlich vor 2 Mio. Jahren anfing, das Feuer zu beherrschen, Fleisch und vor allem Fisch in größeren Mengen genießbar machen konnte, erschloss er sich besonders eiweiß- und fettreiche Nahrungsquellen. Damit waren nun genügend Baustoffe vorhanden, um die Nervenfasern in einem zuvor nicht gekannten Ausmaß zu isolieren. In diese Zeit fällt auch der Beginn des modernen Menschen, was sich ebenfalls anatomisch zeigt: Da durch den Gebrauch des Feuers Fleisch leichter zu kauen war, veränderte sich das Gebiss. Die Zähne wurden kleiner und weniger scharfkantig, da gebratenes Fleisch im Idealfall recht zart auf der Zunge zerfällt. Ab dem gleichen Zeitpunkt vergrößerte sich auch das Schädelvolumen, was darauf schließen lässt, dass auch die Hirnfunktionen zunahmen. Hier zeigt sich, wie wichtig die Umstellung der Ernährung auf eiweiß- und fettreiche Kost in der Evolution wohl gewesen ist – und uns zu den intelligenten Wesen gemacht hat, die wir heute sind. Dass Vegetarier heute so selbstbestimmt ihre Essgewohnheiten kontrollieren können, verdanken sie also letztendlich ihren Vorfahren, die vor einigen Hunderttausend Jahren kräftig ins Fleisch bissen.

Dass die Isolierung der Nervenfasern besonders wichtig ist, wird auch bei Erkrankungen der Nervenfasern deutlich. Besonders heimtückisch ist dabei die Multiple Sklerose.

> **Zwischenruf**   Immer diese Fachwörter! Was bedeutet denn Multiple Sklerose?

Dem Wortursprung nach bedeutet Multiple Sklerose in etwa „vielfache Verhärtung" (lat. *multi* – „viel" und griech. *skleros* – „hart"). Bei dieser Erkrankung sind die Nervenfasern des zentralen Nervensystems betroffen. Die isolierenden Oligodendrocyten sterben ab und mit ihnen geht die Myelinschicht um die Nervenfasern zugrunde. Nun könnte man sagen: „Na und? Dann laufen die Nervenimpulse eben langsamer". Aber tatsächlich sind die Nervenfasern recht dünn, da sie ja auf eine Myelinisierung ausgelegt sind. Ohne die isolierende Myelinschicht bricht das Aktionspotential völlig zusammen. Erschwerend kommt hinzu, dass das Absterben der Oligodendrocyten Immunreaktionen hervorruft. Denn sobald sich die Zellen im Nervensystem nicht normal verhalten, ruft das die Mikroglia auf den Plan. Wie wir im vorigen Kapitel gesehen haben, platzt den Mikroglia schnell mal der Kragen, wenn sie sehen, dass was im Gehirn nicht so rund läuft. Das ist auch hier der Fall: Sie erkennen, dass etwas mit den Oligodendrocyten nicht stimmt und schwingen sofort die chemische Keule – sie schütten entzündungsfördernde Botenstoffe aus, rufen andere Mikroglia herbei und greifen die Oligodendrocyten an. Diese gehen daran völlig zugrunde, sodass das Hirngewebe in der Folge vernarbt, aushärtet und die Nervenweiterleitung nicht mehr funktioniert. Auch eine Behandlung ist derzeit schwierig, da die genauen Ursachen dieser Erkrankung nicht gänzlich klar sind. Man weiß zum Beispiel nicht, ob zuerst die Oligodendrocyten Probleme bekommen und dann die Mikroglia das Gewebe entzünden oder ob es genau umgekehrt ist.

Anhand dieser Beispiele wird deutlich, dass die Isolierung der Nervenfasern besonders wichtig für die richtige Funktion der Impulsweiterleitung ist. Durch diesen Trick hat sich in der Evolution ein energieeffizientes System herausgebildet, das Nervenimpulse extrem schnell durch den Körper leiten kann.

3.3 An der Synapse springt der Funke über

Bisher haben wir nur gesehen, wie Nervenimpulse entlang einer Nervenfaser weitergeleitet werden. Dafür spielen die Ionengleichgewichte entlang der Zellmembran die entscheidende Rolle: Durch plötzliche Umkehr der Membranspannung (normalerweise innen negativ, nach einem Impuls plötzlich positiv) wird der Impuls immer weiter geleitet. Doch irgendwann erreicht ein Nervenimpuls das Ende der Nervenfaser. Und dort hat der Nervenimpuls ein Problem: Die Zellmembran endet und zur nächsten Nervenzelle besteht eine Lücke, die Synapse (dieses Mal wieder was Griechisches: Synapse bedeutet so viel wie „gemeinsamer Kontakt"). Der Nervenimpuls kann also nicht einfach an der Membran weiterlaufen und sich so von einem Neuron auf das nächste ausbreiten. Irgendwie muss er diesen schmalen Spalt zwischen den beiden Zellen überwinden, und in der Natur hat sich dafür ein sehr trickreiches System entwickelt: die synaptische Übertragung.

Die synaptische Übertragung läuft nach einem grundlegend anderen Muster ab als die normale Fortführung des Aktionspotentials. Schauen wir uns zunächst in Abb. 3.9 an, wie so eine Synapse aussieht.

Man sieht, dass so eine Synapse im Prinzip aus drei Teilen besteht: Dem Ende der ankommenden Nervenfaser (der Präsynapse), dem synaptischen Spalt und dem Beginn der neuen Nervenfaser oder dem Folge-Neuron (der Postsynapse). Wenn eine Synapse nicht aktiv ist und gerade keine Nervenimpulse übertragen werden, befinden sich in der Präsynapse viele kleine Vesikel, die Botenstoffe speichern. Vesikel sind sehr gesellige Wesen, sammeln sich daher meist direkt an der Membran der Präsynapse und warten nur darauf, ihren Inhalt in den synaptischen Spalt zu entlassen. Auf der anderen Seite der Synapse liegt die Zielzelle, die eine besondere Struktur, die Postsynapse, aufbaut. Dort werden Ionenkanäle und Rezeptoren eingelagert, die auf die

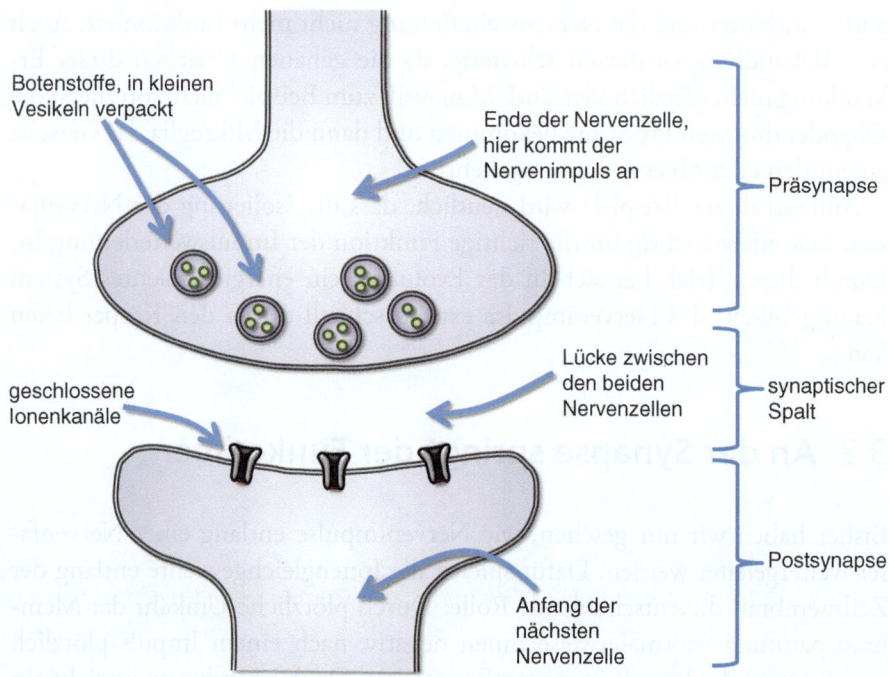

Abb. 3.9 Eine Synapse ist die Kontaktstelle zweier Neurone. Eine Synapse besteht aus drei Teilen: Das Neuron, das den Kontakt herstellt, bildet die Präsynapse. Die Nervenfaser endet dort und bildet eine Verdickung aus, an der sich Vesikel anreichern. Diese kleinen Verpackungseinheiten enthalten mehrere Tausend Moleküle von einem Neurotransmitter, der später ausgeschüttet wird. Das Empfängerneuron bildet die Postsynapse, eine Region, die mit Ionenkanälen voll besetzt ist. Prä- und Postsynapse sind durch den synaptischen Spalt voneinander getrennt. Dieser Spalt ist nur 20 nm breit, die beiden Zellen liegen also dicht aneinander

Botenstoffe der Präsynapse reagieren können. Ist die Präsynapse jedoch inaktiv, befinden sich auch keine Botenstoffe im synaptischen Spalt und die Ionenkanäle sind inaktiv (also im vorliegenden Fall geschlossen). Man darf nicht vergessen: Permanent arbeitet in der Postsynapse die schon beschriebene Natrium/Kalium-Pumpe und sorgt dafür, dass sich die Membran elektrisch auflädt (innen negativ, außen positiv). So ist auch die Postsynapse bereit für einen ankommenden Nervenimpuls.

Zwischenruf Aber wie überwindet ein Aktionspotential nun den synaptischen Spalt?

Klar ist: Ohne einen Vermittler zwischen der Prä- und der Postsynapse geht mal gar nichts. Diese Vermittlerrolle nehmen Botenstoffe ein, die Neurotransmitter, die in den Vesikeln gespeichert sind. Denn wenn ein Aktionspoten-

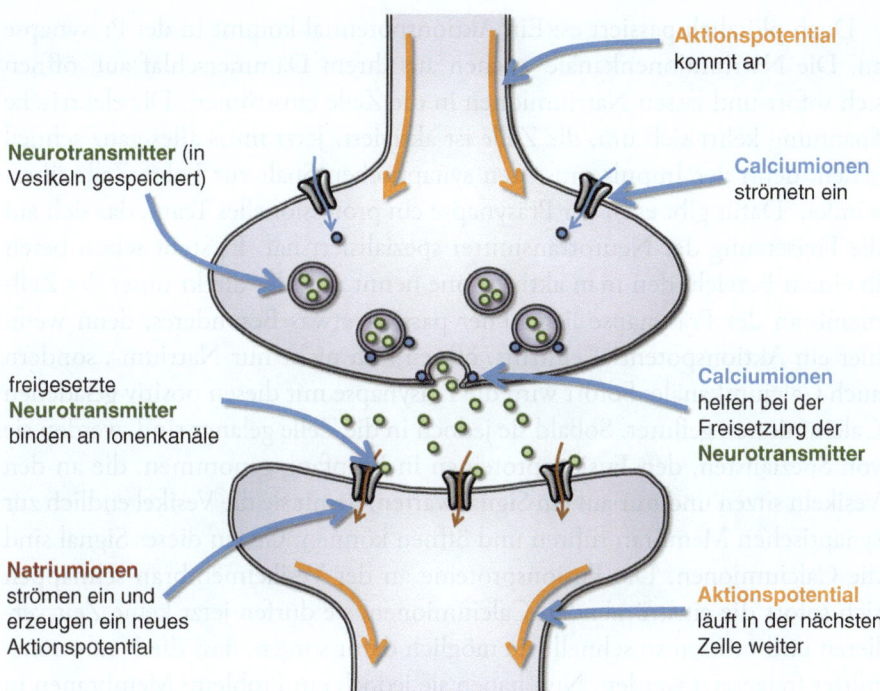

Abb. 3.10 Die Übertragung des Nervenimpulses an der Synapse. Wenn an der Präsynapse ein Aktionspotential ankommt, öffnen sich Kanäle, die Calciumionen in das Neuron einströmen lassen. Mithilfe dieser Calciumionen entladen die Vesikel ihre Botenstoffe in den synaptischen Spalt. Weil dieser Spalt so eng ist, schwimmen diese Botenstoffe schnell an die Postsynapse und binden dort an die Rezeptoren. Diese sind oft selbst Ionenkanäle, sie öffnen sich und lassen Natriumionen in das Folge-Neuron einströmen. Wie bei einem Aktionspotential führt dies wieder zu einer Umkehr der Membranspannung. Darauf reagieren nun wiederum die spannungsgesteuerten Ionenkanäle im Folge-Neuron, sie öffnen sich und lösen ein Aktionspotential aus

tial auf die Nervenzelle trifft, werden diese Neurotransmitter freigesetzt und wirken auf die Postsynapse ein. Wie das geht, sieht man in Abb. 3.10. Wenn man sich kurz fassen will, kann man die Impulsübertragung an der Synapse in zwei Schritte einteilen: den Freisetzungs- oder Transmitter-Schritt und den Empfangs- oder Rezeptor-Schritt.

Schritt 1: Die Freisetzung der Neurotransmitter Ruhig liegt sie da, die Präsynapse. Nichts deutet auf einen plötzlichen Geistesblitz hin, der gleich über sie hereinbrechen wird. Die Membranspannung dümpelt bei den wohlbekannten −60 mV. Alle Systeme arbeiten normal, die Natrium/Kalium-Pumpe schafft fleißig Natriumionen aus der Zelle raus. Dutzende Vesikel sind prall gefüllt mit Neurotransmittern und sammeln sich an der synaptischen Membran.

Doch plötzlich passiert es: Ein Aktionspotential kommt in der Präsynapse an. Die Natriumionenkanäle wachen aus ihrem Dämmerschlaf auf, öffnen sich sofort und lassen Natriumionen in die Zelle einströmen. Die elektrische Spannung kehrt sich um, die Zelle ist aktiviert. Jetzt muss alles ganz schnell gehen, denn der Impuls muss den synaptischen Spalt zur Folge-Zelle überwinden. Dafür gibt es in der Präsynapse ein professionelles Team, das sich auf die Freisetzung der Neurotransmitter spezialisiert hat. Es steht schon bereit in einem Bereich, den man aktive Zone nennt und der direkt unter der Zellmembran der Präsynapse liegt. Hier passiert etwas Besonderes, denn wenn hier ein Aktionspotential eintrifft, öffnen sich nicht nur Natrium-, sondern auch Calciumkanäle. Sofort wird die Präsynapse mit diesen positiv geladenen Calciumionen geflutet. Sobald sie jedoch in die Zelle gelangt sind, werden sie von Spezialisten, den Fusionsproteinen in Empfang genommen, die an den Vesikeln sitzen und nur auf ein Signal warten, damit sie die Vesikel endlich zur synaptischen Membran führen und öffnen können. Genau dieses Signal sind die Calciumionen. Die Fusionsproteine an der Vesikelmembran schnappen sich sofort die einströmenden Calciumionen, sie dürfen jetzt keine Zeit verlieren und müssen so schnell wie möglich dafür sorgen, dass die Neurotransmitter freigesetzt werden. Nun haben sie jedoch ein Problem: Membranen in den Zellen verschmelzen nicht so einfach miteinander. Eine Vesikelmembran kann die ganze Zeit neben einer Zellmembran liegen, ohne dass sich etwas tut. Beide Membranen stoßen sich mit ihren geladenen Oberflächen leicht ab und werden von ihrer fetthaltigen Schicht jeweils gut verklebt. Da müssen die Fusionsproteine schon ganze Arbeit leisten, und das kostet mal wieder einen ganzen Haufen ATP-Moleküle. Damit die Vesikel schnell mit der Zellmembran verschmelzen können, haben die Fusionsproteine deshalb schon Vorarbeit geleistet (wie man in Abb. 3.11 erkennt): Sie haben sich ineinander verzwirbelt und schon alle Energie gespeichert, um die Membranen zu öffnen.

Vesikel und Zellmembran liegen also ganz dicht beieinander, die Fusionsproteine sind wie Federn gespannt und sind kurz davor, die Vesikelmembran auseinanderzureißen und in die Zellmembran einzufügen. Ungeduldig warten sie auf das Startsignal – und da kommen sie auch schon: die Calciumionen. Einmal in der Zelle binden sie sogleich an die Fusionsproteine. Endlich können sich diese ihrer Anspannung entledigen und ziehen das Vesikel auseinander. Dieses platzt auf, verschmilzt mit der synaptischen Membran und der ganze Inhalt mit allen Neurotransmittern wird sofort in den synaptischen Spalt freigelassen.

Diese Fusionsproteine sind also echte Experten, wenn es darum geht, Membranen miteinander zu verschmelzen. Sobald sie ihren Job gemacht haben, sind sie auch so erschöpft und so eng miteinander verknotet, dass sie sich kaum alleine befreien können. Deswegen kommt gleich ein Rettungsdienst,

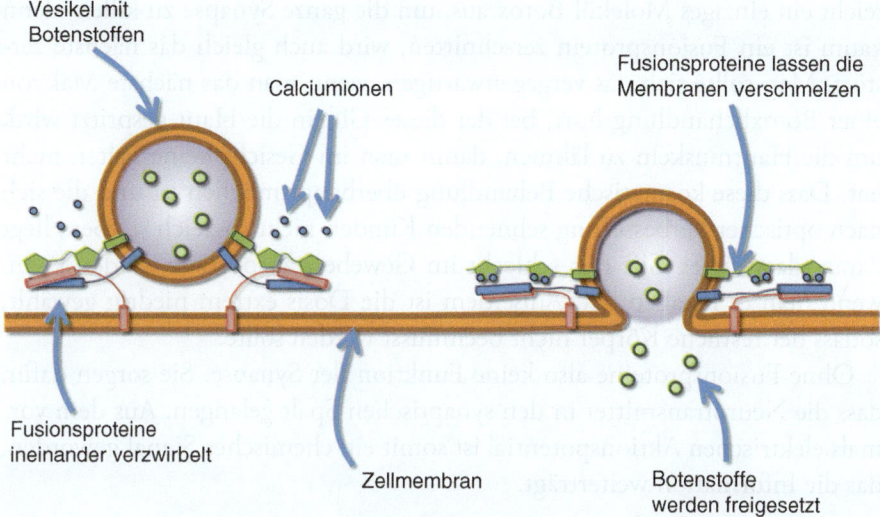

Abb. 3.11 Die Freisetzung der Neurotransmitter. *Links*: Bevor die Calciumionen ankommen, haben sich die Fusionsproteine schon ineinander verzwirbelt und sind bis zum Zerreißen gespannt. Vesikel- und Zellmembran sind einander angenähert und bereit für die Fusion, aber noch fehlt das alles entscheidende Signal. Das ändert sich jedoch, wenn die Calciumionen ankommen. Sofort schnappen sich die Fusionsproteine diese Ionen (*rechts*) und können nun die Vesikelmembran auseinanderziehen. Diese platzt dadurch auf und verschmilzt mit der Zellmembran. Endlich sind die Neurotransmitter aus ihrem eingesperrten Dasein befreit und wandern in den synaptischen Spalt

ein Hilfsprotein, dass sie aus ihrer misslichen Lage befreit und wieder bereit macht für die nächste Fusionsrunde. Dieser Hilfsdienst ist nicht gratis, das Hilfsprotein lässt sich seine Arbeit ein paar Moleküle ATP kosten. Diese sind aber gut angelegt, denn einmal befreit, können sich diese Fusionsproteine wieder an ein Vesikel anlagern und es mit der Zellmembran verschmelzen.

Die Funktion der Fusionsproteine ist der kritische Punkt bei der ganzen synaptischen Übertragung. Ohne sie können keine Neurotransmitter freigesetzt werden und der ganze Prozess bricht zusammen. Einige der giftigsten Gifte der Welt zielen genau auf diese Fusionsproteine ab und zerstören sie. Man kennt vielleicht das Botulinumtoxin, Botox. Es wird normalerweise von Bakterien gebildet, die sich in luftdicht verpackten und schlecht konservierten Lebensmitteln befinden. Dieses Gift ist schon recht wirkungsvoll: Ein Gramm (etwa ein Teelöffel voll) würde ausreichen, um die komplette Bevölkerung Deutschlands zu vernichten. Warum ist es so extrem tödlich? Es greift den Körper an seiner verwundbarsten Stelle an: der synaptischen Übertragung. Botox ist ein kleines Protein, ein Enzym, das andere Proteine spalten kann. Es hat sich darauf spezialisiert, Fusionsproteine in der Präsynapse klein zu schneiden, was zum Totalversagen der Synapse führt. Dabei reicht ein einziges Molekül Botox aus, um die ganze Synapse zu killen, denn kaum ist ein Fusionsprotein zerschnitten, wird auch gleich das nächste zerstört. Man sollte sich das vergegenwärtigen, wenn man das nächste Mal von einer Botoxbehandlung hört, bei der dieses Gift in die Haut gespritzt wird, um die Hautmuskeln zu lähmen, damit man im Gesicht keine Falten mehr hat. Dass diese kosmetische Behandlung überhaupt möglich ist und die sich nach optischer Verbesserung sehnenden Kunden nicht sogleich sterben, liegt daran, dass dieses Gift nur schlecht im Gewebe transportiert werden kann, wenn man es lokal spritzt. Außerdem ist die Dosis extrem niedrig gewählt, sodass der restliche Körper nicht beeinflusst werden sollte.

Ohne Fusionsproteine also keine Funktion der Synapse. Sie sorgen dafür, dass die Neurotransmitter in den synaptischen Spalt gelangen. Aus dem vormals elektrischen Aktionspotential ist somit ein chemisches Signal geworden, das die Information weiterträgt.

Schritt 2: Der Empfang der Neurotransmitter Auch die Postsynapse ahnt noch nicht, dass gleich ein wahrer Ionenstrom über sie hereinbrechen wird. In der Präsynapse geht es derweil hoch her: Aktionspotentiale kommen an, Calciumionen strömen ein, die Fusionsproteine haben alle Hände voll zu tun, die Vesikel zu öffnen und die Neurotransmitter freizusetzen. Von alledem bekommt die Postsynapse erst mal nichts mit. Ruhig liegt sie da und wartet darauf, dass etwas passiert. Die Natrium/Kalium-Ionenpumpe tut, was sie tun muss: Sie pumpt die Natriumionen aus der Zelle raus, die Membran ist negativ geladen, alle Natriumkanäle sind fest verschlossen. Doch in der „Ferne" (nun gut, 20 nm sind nicht wirklich weit weg) deutet sich schon die Unruhe an, die auch gleich die Postsynapse erfassen wird. Gerade sind die Neurotransmitter an der Präsynapse ausgeschüttet worden und machen sich auf ihren Weg zur Postsynapse.

Neurotransmitter sind in der Regel recht kleine Moleküle. Zu Tausenden wurden sie gerade noch in den synaptischen Vesikeln gefangen gehalten. Doch einmal aus ihrem „Vesikel-Gefängnis" in der Präsynapse befreit, nutzen sie ihre neu gewonnene Freiheit und schwimmen im synaptischen Spalt umher. Kaum freigesetzt, sehen sie aber schon ihr Ziel: die postsynaptische Membran mit ihren ganzen Rezeptoren und Ionenkanälen. Diese Ionenkanäle haben jedoch eine Besonderheit, die sie von ihren „Brüdern" in der Präsynapse unterscheidet: Sie reagieren nicht auf Änderungen des elektrischen Feldes, sondern auf die Bindung von kleinen Molekülen, es sind Ligandenaktivierte Kanäle. Die freigesetzten Neurotransmitter können gar nicht anders und steuern auf die Ionenkanäle zu. Als hätten diese die ganze Zeit auf diese Moleküle gewartet, haben sie ihnen schon einen Platz reserviert und halten eine kleine Tasche bereit, in der die Neurotransmitter Platz nehmen.

Das ist jetzt für die Ionenkanäle das Signal, sich zu öffnen. Sofort strömen die Natriumionen in die Zelle ein und sorgen für das schon bekannte Phänomen: Die Membranspannung kehrt sich um und wird plötzlich positiv. Das wird schnell von den spannungsgesteuerten Natriumionenkanälen erkannt. Diese sitzen nicht direkt im synaptischen Spalt wie die Liganden-aktivierten Kanäle, sondern etwas weiter entfernt. Dort wo die Nervenfaser in der Folge-Zelle weiterläuft, lösen sie so wieder ein Aktionspotential aus, und der Nervenimpuls wird schnell weitergeleitet.

Damit hat das Aktionspotential den Sprung über den synaptischen Spalt geschafft. Ein ganz schön schwerer Akt, denn was ist da nicht alles daran beteiligt: Calciumkanäle, Fusionsproteine, Vesikel, Neurotransmitter, Rezeptoren ... Eine kleine Welt für sich, die sich nur auf die Weiterleitung des Aktionspotentials konzentriert.

Zwischenruf Ist das nicht total unsinnig? So eine Synapse ist ja unheimlich kompliziert, die Weiterleitung des Aktionspotentials wird verzögert und kann auch noch durch Gifte von außen gestört werden. Warum machen die Nervenzellen so etwas?

Es mag ja richtig sein, dass Synapsen etwas komplex und fehleranfällig erscheinen. Aber sie haben einen großen Vorteil: Sie wandeln den elektrischen Impuls (das Aktionspotential) kurzfristig in einen chemischen Impuls (Neurotransmitter) um. Dadurch wird es möglich, die Information eines Nervenimpulses völlig neu zu verarbeiten. Wie die chemischen Botenstoffe wirken, wird nämlich dadurch entschieden an welchen Rezeptor sie binden. Ein Neurotransmitter an sich hat nämlich eigentlich gar keine Information, er wird bloß in den synaptischen Spalt ausgeschüttet. Natürlich, ein Neuron kann die Menge regulieren und viele oder wenige von diesen Transmitterstoffen freisetzen. Normalerweise verschmelzen nämlich nicht alle Vesikel auf einmal mit der synaptischen Membran, sondern immer nur ein paar. Den Rest spart sich das Neuron für den Fall auf, dass noch ein Aktionspotential ankommt. Wenn somit viele Aktionspotentiale kurz hintereinander auf die Präsynapse einwirken, können sehr viele Neurotransmitter ausgeschüttet werden. Da weicht das Nervensystem ein wenig von dem beschriebenen Binärcode der Informationsverarbeitung ab. Denn durch die chemischen Botenstoffe wird das Signal analog codiert. Aber es bleibt dabei: Der Neurotransmitter an sich ist nutzlos, erst wenn er an seinen Rezeptor, den Liganden-aktivierten Ionenkanal, bindet, übt er eine Wirkung aus. Den Synapsen steht eine ganze Vielzahl an verschiedenen Neurotransmittern zur Verfügung, die alle unterschiedliche Funktionen über verschiedenste Rezeptoren ausüben. Dagegen ist ein Aktionspotential ziemlich langweilig, es ist da oder nicht, fertig. Mit den Neurotransmittern kommt aber plötzlich Farbe ins Spiel.

3.4 Die *Hall of Fame* der Neurotransmitter

Ohne Neurotransmitter wäre das Leben im Gehirn ziemlich trostlos. Aktionspotentiale würden die Nervenfasern entlanglaufen, aber hätten einige Schwierigkeiten von einem Neuron auf das nächste zu gelangen. Zwar können sich Nervenzellen auch so dicht annähern, dass sie direkt die Ionenströme und damit Aktionspotentiale austauschen können, aber dieses Prinzip eignet sich kaum, um Aktionspotentiale gezielt zu steuern oder neu zu kombinieren. Erst durch die Neurotransmitter in den Synapsen kommt die nötige „Würze" ins Gehirn.

Wenn man sich so einen Neurotransmitter anschaut, fällt auf: Meistens sind das eigentlich recht einfach strukturierte und unscheinbare Substanzen. Es gibt so viele tolle und komplexe Moleküle in der Zelle, Proteine mit kuriosen dreidimensionalen Strukturen, Lipide, die sich zu faszinierenden Membranen aneinanderlagern, da können die meisten Neurotransmitter nicht mithalten. Vielfach sind sie einfache Aminosäuren oder leiten sich von diesen ab – sie sind also erst mal nichts Außergewöhnliches. Was aber macht sie dann so besonders?

Neurotransmitter unterscheiden sich in einigen wichtigen Kriterien von anderen Molekülen in der Zelle. Denn damit ein Stoff das Premium-Siegel „Neurotransmitter" erhält, muss er schon einige Bedingungen erfüllen, was nicht jedes Molekül kann.

1. Große Überraschung: Neurotransmitter müssen auch in Neuronen hergestellt werden. Nicht jeder Botenstoff, der im Körper gebildet wird, ist auch gleichzeitig ein Neurotransmitter. Neurotransmitter unterscheiden sich somit von Hormonen (Testosteron, Schilddrüsenhormonen) oder Mediatoren (beispielsweise Entzündungsstoffen im Immunsystem). Letztere werden eben nicht von Neuronen hergestellt und einfach frei in die Blutbahn oder das Gewebe ausgeschüttet, wo sie sich verteilen. So etwas kann sich ein Neuron nicht leisten. Neurotransmitter werden ganz gezielt für ihren Bestimmungsort produziert, verschiedene Hirnregionen verwenden auch unterschiedliche Neurotransmitter und deren Wirkung (Zeit und Ort) wird ganz genau reguliert.
2. Neurotransmitter werden immer in der Präsynapse gespeichert und können reguliert freigesetzt werden. Auf diese Weise werden eigentlich ganz gewöhnliche Moleküle (und Neurotransmitter sind biochemisch betrach-

tet wirklich recht langweilig) vom restlichen Stoffwechsel in der Zelle abgetrennt und warten an ihrem Bestimmungsort auf ihren Einsatz.
3. Ob ein Neurotransmitter funktioniert oder nicht, darüber entscheidet ausschließlich seine Struktur. Diese Struktur muss sehr stabil sein, und genau deswegen sind Neurotransmitter häufig kleine und einfache Moleküle. Das unterscheidet sie von großen Proteinen oder aufwendig modifizierten Lipiden. Solche Riesenmoleküle könnten nur schwer als Neurotransmitter eingesetzt werden, weil ihre biologische Aktivität sehr häufig von einer komplizierten dreidimensionalen Struktur abhängt. Nun sind die ganzen Vorgänge an der Synapse schon komplex genug, da kann so ein Neuron gut auf eine weitere unnötige Verkomplizierung verzichten und hält wenigstens die Struktur der Neurotransmitter schön einfach und übersichtlich.
4. Es muss einen Mechanismus geben, um Neurotransmitter zu deaktivieren. Irgendwie müssen sie daher wieder aus dem synaptischen Spalt entfernt werden, damit die Synapse nicht dauerhaft heiß läuft und irgendwann überreizt den Dienst einstellt. Denn wenn eine Sache wichtig ist im Gehirn, dann ist es die Kontrolle der Nervenimpulsweiterleitung. Das Gehirn verarbeitet ja die ganze Zeit super wichtige Informationen, da muss die synaptische Übertragung auch effizient gesteuert werden können.

Neurotransmitter sind also in der Regel kleine, aber feine Moleküle, die ohne großen Aufwand herzustellen sind. Dies ist schon allein deswegen nötig, weil sie ständig auf- und abgebaut werden. Wird die Synapse aktiviert, können schnell mal einige Zehntausend Moleküle freigesetzt werden, die dann aber auch schnell wieder vernichtet oder abtransportiert werden. Wenn so eine Synapse ständig aktiviert wird, würde eine aufwendige Synthese von Neurotransmittern viel Zeit und Energie in Form von ATP-Molekülen kosten. Deswegen: Alles schön einfach und unkompliziert halten.

Dass Neurotransmitter so unglaublich präzise ihre Funktion ausüben, liegt allerdings nicht an deren Molekülstruktur, sondern an der Anwesenheit der Rezeptoren. Sie sind es, die dem Neurotransmitter erst seine Macht geben. Im Nervensystem gibt es ein ganzes Arsenal an verschiedenen Neurotransmittern, die in unterschiedlichen Bereichen des Gehirns oder peripheren Nervensystems eingesetzt werden. Häufig ist es so, dass bestimmte Areale im Gehirn auf einen bestimmten Neurotransmitter zurückgreifen, sich quasi auf einen Lieblingstransmitter spezialisiert haben. Und was hört man nicht alles von diesen Transmittern: Sie sind erregend, euphorisierend, high machend, lösen Angst oder Lust aus, machen müde oder erzeugen Bilder im Kopf. Doch eigentlich ist das alles Quatsch! Denn tatsächlich liegt es nicht am Neurotransmitter selbst, welche Funktion er ausübt, sondern am Rezeptor, an den er bindet. Trotzdem kann es ganz nützlich sein, die unterschiedlichen Neurotransmitter durch ihre verschiedenen Aufgabenfelder zu unterscheiden (und auch ich werde dies jetzt tun).

3.4.1 Gibt dem Muskel Kraft: Acetylcholin

Acetylcholin werden wohl die wenigsten schon mal gehört haben. Dabei ist dieser Neurotransmitter der am besten untersuchte, denn er ist hauptverantwortlich für die Aktivierung der Muskelfasern. Was spielt sich da genau ab?

Die Muskelfaser – eigentlich ein recht schlaffer Haufen von Muskelzellen, die ohne konkrete Ansage nicht so richtig wissen, was sie tun sollen. Ohne Befehl von „oben" (dem Gehirn) führen sie ein ziemlich ruhiges Leben, das sich jedoch schlagartig ändern kann: Plötzlich fasst das Gehirn den Entschluss, den Muskel anzuspannen, und vorbei ist es mit der Ruhe. Ein Aktionspotential wird vom Gehirn über das Rückenmark in das periphere Nervensystem gesendet. Die Nervenfasern enden direkt an den Muskelfasern und schütten an ihrer Synapse ebenjenes Acetylcholin aus. Schnell macht es sich auf den Weg zu seinen Rezeptoren an den Muskelzellen und öffnet die Ionenkanäle. Spätestens jetzt sollten die Muskelzellen gemerkt haben, dass es etwas zu tun gibt, denn das Öffnen der Kanäle bewirkt ein neues Aktionspotential – diesmal jedoch nicht an einer anderen Nervenzelle, sondern direkt an den Muskelzellen. Elektrische Erregung von Muskelfasern führt jedoch schnell zur Aktivierung von Motorproteinen (wer sich an das vorige Kapitel erinnert: die Myosine), die in diesem Fall die gesamte Zelle zusammenziehen. Eben noch so schlaff und lustlos, krampft sich der gesamte Muskel zusammen und hört nicht auf, solange Acetylcholin freigesetzt wird und den Muskel aktiviert.

Das kann und sollte keiner lange durchhalten, denn wie jeder weiß: So ein Krampf kann doch recht unangenehm sein. Deswegen muss die Aktivierung der Muskeln auch schnell wieder beendet werden. Das Acetylcholin verlässt aber nicht freiwillig seinen Platz im synaptischen Spalt. Eben war es ja noch mit einigen Tausend anderen Acetylcholinmolekülen in einem Vesikel gefangen, da kommt ihm die neue Freiheit in der Synapse gerade recht. Also muss ein Spielverderber anrücken, der die Acetylcholinmoleküle aus dem synaptischen Spalt entfernt. Dieses Protein geht gar nicht zimperlich mit dem Acetylcholin um und zerhackt es gleich mal in seine zwei Hauptbestandteile: Acetat und Cholin (Abb. 3.12).

Dadurch ist die Aktivität des Acetylcholins sofort beendet und die Ionenkanäle in der Muskelmembran schließen sich wieder. Jetzt kann der Muskel wieder kurz verschnaufen und sich entspannen, denn das nächste Aktionspotential mit einem Haufen freigesetzter Acetylcholinmoleküle kommt bestimmt.

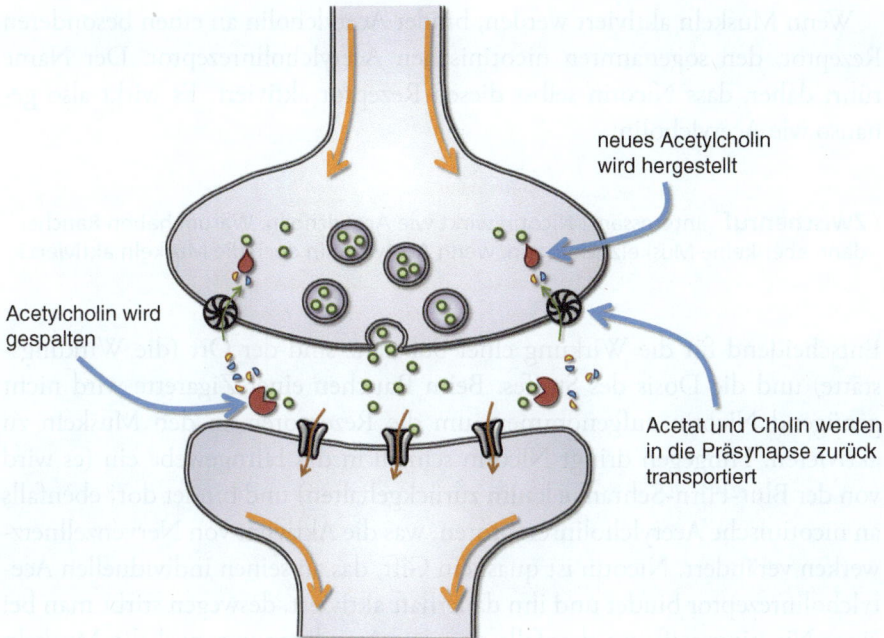

Abb. 3.12 Die Inaktivierung des Acetylcholins. Um die synaptische Übertragung des Acetylcholins zu beenden, rücken Proteine an, die das Acetylcholin sofort in seine Einzelteile spalten (Acetat und Cholin, hier als *gelbe* und *blaue* Bruchstücke gezeigt). Das ist sehr praktisch, denn zum einen wird dadurch die Aktivität des Acetylcholins beendet, zum anderen können diese Bausteine schnell wieder von der Präsynapse aufgenommen und dort leicht zu neuen Acetylcholinmolekülen zusammengesetzt werden

Die Spaltung des Acetylcholins hat aber noch einen weiteren Vorteil: Die Einzelbestandteile (Acetat und Cholin) können schnell von der Präsynapse aufgenommen und recht unkompliziert zu neuem Acetylcholin zusammengebaut werden. Damit regeneriert die Präsynapse ihren Pool an Acetylcholin und steht für das nächste Aktionspotential bereit.

Dieser Spaltungs- und Wiederaufnahmeprozess ist wichtig, damit der Muskel nicht dauerhaft verkrampft. Einige Gifte setzen aber genau an diesem Punkt an und sorgen dafür, dass das Acetylcholin gar nicht gespalten werden kann. So führt zum Beispiel das Gift im Pflanzenschutzmittel E605 dazu, dass das Spaltenzym gezielt blockiert wird und Acetylcholin dauerhaft die Postsynapse aktiviert. Dem Muskel kann das nicht gefallen, er verkrampft und kann nicht mehr kontrolliert werden. Und welche willentlich gesteuerte Muskulatur ist besonders lebensnotwendig? Natürlich, die Atemmuskulatur. Deswegen stirbt man bei Giften, die die Erregung der Muskulatur beeinflussen (sei es Lähmung oder Überaktivierung) in der Regel an Atemstillstand (so auch bei einer Botoxvergiftung).

Wenn Muskeln aktiviert werden, bindet Acetylcholin an einen besonderen Rezeptor, den sogenannten nicotinischen Acetylcholinrezeptor. Der Name rührt daher, dass Nicotin selbst diesen Rezeptor aktiviert. Es wirkt also genauso wie Acetylcholin.

> **Zwischenruf** Interessant! Nicotin wirkt wie Acetylcholin. Warum haben Raucher dann aber keine Muskelzuckungen, wenn Acetylcholin doch die Muskeln aktiviert?

Entscheidend für die Wirkung einer Substanz sind der Ort (die Wirkungsstätte) und die Dosis des Stoffes. Beim Rauchen einer Zigarette wird nicht genügend Nicotin aufgenommen, um die Rezeptoren an den Muskeln zu aktivieren. Hingegen dringt Nicotin schnell in das Hirngewebe ein (es wird von der Blut-Hirn-Schranke kaum zurückgehalten) und bindet dort ebenfalls an nicotinische Acetylcholinrezeptoren, was die Aktivität von Nervenzellnetzwerken verändert. Nicotin ist quasi ein Gift, das an seinen individuellen Acetylcholinrezeptor bindet und ihn dauerhaft aktiviert, deswegen stirbt man bei einer Nicotinvergiftung ebenfalls an einer Atemlähmung, weil die Muskeln übermäßig stark verkrampfen. Zwar ist Nicotin bei Weitem nicht so giftig wie Botox, aber immerhin: Die Nicotinmenge in fünf Zigaretten dürfte ausreichen, um einen Menschen zu töten. Gegenteilig wirkt Curare, das Gift des Pfeilgiftfrosches, das von Ureinwohnern im Amazonas-Regenwald verwendet wird, um ihre (wer hätte es bei diesem Giftnamen vermutet?) Pfeile für die Jagd zu vergiften. Curare bindet auch an den nicotinischen Acetylcholinrezeptor, blockiert allerdings dessen Funktion. Das Ergebnis ist jedoch dasselbe wie bei einer Nicotinvergiftung: Tod durch Atemlähmung, nur dass dieses Mal die Muskulatur nicht verkrampft, sondern einfach komplett erschlafft.

Neben dem nicotinischen Acetylcholinrezeptor gibt es noch einen anderen Rezeptor, an den Acetylcholin binden kann und der eine völlig andere Funktion in der Zelle hat, den muscarinischen Acetylcholinrezeptor. Man merkt: Neurowissenschaftler benennen die Rezeptoren immer nach den Substanzen, durch die sie aktiviert werden. In diesem Fall wieder mal ein Gift aus der Natur: Muscarin, das Gift des Fliegenpilzes. In Abb. 3.13 sieht man jedoch, dass der muscarinische Acetylcholinrezeptor komplett anders als der nicotinische funktioniert.

Auch hier zunächst wieder dasselbe Spiel: Ein Aktionspotential führt zur Ausschüttung von Acetylcholin in den synaptischen Spalt. Sofort eilt das Acetylcholin zur Postsynapse, doch dort befinden sich in diesem Fall keine Ionenkanäle, sondern Rezeptoren, die dafür sorgen, dass in der Folge-Zelle Botenstoffe hergestellt werden. Während also das Acetylcholin der „primäre" Botenstoff ist, der die Information als Erstes überbringt, nennt man die

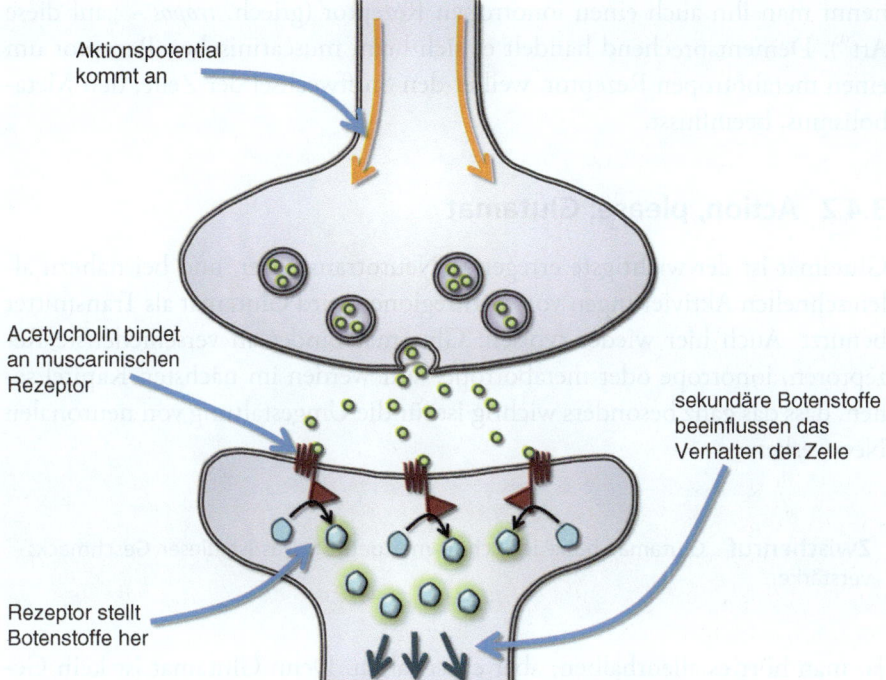

Abb. 3.13   Der muscarinische Acetylcholinrezeptor. Wie gehabt wird nach einem Aktionspotential in der Präsynapse Acetylcholin ausgeschüttet. Acetylcholin bindet in diesem Fall jedoch an einen besonderen Rezeptor in der Postsynapse, den muscarinischen Rezeptor. Dieser führt nicht zu einem Einstrom von Ionen, sondern sorgt dafür, dass im Folge-Neuron Botenstoffe hergestellt werden. Diese Botenstoffe werden nicht ausgeschüttet, sondern verbleiben im Neuron und steuern eine Vielzahl an Zellfunktionen. So können solche Botenstoffe die Aktivität von Genen oder Proteinen regulieren und dafür sorgen, dass sich der Stoffwechsel der Zelle ändert

in der Folge-Zelle gebildeten Signalmoleküle „sekundäre" Botenstoffe. Diese sekundären Botenstoffe werden die Zelle nie verlassen, das unterscheidet sie von den Transmittern, die freigesetzt werden. Ihre Aufgabe ist es, in der Zelle zu verbleiben und die Aktivität von allerlei Proteinen, Genen oder den Stoffwechsel zu regulieren. Auf diese Weise kann sich die Ziel-Zelle an eine Aktivierung anpassen. Dies spielt zum Beispiel eine Rolle im Verdauungssystem. Durch Aktivierung des muscarinischen Acetylcholinrezeptors wird die Produktion der Magensäure angeregt.

Dies ist ein schönes Beispiel dafür, wie unterschiedlich ein Neurotransmitter wirken kann. Es kommt immer darauf an, an welchen Rezeptor ein Transmitter bindet. Im Falle des Acetylcholins lösen der nicotinische und der muscarinische Rezeptor völlig unterschiedliche Reaktionen aus. Weil der nicotinische Rezeptor direkt auf den Ionenfluss an der Membran einwirkt, nennt man ihn auch einen ionotropen Rezeptor (griech. *tropos* – „auf diese Art"). Dementsprechend handelt es sich beim muscarinischen Rezeptor um einen metabotropen Rezeptor, weil er den Stoffwechsel der Zelle, den Metabolismus, beeinflusst.

3.4.2 Action, please: Glutamat

Glutamat ist der wichtigste erregende Neurotransmitter, und bei nahezu allen schnellen Aktivierungen von Hirnregionen wird Glutamat als Transmitter benutzt. Auch hier wieder typisch: Glutamat bindet an verschiedenste Rezeptoren, ionotrope oder metabotrope. Wir werden im nächsten Kapitel sehen, dass das ganz besonders wichtig ist für die Umgestaltung von neuronalen Netzwerken.

> **Zwischenruf** Glutamat habe ich schon mal gehört. Das ist dieser Geschmacksverstärker.

Ja, man hört es allenthalben, aber es ist falsch. Denn Glutamat ist kein Geschmacks*verstärker*, sondern sogar ein eigener Geschmack. Der Mensch kann fünf verschiedene Geschmacksrichtungen auseinanderhalten: süß, salzig, sauer, bitter – und eben Glutamat. In der chinesischen Küche wird reichlich Gebrauch von Glutamat gemacht, und man hat sogar vermutet, dass das viele Glutamat in chinesischem Essen Auswirkungen auf die Hirnfunktion hat und Kopfschmerzen verursacht („Chinarestaurant-Syndrom"). Schließlich, so die Vermutung, sei Glutamat ja auch ein Neurotransmitter, der das Hirn anregt, und wenn man Glutamat übermäßig konsumiere, würde sich das dementsprechend auf das Hirn auswirken. Der aufmerksame Leser dieses Buches wird jedoch sofort ein schlagkräftiges Gegenargument für diese These vorbringen: die Blut-Hirn-Schranke. Gerade Glutamat, seines Zeichens ein wichtiger Aminosäurebaustein für die Konstruktion von Proteinen und gleichzeitig Neurotransmitter, sollte besonders sorgfältig von den Astrocyten kontrolliert werden. Wenn Sie also in einem chinesischen Restaurant viel Glutamat konsumieren, wird dieses „Nahrungs-Glutamat" wohl kaum ungehindert ins Gehirn eindringen können. Gerade dafür haben Sie ja die Blut-Hirn-Schranke, die von den Astrocyten kontrolliert wird.

Glutamat wirkt stark aktivierend auf viele Neurone, deswegen wird seine Konzentration in der Gewebeflüssigkeit zwischen den Neuronen von den Astrocyten niedrig gehalten. Doch wehe, die Glutamat-Freisetzung gerät außer Kontrolle! Dann aktiviert das freie Glutamat permanent die Neurone, bis sie absterben. Dies kann bei einem Schädel-Hirn-Trauma passieren. Wenn dabei bestimmte Hirnregionen übermäßig gereizt werden, reagieren sie mit einer gesteigerten Ausschüttung an Glutamat, was zum Untergang der Neurone führt. Alternativ kann durch eine Verletzung der Blutgefäße das Hirngewebe einbluten. Was passiert? Das ganze Glutamat, das sich im Blut befindet, gelangt ins Hirngewebe, das sofort unkontrolliert aktiviert wird und abstirbt. Häufig ist somit gar nicht die eigentliche Verletzung so schädlich, sondern erst die Folgereaktion im Gehirn.

An dieser Stelle wird nochmal eine schon beschriebene Besonderheit der Neurotransmitter deutlich: Sie müssen für ihre wichtige Aufgabe gesondert aufbewahrt werden. Glutamat ist ja eigentlich nichts Besonderes in der Zelle, eine ganz profane Aminosäure, die ständig im Stoffwechsel entsteht und verarbeitet wird. Damit sie jedoch als Neurotransmitter wirken kann, muss sie erst in Vesikel verpackt und so abgetrennt werden von den restlichen Glutamatmolekülen. Erst diese Sonderbehandlung in den Neuronen macht aus simplen Aminosäuren Hochleistungsbotenstoffe.

3.4.3 Nun mal langsam: GABA

Während Glutamat das Hirn aktiviert und antreibt, ist GABA der wichtigste hemmende Neurotransmitter. GABA bedeutet Gamma-Aminobuttersäure, ein komplizierter Name, aber eigentlich auch nur ein recht kleines Molekül. Es ist sogar noch einfacher gebaut als Glutamat, und durch nur einen einzigen Schritt kann GABA aus Glutamat gebildet werden. Es ist schon erstaunlich: Glutamat ist so stark aktivierend, aber der Verlust von einem winzigen Molekülstück macht aus dem so aggressiven Aktivator einen zahmen Transmitter. GABA kommt also nicht an erregenden, sondern an hemmenden Synapsen vor.

> **Zwischenruf** Moment mal! Wie soll eine Synapse hemmend wirken? Löst die Aktivierung einer Synapse nicht ein neues Aktionspotential im Folge-Neuron aus?

Ob eine Synapse erregend oder hemmend ist, hängt davon ab, welche Rezeptoren aktiviert werden. Bei erregenden Synapsen öffnen sich meist Natriumkanäle. In der Folge strömen Natriumionen in die Postsynapse ein, das Membranpotential kehrt sich um, es wird positiv und ein neues Aktionspotential wird ausgelöst. Doch es geht auch anders, so wie bei den hemmenden Synapsen, von denen eine in Abb. 3.14 gezeigt ist.

Eigentlich läuft zu Beginn alles an einer hemmenden Synapse so ab, wie man das von einer Synapse auch erwartet. An der Präsynapse kommt ein Aktionspotential an, die Transmittermoleküle (GABA) werden freigesetzt. Aller-

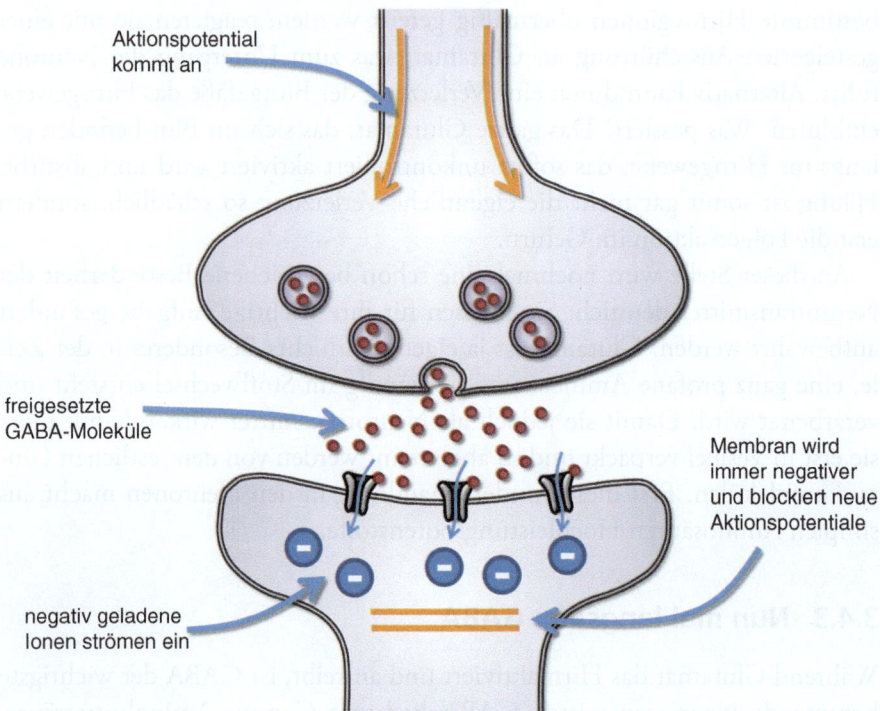

Abb. 3.14 An einer hemmenden Synapse geht's nicht weiter. Werden GABA-Moleküle in den synaptischen Spalt ausgeschüttet, so binden auch sie an einen ionotropen Rezeptor. Also strömen wieder Ionen in die Postsynapse ein. Diesmal sind sie jedoch nicht positiv geladen, sondern negativ. Daher wird auch die elektrische Spannung nicht ins Positive umgedreht, sondern im Gegenteil: Sie wird immer negativer. So kann natürlich kein Aktionspotential entstehen (dafür wären ja positive Ladungen in der Zelle nötig) und die Folge-Zelle wird gehemmt

dings bindet GABA an einen besonderen Rezeptor, der in der Postsynapse sitzt. Wenn sich dieser öffnet, strömen keine positiv geladenen Natriumionen ein, sondern negativ geladene Chloridionen. Für ein Aktionspotential ist das natürlich gar nicht gut, denn dafür wäre ja eine Umkehr, eine Positivierung der Membran nötig gewesen. So wird die Membran aber immer negativer und ein Aktionspotential kann gar nicht mehr erzeugt werden. Schon ist die Folge-Zelle ruhig gestellt und erzeugt keine Aktionspotentiale mehr.

Seine Hauptfunktionen übt GABA im Gehirn aus, und nahezu jede Hirnzelle wird irgendwo mal von einer hemmenden GABA-Synapse kontaktiert. Das macht man sich übrigens zunutze, wenn man das Gehirn bewusst ruhig stellen will: Alkohol, Barbiturate und viele Anästhetika binden genau an GABA-Rezeptoren und hemmen die Nervenzellen.

3.4.4 In der Ruhe liegt die Kraft: Glycin

Auch Glycin ist eine Aminosäure wie Glutamat und kommt dementsprechend häufig bei Stoffwechselprozessen in der Zelle vor. Deswegen gilt auch für diesen Neurotransmitter: Gut auf das Glycin aufpassen und es sauber in Vesikeln vom restlichen Glycin in der Zelle trennen. Genauso wie GABA wirkt Glycin hemmend, indem es an Rezeptoren bindet, die Chloridionen in die Postsynapse strömen lassen und somit ein Aktionspotential blockieren.

Damit sich GABA und Glycin jedoch nicht in die Quere kommen, haben sie sich ihr Revier im Nervensystem aufgeteilt: Während GABA vor allem im Gehirn wirkt, hemmt Glycin die Nervenbahnen im Rückenmark. Auch das ist eine wichtige Aufgabe, denn wer will schon seine Muskeln dauerhaft verkrampfen lassen – manchmal muss man eben auch loslassen können. Genau das bewirken die Glycin-Synapsen, die die Aktivierung der Muskeln beenden.

Interessanterweise sind genau diese Glycin-Synapsen das Ziel des Tetanus-Giftes. Es wirkt genauso wie das schon beschriebene Botox (es wird auch von ähnlichen Bakterien gebildet): Durch die Zerstörung der Fusionsproteine können die Vesikel ihre Neurotransmitter nicht mehr freisetzen. In diesem Fall werden jedoch die hemmenden Synapsen im Rückenmark gehemmt. Das Ergebnis: Die Muskeln werden nicht mehr inaktiviert und verkrampfen, daher auch der Name Wundstarrkrampf für eine Tetanusvergiftung.

3.4.5 Immer gut gelaunt: Serotonin

Von diesem Neurotransmitter hat man wahrscheinlich schon mal was gehört. Serotonin gilt ja als der „Glücks-Botenstoff" im Gehirn. Das liegt daran, dass die Neurone, die Serotonin verwenden, in einem besonderen Ort im Gehirn vorkommen: den Raphe-Kernen. Ich appelliere an Ihr Erinnerungsvermögen aus Kap. 1 dieses Buches: Die Raphe-Kerne liegen zwischen den Pyramidenbahnen im Hirnstamm. Von dort aus entsenden die Serotonin-Neurone ihre Ausläufer in Hirnregionen, die beispielsweise Gefühlszustände steuern (zum Beispiel zur Amygdala in diesem „limbischen System").

Nun kann es passieren, dass diese Nervenfasern zu wenig Serotonin ausschütten, was den Nachteil hat, dass dadurch weniger positive Gefühle ausgelöst werden. Man geht davon aus, dass genau das bei Depressionen der Fall ist. Ein solcher Serotoninmangel kann dadurch behoben werden, dass die Menge von Serotonin an der Synapse erhöht wird. Genau so wirken Antidepressiva, die die Wiederaufnahme von Serotonin in die Präsynapse verhindern. Nach der Ausschüttung von Serotonin in den synaptischen Spalt kann dieses somit viel länger wirken, sodass der eigentliche Mangel bei depressiven Menschen ausgeglichen wird.

> **Zwischenruf** Dafür muss man doch eigentlich nur viel Schokolade essen. Schokolade enthält doch Serotonin, das gleicht den Mangel dann wieder aus, und man hat gute Laune.

Ja, das hört man immer wieder: Schokolade, da ist viel Serotonin drin, das hebt die Stimmung. Dazu muss man sagen, dass das bisschen Serotonin, das in der Schokolade ist, gar nicht ins Gehirn gelangt. Der Grund ist mal wieder: Die Blut-Hirn-Schranke lässt nichts durch, und auch das Serotonin aus der Nahrung (und das ist wirklich nicht viel) bleibt im Blut und kommt nicht zu den Nervenzellen. Serotonin muss schon direkt vor Ort und Stelle hergestellt werden, damit es wirken kann.

Serotonin ist schon ein besonderer Neurotransmitter, denn er kann nicht nur auf die Postsynapse, sondern auch auf die Präsynapse wirken. Das ist doch etwas überraschend, denn bisher haben wir ja nur gesehen, dass Neurotransmitter ausgeschüttet werden, sofort zur Postsynapse laufen und dort an ihren Rezeptor binden. Das passiert beim Serotonin auch, aber nicht nur, wie man in Abb. 3.15 sieht.

Auf den ersten Blick scheint die Serotonin-Synapse ganz gewöhnlich zu sein: In der Postsynapse liegen viele Serotoninrezeptoren, die sofort aktiv werden, wenn sie Serotonin binden. Sie sind metabotrop, bilden also diese kleinen sekundären Botenstoffe, die in der Folge-Zelle allerlei Stoffwechselreaktionen kontrollieren können. Gerade die Serotoninrezeptoren sind sehr unterschiedlich, man kennt über zehn verschiedene Typen, aber ein Rezeptor unterscheidet sich von den anderen: Er sitzt nicht an der Post-, sondern an der Präsynapse, und das hat Auswirkungen auf die Funktion des Serotonins.

Neurotransmitter sind nämlich recht faule Moleküle, sobald sich die Gelegenheit bietet, an einen Rezeptor zu binden, werden sie diese Möglichkeit zur Rast nutzen. Wenn Serotonin also in den synaptischen Spalt ausgeschüttet wird, steht auch schon der erste Rezeptor bereit. Und wie praktisch, das Serotoninmolekül muss gar nicht den ganzen Weg zur Postsynapse laufen! Also bindet es sofort an diesen Autorezeptor (lat. *auto* – „selbst", weil sich damit die Präsynapse selbst steuert) und wirkt auf die Präsynapse ein. Auch dieser Autorezeptor ist metabotrop und erzeugt sekundäre Botenstoffe, die dafür sorgen, dass weniger Serotonin ausgeschüttet wird. So entsteht eine ultrakurze Rückkopplungsschleife: Serotonin wird ausgeschüttet, bindet sofort an einen Rezeptor an derselben Membran und sorgt so dafür, dass weniger Serotonin

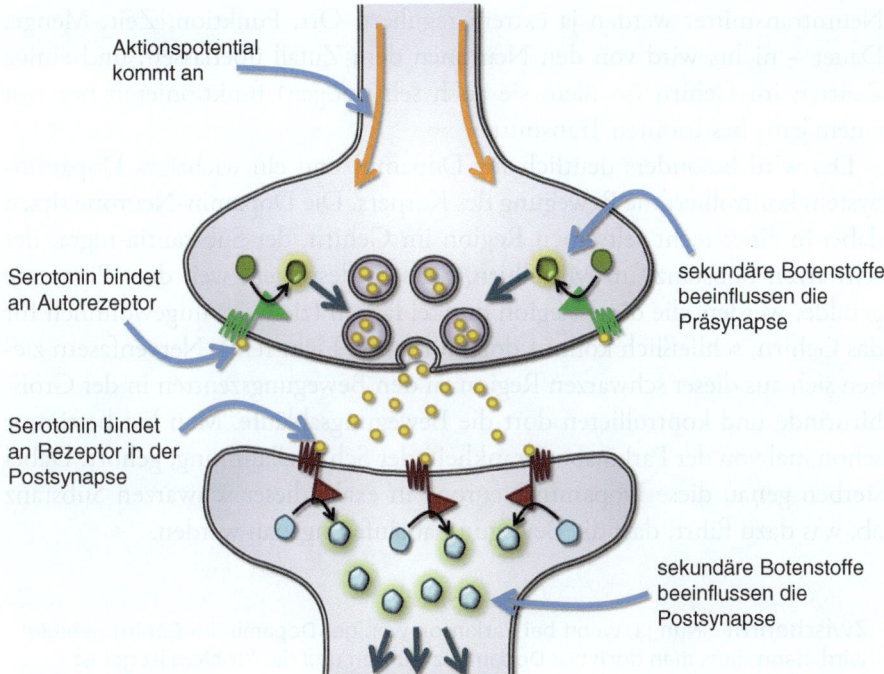

Abb. 3.15 Serotonin wirkt auch auf die Präsynapse. Eigentlich ein bekanntes Bild, denn mal wieder kommt ein Aktionspotential an der Präsynapse an, die Vesikel öffnen sich, Serotonin (*gelb*) strömt in den Spalt und bindet an Rezeptoren an der Postsynapse (*rot*). Fast immer sind es metabotrope Rezeptoren, die die Bildung von sekundären Botenstoffen in der Postsynapse bewirken. Das Besondere ist aber: Serotonin bindet auch an Autorezeptoren in der Präsynapse (*grün*). Auch diese Rezeptoren sind metabotrop und erzeugen sekundäre Botenstoffe – nur diesmal eben in der Präsynapse. Diese Botenstoffe wirken nun auf den Serotonin-Stoffwechsel ein. Damit entsteht eine ultrakurze Rückkopplungsschleife: Serotonin wird ausgeschüttet und bindet sofort an einen Rezeptor, der die Serotonin-Ausschüttung kontrolliert

ausgeschüttet wird. Offenbar sind Neurone darauf bedacht, sehr präzise mit diesem Neurotransmitter umzugehen.

3.4.6 Weit verteilt: Dopamin und andere Neuromodulatoren

Neben den schon beschriebenen Neurotransmittern gibt es noch viele weitere. Sie sind jedoch meist auf spezielle Regionen begrenzt und üben ganz definierte Aufgaben im Nervensystem aus. Den Großteil der Neurotransmitterarbeit übernehmen tatsächlich Glutamat (aktivierend) und GABA (hemmend). Das heißt natürlich nicht, dass die übrigen Transmitter weniger wichtig wären.

Neurotransmitter werden ja extrem reguliert: Ort, Funktion, Zeit, Menge, Dauer – nichts wird von den Neuronen dem Zufall überlassen, und einige Zentren im Gehirn (so klein sie auch sein mögen) funktionieren nur mit einem ganz bestimmten Transmitter.

Das wird besonders deutlich für Dopamin und ein wichtiges Dopamin-System kontrolliert die Bewegung des Körpers. Die Dopamin-Neurone sitzen dabei in einer recht seltsamen Region im Gehirn, der Substantia nigra, der schwarzen Substanz, im Mittelhirn. Seltsam deswegen, weil dort Pigmente gebildet werden, die diese Region dunkel färben (ziemlich ungewöhnlich für das Gehirn, schließlich kommt dort nur selten Licht rein). Nervenfasern ziehen sich aus dieser schwarzen Region zu den Bewegungszentren in der Großhirnrinde und kontrollieren dort die Bewegungsabläufe. Man hat bestimmt schon mal von der Parkinson-Krankheit, der Schüttellähmung, gehört. Dabei sterben genau diese Dopamin-Neurone in exakt dieser schwarzen Substanz ab, was dazu führt, dass die Bewegungsabläufe ungenau werden.

> **Zwischenruf** Nun ja, wenn bei Parkinson weniger Dopamin im Gehirn gebildet wird, dann muss man doch nur Dopamin zuführen und das Problem ist gelöst.

Natürlich hat man genau das auch versucht. Da Dopamin aber nicht die Blut-Hirn-Schranke überwindet, kann man die Vorstufe des Dopamins, das L-Dopa, geben. L-Dopa wird vom Nervensystem aufgenommen und nach nur einem Zwischenschritt ist daraus auch schon Dopamin hergestellt. Das ist ein weiterer Vorteil, denn wenn man Neurotransmitter einfach so ins Gehirn bringen könnte, wären viele Systeme gleichzeitig betroffen. Gibt man jedoch dessen Vorstufe, dann nehmen nur die relevanten Zellen die Substanz auf, verarbeiten und integrieren sie in den schon bestehenden Stoffwechsel. So kann man Kollateralschäden im Gehirn vermeiden.

Tatsächlich funktioniert dieses Prinzip und die Parkinson-Symptome werden gemindert. Allerdings gibt es auch einen gewaltigen Nachteil: Die Patienten verändern sich in ihrer Persönlichkeit und entwickeln Schizophrenie-ähnliche Symptome. Es gibt nämlich noch ein zweites Dopamin-System im Gehirn, das aktiviert wird, wenn man L-Dopa gibt. Es liegt genau neben der schwarzen Substanz, aber seine Ausläufer erreichen nicht die Bewegungszentren in der Großhirnrinde, sondern den wichtigen präfrontalen Cortex (wichtig für Aufmerksamkeit und bewusstes Denken) und das limbische System. Möglicherweise sind bei einer Schizophrenie diese Dopamin-Neurone überaktiv. Und da die Dopamin-Synapsen sowohl im Aufmerksamkeits- als auch im Gefühlszentrum liegen, kann man die Halluzinationen der schizophrenen Patienten nachvollziehen. Das Problem ist nun: Wenn man dieses Dopamin

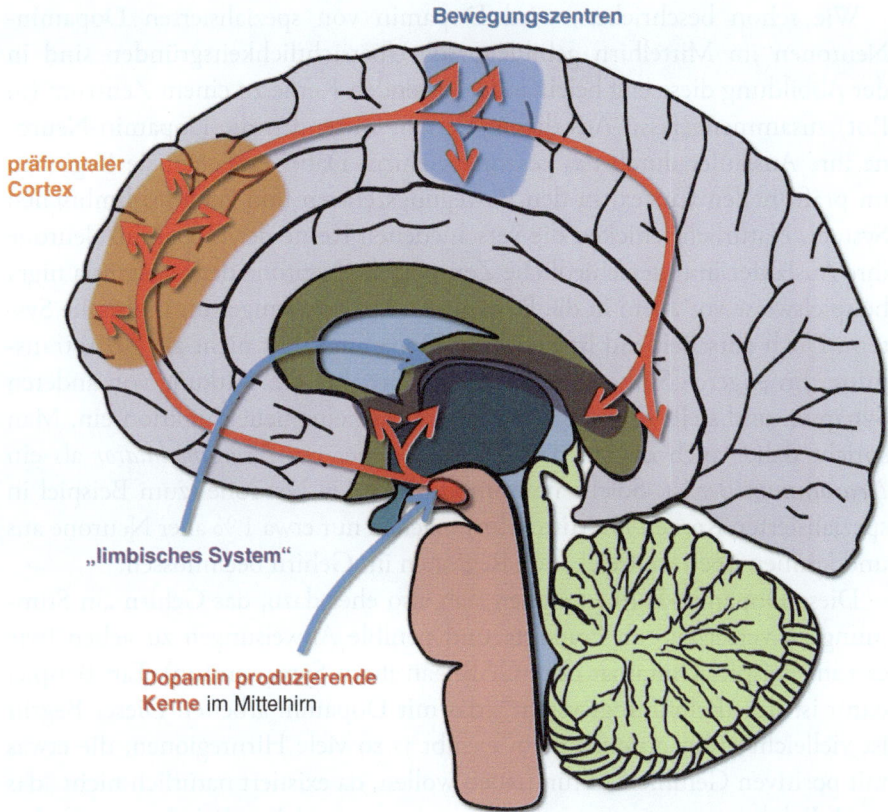

Abb. 3.16 Die Dopamin-Connection. Dopamin ist mehr als ein normaler Botenstoff im Gehirn. Es wird im Mittelhirn von bestimmten Neuronen-Kernen gebildet (*rot*, in der Abbildung wurden diese zu einer Region zusammengefasst). Ihre Ausläufer (*rote Pfeile*) entsenden diese Dopamin-Neurone in viele Hirngebiete: den präfrontalen Cortex, die Bewegungszentren oder das limbische System. Dopamin wird dabei recht unspezifisch ausgeschüttet und moduliert andere Synapsen

durch Medikamente heruntergedrosselt, stellen sich Parkinson-Symptome ein, denn Dopamin fehlt ja nun – eine Zwickmühle.

Anhand dieses kleinen Botenstoffes Dopamin wird eine andere sehr wichtige Funktion deutlich: Dopamin ist mehr als ein klassischer Neurotransmitter. Ein solcher wird ja ganz präzise an einer Synapse ausgeschüttet mit dem Ziel, das Folge-Neuron entweder zu aktivieren oder zu hemmen. Dopamin wird jedoch über viele Gebiete im Gehirn großflächig verteilt. Genauso, wie man ein Gemüsebeet mit einer Gießkanne wässert, werden auch weit auseinander liegende Hirnareale mit Dopamin „begossen". In Abb. 3.16 ist diese „Dopamin-Connection" schematisch gezeigt.

Wie schon beschrieben, wird Dopamin von spezialisierten Dopamin-Neuronen im Mittelhirn gebildet. Aus Übersichtlichkeitsgründen sind in der Abbildung diese eng beieinander liegenden Kerne zu einem Zentrum (in Rot) zusammengefasst. Aus diesen Kernen entsenden die Dopamin-Neurone ihre Ausläufer durch das gesamte Gehirn. Dabei erreichen sie Regionen im präfrontalen Cortex, in den Bewegungszentren und auch im limbischen System. Natürlich schicken die verschiedenen Kerne der Dopamin-Neurone ihre Ausläufer in unterschiedliche Zentren: die Neurone der Substantia nigra beispielsweise vor allem in die Bewegungszentren, weniger ins limbische System. Doch entscheidend ist hier, dass Dopamin selbst nicht als Neurotransmitter im engeren Sinne wirkt. Es moduliert eher die Wirkung von anderen Synapsen und stellt so großflächige Areale auf eine neue Funktion ein. Man spricht daher auch davon, dass Dopamin eher ein *Neuromodulator* als ein *Neurotransmitter* ist. Solche neuromodulierenden Neurone (zum Beispiel in spezialisierten Kernen im Mittelhirn) machen nur etwa 1 % aller Neurone aus und können doch weitreichende Regionen im Gehirn beeinflussen.

Diese Dopamin-Bahnen eignen sich also eher dazu, das Gehirn „in Stimmung zu versetzen" als konkrete und penible Anweisungen zu geben (wie es zum Beispiel Glutamat oder GABA an ihren Synapsen tun). Ein Beispiel dafür ist das „Belohnungssystem", das mit Dopamin arbeitet. Dieser Begriff ist vielleicht etwas absolut, denn es gibt ja so viele Hirnregionen, die etwas mit positiven Gefühlen zu tun haben wollen, da existiert natürlich nicht „das eine" Belohnungssystem, sondern nur eines von vielen. Bei einem ganz bestimmten spielt dieses Dopamin nun die Hauptrolle: Von einem besonderen Kern im Mittelhirn, der direkt neben der Substantia nigra sitzt, verlaufen Verknüpfungen in den präfrontalen Cortex und in das limbische System, namentlich Amygdala und Nucleus accumbens (Letzteres könnte man mit „Beischlaf-Kern" übersetzen). Wenn der präfrontale Cortex durch diese Dopamin-Belohnungsbahn aktiviert wird, fährt er seine Konzentration hoch, die Amygdala erzeugt derweil ein positives Gefühl und der Nucleus accumbens löst den Drang aus, dem Objekt der Begierde (was auch immer das sein mag) nachzujagen. Da kommt wirklich alles zusammen! Konzentration, Emotion und Motivation, dem kann sich keiner widersetzen, und man erlebt ein ganz tolles Hochgefühl. Das ist aber nicht von langer Dauer, das Dopamin-System schläft schnell wieder ein und erzeugt auch kein lang anhaltendes Zufriedenheits- oder Glücksgefühl. Deswegen ist dieses System anfällig für die Entwicklung von Süchten. Kokain stimuliert zum Beispiel genau dieses Dopamin-Belohnungssystem, und man verlangt immer wieder nach der Droge, weil die Belohnung eben nicht von langer Dauer ist.

Dopamin ist nicht der einzige Neuromodulator. Auch Noradrenalin (strukturell dem Dopamin verwandt) kann so eingesetzt und großflächig im Gehirn verteilt werden. Sogar Serotonin oder Acetylcholin müssen nicht immer gezielt als Neurotransmitter wirken, sondern erfüllen solche modulierenden Eigenschaften und verändern die Aktivität von weiten Hirnarealen.

> **Zwischenruf** Aber ist das nicht ein bisschen unkonkret? Einfach mal einen Botenstoff im Gehirn verteilen, wie sollen da Funktionen präzise gesteuert werden?

Nun, solche gezielten Steuerungsaufgaben haben Neuromodulatoren oft gar nicht. Glutamat oder GABA wirken immer nur als An- oder Aus-Schalter. Sie erzeugen oder verhindern ein neues Aktionspotential im Folge-Neuron. Das war's dann aber auch schon. Neuromodulatoren wirken jedoch viel häufiger über die langsamen metabotropen Rezeptoren und sorgen so dafür, dass sich die Aktivität oder die Leistungsfähigkeit von ganzen Hirnregionen ändern kann. Ein Vergleich dazu: Ich schreibe dieses Buch gerade an einem Laptop. Wenn ich den Bildschirm mal wieder säubern würde, könnte ich auch erkennen, dass ganz klare Farben und Konturen abgebildet werden. An einer Stelle ist mein Bildschirm schwarz, an einer anderen Stelle weiß. Solche konkreten Ja/Nein-Informationen würden im Gehirn von Glutamat oder GABA vermittelt werden, die ihre Synapse entweder an- oder ausknipsen. Nun kann ich aber auch die Helligkeit oder den Kontrast eines Bildes verändern. Das ist eher unspezifisch, langsam und wirkt sich auf das gesamte Bild aus – und so arbeiten auch die Neuromodulatoren. Sie verändern beispielsweise den „Kontrast" im Gehirn und sorgen dafür, dass einige Nervenzellen leichter oder aber schwerer auf Impulse ansprechen. So können sie die Grundstimmung in Hirngebieten beeinflussen, die Arbeitsatmosphäre der Neurone sozusagen.

3.4.7 Premium-Transmitter: Endorphine

Irgendwo im Orient vor einigen Tausend Jahren: Einige Menschen kommen auf die Idee, die Samenkapseln des Schlafmohns einzuritzen, den austretenden Saft zu trocknen und anschließend zu verspeisen. Die Wirkung ist berauschend: Glücksgefühle und Halluzinationen lassen die experimentierfreudigen Konsumenten ein Hochgefühl erleben. Offenbar springt hier mal wieder eine von diesen „Glücksregionen" im Gehirn an. Doch dieses Mal hat Dopamin seine Finger nicht im Spiel.

Schon lange Zeit weiß man von euphorisierenden Wirkungen des Schlafmohns. Vor gut 40 Jahren konnte man zeigen, dass seine Inhaltsstoffe, vor allem das Morphin, direkt die Schmerzzentren im Nervensystem blockieren. Es gibt also spezielle Rezeptoren im Gehirn, die Morphine binden.

> **Zwischenruf** Was soll das denn? Warum um alles in der Welt gibt es im Gehirn Rezeptoren, an die genau Stoffe binden, die man erst aufwendig aus Pflanzen gewinnen muss?

Ja, das scheint wirklich verrückt zu sein und macht auf den ersten Blick keinen Sinn. Natürlich hat das Gehirn keine Rezeptoren extra für Morphine konstruiert. Es ist nur so, dass die Morphine zufälligerweise genau an die Rezeptoren binden, die eigentlich für andere Botenstoffe gedacht waren: die Endorphine.

Morphine sind recht komplexe Moleküle – aber sie sind dennoch recht klein. Endorphine haben mit Morphinen strukturell gar nichts gemeinsam, es sind (wenn man so will) kleine Proteine, sehr kleine Proteine, die aus nur wenigen Aminosäuren bestehen. Die bekanntesten Endorphine, die Enkephaline, setzen sich aus nur fünf Aminosäuren zusammen (zum Vergleich: Ein „richtiges" Protein kann mehrere Hundert Aminosäuren enthalten).

Endorphine sind echte Premium-Produkte. Das unterscheidet sie auch von den zuvor beschriebenen Neurotransmittern. Glutamat, GABA, Acetylcholin – alles schön und gut, aber nichts Ungewöhnliches in der Zelle. Alles kleine Moleküle, schnell herstell- und abbaubar, leicht zu kontrollieren und zu verpacken. Anders die Endorphine: Diese Moleküle werden wie die großen Proteine auch im Zellkörper hergestellt. Dazu ist das ganze Besteck nötig aus DNA, RNA, Ribosomen, Verpackung in Vesikeln, Sortierung im Golgi-Apparat, Transport entlang der Mikrotubuli bis zur Synapse. Das dauert und ist ein echter Nachteil im Vergleich zu den kleinen Serotonin- oder Dopaminmolekülen, die mal eben schnell direkt in der Synapse hergestellt werden können. Die Endorphin-Produktion und der anschließende Versand vom Zellkörper in die Synapse braucht eben seine Zeit, dafür sind diese Neurotransmitter etwas Besonderes.

Ihre Aufgabe ist es nicht, direkt ein Aktionspotential auszulösen oder die Postsynapse durch irgendwelche metabotropen Rezeptoren zu aktivieren oder deaktivieren. Auch Endorphine wirken als Modulatoren, sie beeinflussen die Wirkung von *anderen* Synapsen. Es passiert ständig, dass die schnelle Übertragung durch die kleinen Botenstoffe (Glutamat, Acetylcholin, Glycin und so weiter) durch größere Moleküle beeinflusst wird. Endorphine wirken eher langsam und subtil, sie geben der Aktivität von Synapsen eine besondere Note. Wofür ist das wichtig?

Der eine oder andere hat es (oder etwas Ähnliches) schon mal erlebt: ein Sonntagmorgen. Übernächtigt steht man aus dem Bett auf, denkt nichts Böses, tappt barfuß durch die Wohnung – und tritt unachtsamer Weise auf eine ungünstig orientierte Reißzwecke, die sodann nichts Besseres zu tun hat, als

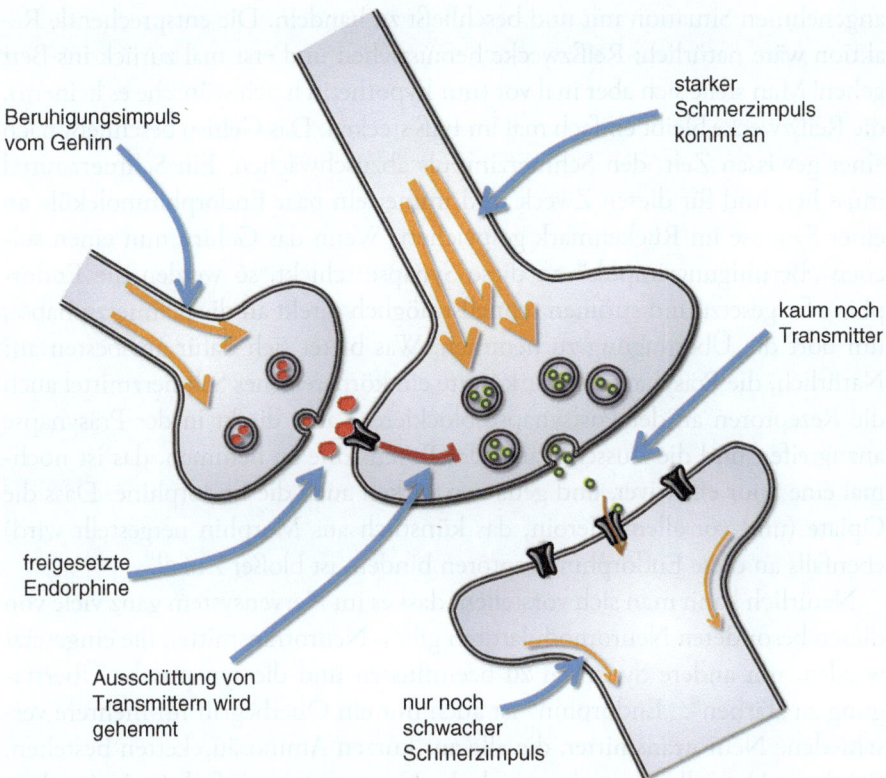

Abb. 3.17 Endorphine hemmen den Schmerzimpuls. An der Schmerzsynapse kommt ein extrem starker Schmerzimpuls an. Doch das Gehirn greift von der Seite ein und schickt einen „Beruhigungsimpuls". Dadurch wird eine zweite Synapse aktiviert. Die dort ausgeschütteten Endorphine bewirken in der Schmerzsynapse, dass nur noch wenig Neurotransmitter ausgeschüttet werden. In der Postsynapse kommt somit nur noch ein schwacher Schmerzimpuls an

sich in die wohlgepflegte und samtige Fußsohle zu bohren. Das tut weh. Aber nicht lange, denn Schmerz ist zwar gut, doch auf Dauer kann er schon nerven. Im wahrsten Sinne des Wortes, denn eine dauerhafte Aktivierung der Schmerznerven kann diese schädigen. „Was tun?", fragt sich das Gehirn. Irgendwie muss der Schmerz abgeschaltet werden, und genau dafür verwendet es die Endorphine.

In Abb. 3.17 sieht man den Übeltäter: Es ist eine Schmerzsynapse. Sie sitzt an einer Umschaltstelle im Rückenmark. Aus dem Fuß kommt die Schmerzfaser an, extrem erregt schüttet sie ihre Neurotransmitter aus (natürlich Glutamat, es soll ja hoch hergehen an der Postsynapse) und teilt der Rückenmarksfaser mit, dass jetzt mal ein anständiger Schmerzimpuls ins Gehirn geleitet werden soll. Es dauert nicht lange, dann bekommt auch das Gehirn etwas von dieser unangenehmen Situation mit und beschließt zu handeln. Die entsprechende Reaktion wäre natürlich: Reißzwecke herausziehen und erst mal zurück ins Bett gehen! Man stelle sich aber mal vor (nur hypothetisch, ich wünsche es keinem), die Reißzwecke bleibt einfach mal im Fuß stecken. Das Gehirn beschließt nach einer gewissen Zeit, den Schmerzimpuls abzuschwächen. Ein Schmerzmittel muss her, und für diesen Zweck sind immer ein paar Endorphinmoleküle an einer Synapse im Rückenmark gespeichert. Wenn das Gehirn nun einen solchen „Beruhigungsimpuls" an diese Synapse schickt, so werden die Endorphine freigesetzt und strömen schnellstmöglich direkt an die Schmerzsynapse, um dort die Übertragung zu hemmen. Was bietet sich dafür am besten an? Natürlich, die Präsynapse. Zwar könnte ein körpereigenes Schmerzmittel auch die Rezeptoren an der Postsynapse blockieren, aber direkt in der Präsynapse anzugreifen und die Ausschüttung der Botenstoffe zu hemmen, das ist nochmal eine Spur effektiver, und genau so wirken auch die Endorphine. Dass die Opiate (und vor allem Heroin, das künstlich aus Morphin hergestellt wird) ebenfalls an diese Endorphinrezeptoren binden, ist bloßer Zufall.

Natürlich kann man sich vorstellen, dass es im Nervensystem ganz viele von diesen besonderen Neuromodulatoren gibt – Neurotransmitter, die eingesetzt werden, um andere Synapsen zu beeinflussen und die synaptische Übertragung zu „färben". „Endorphin" ist auch nur ein Oberbegriff für mehrere verschiedene Neurotransmitter, die alle aus kurzen Aminosäureketten bestehen. Bei deren Herstellung macht es sich das Neuron recht einfach (es ist ja schon kompliziert genug, das ganze Endorphin-Produkt noch zu verpacken und zu verschicken) und stellt gleich mehrere dieser Moleküle aus einem großen Supermolekül her. Dazu konstruiert ein Neuron eine lange Aminosäurekette, aus der dann nacheinander die einzelnen kürzeren Ketten, die Endorphine, ausgeschnitten werden.

Endorphine sind nur eine Klasse von solchen Neurotransmittern, die aus Aminosäureketten bestehen. So gibt es im Nervensystem (nicht nur im Gehirn, sondern auch im Darm oder an Blutgefäßen) viele solcher Neuropeptide (Peptid ist ein anderes Wort für eine solche kurze Aminosäurekette), die die Aktivität von anderen Synapsen beeinflussen. Manchmal werden diese Neuropeptide sogar zusammen mit den eigentlichen Neurotransmittern in den Vesikeln gespeichert. Wenn die Synapse aktiviert wird, wirft ein Neuron sozusagen einen ganzen Cocktail aus Neurotransmittern in die Synapse. Während somit ein Transmitter ein neues Aktionspotential auslöst, bewirkt der andere eine Veränderung des Stoffwechsels des Folge-Neurons.

Zwischenruf Unfassbar. Eine Synapse kann ja mehr als nur einen Impuls weiterleiten.

Genau das ist ja auch der Sinn der synaptischen Übertragung. Was auf den ersten Blick total aufwendig, energieintensiv und fehleranfällig erscheint, ist in Wirklichkeit ein super ausgeklügeltes System. Nervenimpulse werden durch Synapsen auf diese Weise nicht einfach von einer Zelle auf die nächste übertragen. Nein, an Synapsen kann diese Impulsübertragung verstärkt oder abgeschwächt werden. Durch die Verwendung von verschiedenen Transmittern (und niemals vergessen: deren Rezeptoren) kann eine ganz genau definierte Wirkung erzielt werden. Das ist der gewaltige Vorteil der chemischen Signalweiterleitung. Sie mag vielleicht etwas langsamer sein als ein elektrisches Aktionspotential, aber sie kann viel besser justiert werden.

3.5 Die rechnende Zelle

Synapsen sind nicht nur bloße Kontaktstellen zwischen Neuronen, es sind sehr dynamische und multifunktionale Gebilde. Ein Aktionspotential ist ja super schnell, energieoptimiert und robust – alles ganz wichtig, aber es ist eben nur binär (Alles-oder-nichts-Prinzip). Ein Neuron hat also nicht so viele Möglichkeiten, die Information von Aktionspotentialen miteinander zu verrechnen. An Synapsen wird die Information aber auf einmal analog in Form von chemischen Botenstoffen übertragen. Das eröffnet neuronalen Netzwerken im Gehirn ganz neue Möglichkeiten, denn die eintreffenden Informationen können auf einmal miteinander kombiniert werden, sich verstärken oder abschwächen. Man kann sich dabei eine einzelne Nervenzelle wie einen kleinen Transistor vorstellen: Je nachdem, ob ein anderer Nervenimpuls auf die Nervenzelle durch eine Synapse einwirkt, kann ein neuer Nervenimpuls ausgelöst werden. Im Gegensatz zu einem Transistor hat eine Nervenzelle jedoch Kontakt mit bis zu mehreren Tausend anderen Nervenzellen – und alle Informationen, die in Form von Nervenimpulsen auf eine Nervenzelle treffen, werden von dieser verrechnet und als Endergebnis ein neuer Nervenimpuls erzeugt.

Das Besondere dabei ist: Die Impulse der anderen Nervenzellen können nicht nur erregend, sondern auch hemmend sein. Ein Neuron kann nun die eintreffenden hemmenden und erregenden Signale miteinander verrechnen, indem sie diese einfach addiert. Überwiegen die hemmenden Signale, so wird auch die Nervenzelle insgesamt gehemmt, und es wird kein neuer Nervenimpuls ausgelöst. Die Nervenzelle wird quasi ruhig gestellt. Anders sieht es jedoch aus, wenn mehr erregende als hemmende Signale eintreffen. Die Erregungssignale summieren sich – und zwar überall in der Nervenzelle. Nun treffen die meisten Nervenimpulse an den Dendriten, den Empfangsantennen des Neurons, ein. Allerdings sind die Dendriten derart schwer erregbar,

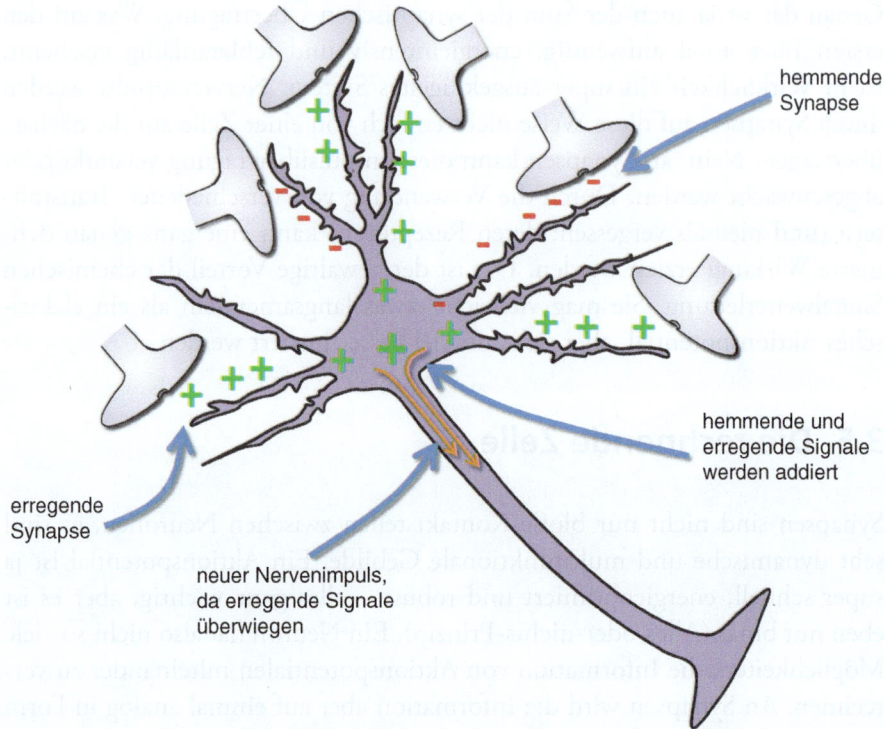

Abb. 3.18 Neurone sind wie kleine Taschenrechner. Über seine Dendriten empfängt das Neuron viele Informationen von Nachbarzellen. Diese können ein neues Aktionspotential begünstigen oder hemmen. Alle Impulse (positiv wie hemmend) werden am Ursprungsort des Axons zusammengebracht. Wenn die positiven Impulse überwiegen, wird ein neues Aktionspotential ausgelöst. Genauso gut können die hemmenden Signale aber auch die Auslösung blockieren. So werden die einkommenden Signale vom Neuron zu einem neuen Signal verrechnet

dass dort kein neuer Nervenimpuls ausgelöst werden kann. Das wäre auch etwas ungünstig, denn die Nervenzelle sollte ja ein Signal nur an einem ganz bestimmten Ort erzeugen. Andernfalls würden die eintreffenden Signale die Nervenzelle überall erregen und das Ganze in einem Signal-Chaos enden. Das ist aber nicht so, denn es gibt nur einen ganz bestimmten Bereich in der Nervenzelle, der einen neuen Nervenimpuls erzeugen kann: den Axonhügel. Dort wo die Hauptnervenfaser, das Axon, aus dem Zellkörper entspringt, ist die Nervenzelle besonders empfindlich für Änderungen der Membranspannung. Also treffen dort alle erregenden und hemmenden Signale ein und werden addiert. Wenn die Erregung überwiegt, wird genau an diesem Ort ein neuer Nervenimpuls erzeugt (Abb. 3.18).

Die Nervenzelle erzeugt also immer nur einen einzigen neuen Nervenimpuls, ganz egal wie viele erregende oder hemmende Signale auf sie eingewirkt haben. Natürlich kann sich ein Axon anschließend in kleinere Verästelungen aufteilen, sodass der Nervenimpuls auf diese Weise vervielfältigt werden kann. Doch ursprünglich wurde nur ein einziges neues Signal erzeugt, und die Information liegt wieder digital in Form eines Aktionspotentials vor.

Dadurch, dass hemmende und erregende Signale ganz einfach durch Summation miteinander verrechnet werden können, stellen Nervenzellen im Prinzip „Rechner im Miniaturformat" dar. Außerdem können nicht nur hemmende und erregende Signale miteinander verarbeitet werden, sondern auch nur erregende Signale. Man stelle sich vor, es kommen viele erregende Signale an einer Nervenzelle an, aber sie sind allesamt recht schwach, und ein einzelner dieser schwachen Impulse würde niemals ausreichen, um einen neuen Impuls zu erzeugen. Jedoch treffen diese erregenden Signale alle gleichzeitig ein – also können sie sich am Axonhügel zu einer starken Erregung addieren, und so wird anschließend doch ein neuer Nervenimpuls ausgelöst. Diesen Prozess nennt man räumliche Summation, weil sich die Impulse von unterschiedlichen Synapsen, die an verschiedenen Orten liegen, addieren. Es gibt allerdings auch noch die zeitliche Summation: Eine Synapse sendet so schnell Impulse auf die Nervenzelle aus, dass sich die Erregungen anschließend in der Nervenzelle und am Axonhügel addieren können. So können auch viele schwache Impulse aus einer einzigen Synapse einen neuen Nervenimpuls auslösen.

Im Prinzip arbeiten Nervenzellen also ähnlich wie ein Relais oder ein Transistor. Und man könnte sagen, dass sich die Prozesse im Gehirn eigentlich gar nicht großartig von elektronischen Schaltkreisen in Computern unterscheiden. Durch einfache „Wenn-dann"-Operationen können Signale dafür sorgen, dass neue Signale erzeugt werden. Ganz nach dem Motto: Wenn mehr erregende Signale als hemmende eintreffen, wird ein neuer Impuls ausgelöst, ansonsten eben nicht. Doch man bedenke: Eine Nervenzelle kann Informationen von vielen Tausend anderen Nervenzellen *gleichzeitig* empfangen, verrechnen und wiederum viele Hundert oder Tausend andere Nervenzellen stimulieren. Dazu kommt, dass im Gegensatz zu elektronischen Systemen, die nur ein „Ja oder Nein" kennen, Nervenzellen auch die *Stärke* der eintreffenden Signale verarbeiten – und diese können eben auch negativ sein. Um das Ganze noch weiter zu verkomplizieren: Wir haben gesehen, dass es nicht nur erregende oder hemmende Botenstoffe gibt, sondern auch Modulatoren (wie die Endorphine oder Dopamin), die selbst keine Nervenimpulse auslösen, aber die Impulsweiterleitung beeinflussen. Auf diese Weise kann die Funktion von Nervenzellen oder Synapsen angepasst werden, die Nervenzelle effizienter arbeiten oder sich in ihrer Struktur verändern.

> **Zwischenruf** Toll. Aber alle diese Prozesse unterscheiden sich ja trotzdem kaum von einem extrem komplexen Computersystem, das noch etwas mehr verarbeiten kann als „Ja oder Nein". Das soll das ganze Geheimnis des menschlichen Denkens sein?

Tatsächlich: All das, was bisher beschrieben wurde, ist eine besonders komplizierte, aber dennoch komplett mathematische Art, Informationen zu verarbeiten. Doch das Besondere des Gehirns, das, was es von allen Maschinen unterscheidet und was für dessen unglaubliche Leistung sorgt, ist etwas ganz anderes – und das ist ein ganz außergewöhnlicher Trick.

Computer sind statisch, die Hardware ist fest verbaut, da ändert sich nichts. Das Gehirn ist anders. Es ist *plastisch*. Es kann sich verändern, es passt sich permanent den äußeren Bedingungen an. Stellen Sie sich die Nervenzellen, die Synapsen, die Axone und all das Drumherum auf keinen Fall als fest verbundenes Netzwerk vor. Denn wir haben es hier mit einem biologischen System zu tun. Und so etwas lebt! Biochemische und zelluläre Prozesse können die Struktur der Nervenzellen verändern. Genau das macht das Geheimnis des Gehirns aus und ist der Grund dafür, dass es sich immer wieder neuen Bedingungen anpassen kann. Man nennt diesen Prozess „Lernen", und das Gehirn lernt ganz besonders gut und sehr gerne (auch wenn man manchmal einen anderen Eindruck hat). Natürlich: Auch Computersysteme können Prozesse lernen und ihre Algorithmen anpassen. Aber das passiert auf einer anderen, der Software-Ebene. Wenn das Gehirn etwas lernt, wird die Hardware umgebaut. Lernvorgänge verändern die Struktur des Gehirns, die ständig so optimiert wird, dass die Impulse bestmöglich verarbeitet werden können. Informationen können daher in der *Struktur des Nervenzellnetzwerks* gespeichert werden. Wenn ein bestimmtes Areal von Nervenzellen ständig aktiviert wird, weil immer dieselbe Information eintrifft (zum Beispiel ein Bild oder ein Ton), so passt sich diese Nervenzellregion dieser Stimulation an. Bei kurzfristigen Prozessen spricht man von Habituation – das bedeutet so viel wie „Gewöhnung". Ein Nervensystem gewöhnt sich beispielsweise schnell an einen lauten Knall, sodass man nicht so sehr erschrickt, wenn es zum zweiten Mal laut knallt. Die Grundlage für die Habituation ist, dass bei einem Impuls, der an einer Synapse ankommt, mit der Zeit nicht mehr so viele Botenstoffe ausgeschüttet werden und sich der Impuls so in der nächsten Zelle abschwächt. Unwichtige, sich häufig wiederholende Reize und Nervenimpulse werden somit abgeschwächt und das Gehirn nicht mit unwichtigen Informationen überlastet.

Richtige Lernvorgänge funktionieren jedoch etwas anders und die biologische Grundlage für Lernvorgänge ist eben die Plastizität des Nervensystems, das heißt die Fähigkeit sich strukturell zu verändern. Alle Lernvorgänge erfordern plastische Veränderungsprozesse im Gehirn, aber nicht jede plastische Veränderung ist auch gleichzeitig ein Lernprozess, denn Lernen bedeutet immer auch, dass neue Fähigkeiten oder Informationen erworben und gespeichert werden können. Eigentlich sind diese plastischen Umbauprozesse ziemlich kompliziert – doch der aufmerksame Leser dieses Buches hat in den vorherigen Kapiteln alle Kenntnisse erworben, um auch dieses (bei aller Bescheidenheit) „Wunder des Gehirns" zu verstehen.

> **Zwischenruf** Jetzt mal nicht unnötig auf die Folter spannen! Wie funktioniert das nun, dass sich Netzwerke aus Nervenzellen verändern und das Gehirn plastisch machen?

Alles fängt mit der Synapse an, dem Ort, an dem Informationen in Form von Botenstoffen von einer Nervenzelle auf die andere übertragen werden. Bisher wurden Synapsen als statische Gebilde beschrieben, doch das sind sie bei Weitem nicht. Synapsen passen sich ihrer Aktivität an. Besonders aktive Synapsen werden verstärkt, Synapsen, die kaum benutzt werden, werden schwächer oder können ganz abgebaut werden.

Betrachten wir dafür eine erregende Synapse. Logischerweise verwendet sie Glutamat, den wichtigsten aktivierenden Neurotransmitter, den es im Gehirn gibt. Normalerweise bindet Glutamat an der Postsynapse an Ionenkanäle, die daraufhin geöffnet werden. Natriumionen strömen in die Postsynapse, die Membranspannung kehrt sich um, ein neuer Nervenimpuls wird ausgelöst. So weit, so gut – ist alles bekannt. Doch es ist etwas anderes, wenn die Synapse extrem aktiviert oder „von der Seite" durch eine zweite Synapse moduliert wird. Auf einmal wird die Postsynapse mit Unmengen an Glutamat überschwemmt. In diesem Fall bindet das ganze Glutamat auch an einen zweiten Rezeptor. Dieser Rezeptor ist ebenfalls ein Ionenkanal, der durch Glutamat geöffnet wird. Nun strömen jedoch keine Natriumionen, sondern Calciumionen ein, und das ändert so einiges in der Zelle (Abb. 3.19).

Wir sind den Calciumionen schon einmal begegnet, sie spielen bei der Fusion der Vesikel mit der Zellmembran eine Rolle. In der Zelle sind Calciumionen etwas Besonderes, denn sie funktionieren wie ein sekundärer Botenstoff. Normalerweise hält ein Neuron sein Cytoplasma frei von Calciumionen. Deswegen merkt die Zelle sofort, dass etwas Ungewöhnliches im Gange ist, wenn auf einmal so viele Calciumionen einströmen. Kaum in die Zelle gelangt, binden diese besonderen Ionen an spezielle Proteine. Das können die schon bekannten Fusionsproteine sein, die daraufhin aktiv werden, oder sehr viele andere Enzyme oder regulatorische Proteine, die sofort nach ihrer Bindung an

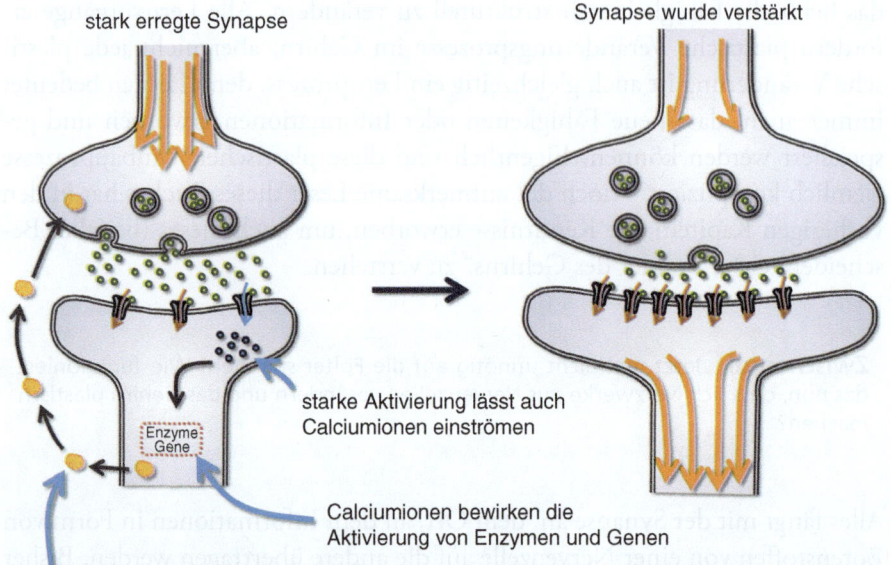

Abb. 3.19 Synapsen können optimiert werden. *Links* sieht man was passiert, wenn es an einer Synapse so richtig rund geht. Eine sehr starke Aktivierung der Postsynapse durch Glutamat aktiviert auch besondere Ionenkanäle, die Calciumionen in die Postsynapse einströmen lassen. Diese lösen in der Zelle Anpassungsreaktionen aus, Gene können aktiviert oder Enzyme reguliert werden. So können auch Botenstoffe ausgeschüttet werden, die zur Präsynapse zurückgelangen und dafür sorgen, dass sich die Synapse verstärkt (im Bild *rechts*): Der synaptische Spalt wird schmaler und es werden mehr Ionenkanäle eingebaut. Wenn das nächste Mal ein Impuls kommt, wird er umso stärker weitergeleitet

die Calciumionen ihre Funktion ändern. Führt nun in diesem Fall Glutamat zur Öffnung der Calciumkanäle, werden im Folge-Neuron viele Prozesse angestoßen, die die Struktur der Synapse nachhaltig verändern können.

Ein Zielprotein der Calciumionen ist ein Enzym, das seinerseits einen Transmitter herstellt, der zur Präsynapse zurückwandern kann. So teilt die Postsynapse der Präsynapse quasi mit: „Alles okay, Botschaft ist angekommen. Wir sollten jetzt an unserer Kommunikation arbeiten. Ich baue mal noch mehr Ionenkanäle ein und du schüttest noch mehr Glutamat aus". Natürlich bleibt ein solcher Ruf der Postsynapse nicht ungehört. Sofort fängt die Präsynapse an, ihre Vesikelspeicher und die Membranfläche zu vergrößern, so werden beim nächsten Impuls (auch wenn er noch Stunden oder Tage auf sich warten lässt) noch mehr Glutamat-Transmitter freigesetzt. Auch die Postsynapse bleibt nicht tatenlos: Sie wappnet sich für den nächsten Glutamat-Ansturm, baut ihre Membran um und mehr Glutamatrezeptoren ein.

Die Synapse wird also beim nächsten Mal viel besser funktionieren und den Impuls effektiver weiterleiten.

So ein Effekt kann durchaus von langer Dauer sein. Solche Synapsenstrukturen werden ja nicht mal eben auf- und wieder abgebaut. Die beiden beteiligten Neurone meinen es ja ernst mit ihrer Verbindung, und wenn der Kontakt einmal richtig eng geworden ist, kann er es auch für Stunden, Tage oder Jahre bleiben. Vorausgesetzt man „spricht" regelmäßig miteinander. Wie in einer guten Beziehung verbessert die Kommunikation das Zusammengehörigkeitsgefühl, und wenn Prä- und Postsynapse in ständigem Transmitteraustausch bleiben, wird sie auch so schnell nichts mehr trennen. Dennoch: Synapsen sind nicht unbedingt treu. Wenn die Präsynapse nicht mehr so aktiv ist, der Glutamat-Strom nachlässt, verliert auch die Postsynapse mit der Zeit das Interesse und die Verbindung schwächt sich wieder ab. Der synaptische Spalt wird wieder etwas breiter und die Prä- und Postsynapse rücken weiter auseinander. Auch vor einer vollständigen Trennung schrecken sie nicht zurück. Glücklicherweise sind Synapsen nicht sonderlich nachtragend und sobald die Glutamat-Ausschüttung wieder ansteigt, wird auch ihr inniges Verhältnis erneuert.

Das ist es, was man synaptische Plastizität nennt. Indem beide Teile der Synapse miteinander kommunizieren, können sie das Ausmaß ihrer Verbindung anpassen. Synapsen sind also sehr dynamisch, und man kann sich leicht vorstellen, dass auf diese Weise ganze neuronale Netze umgebaut werden können. Die Anpassungsfähigkeit der Synapsen im Kleinen, der Auf- und Abbau, die Strukturveränderungen, die mit ihrer Aktivierung einhergehen, all das ist die Voraussetzung für die Plastizität des Gehirns im Großen. Informationen können auf diese Weise gespeichert werden, indem Nervenzellverbindungen nach einem ganz bestimmten Muster aktiviert und umgebaut werden. Dabei spielt es nicht nur eine Rolle, dass Synapsen verstärkt werden können. Auch neue Formen der Verschaltung oder die Erzeugung von neuen Synapsen sind wichtig. So kann sich ein Nervenzellgeflecht immer wieder an geänderte Bedingungen, neue Informationen oder ungewohnte Reize anpassen. Einige der Möglichkeiten, wie sich die Verschaltungen von Synapsen verändern können, sind in Abb. 3.20 gezeigt.

Synapsen können nach einer besonders starken Aktivierung verstärkt werden (Abb. 3.20a). Die Vorgänge wurden schon beschrieben: starker Calciumionen-Einstrom in der Postsynapse, Aktivierung von Enzymen, Ausschüttung von Botenstoffen und anschließend Umbau der Synapsstruktur (inklusive Einbau von Ionenkanälen, Vergrößerung der Kontaktfläche, verstärkte Speicherung von Vesikeln). Nicht unerwähnt bleiben soll an dieser Stelle, dass der Ausbau von Synapsen natürlich auch durch Neuromodulatoren oder andere Synapsen beeinflusst werden kann. Wie beispielsweise bei den „Endorphin-

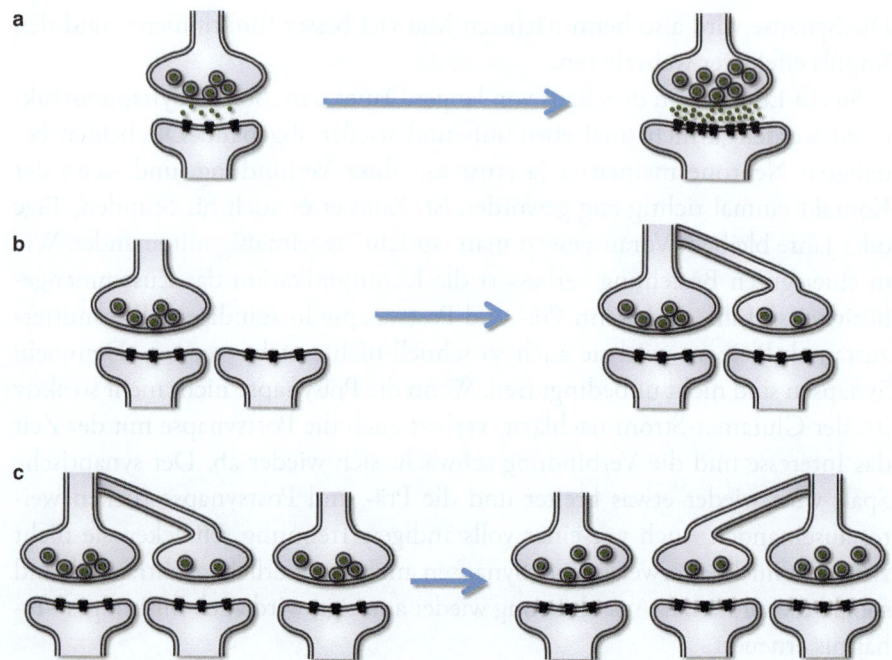

Abb. 3.20 Synapsen können umgebaut werden. Synapsen eignen sich deswegen so gut für die Informationsverarbeitung, weil sie so dynamisch umgebaut werden können. **a** Ein eintreffender starker Impuls kann die Effizienz der Synapse erhöhen. Mehr Ionenkanäle und Vesikel mit Neurotransmittern sorgen beim nächsten Impuls für eine bessere Übertragung. **b** Synapsen können neu entstehen, sich zu neuen Zielzellen verzweigen und die Erschließung von neuen Nervenzellverbünden ermöglichen. **c** Synapsen können andere Synapsen auch verdrängen und somit ein neuronales Netz umgestalten

Synapsen" im vorigen Abschnitt gezeigt, können (quasi von der Seite) andere Synapsen „zwischenfunken". Auch so können die Synapseninfrastruktur beeinflusst und Umbauprozesse erleichtert werden.

Synapsen können aber nicht nur verstärkt, sondern auch gänzlich neu gebildet werden (Abb. 3.20b). Dies spielt vor allem in der frühen Entwicklungsphase des Gehirns eine Rolle. Interessant ist dabei besonders, dass zu Beginn des Lebens sehr viel mehr Synapsen im Gehirn existieren, als in späteren Lebensphasen. Das Gehirn ist zu Beginn quasi darauf eingestellt, dass es sehr viele neue Reize verarbeiten muss. Um damit klarzukommen, ist die Vernetzung besonders stark. Im Laufe der Zeit bahnen sich die neuen Reize und Informationen ihren Weg ins Nervensystem, sodass ein ganz charakteristisches Vernetzungsmuster entsteht. Die Synapsen, die dafür nicht benötigt werden, werden im Laufe der Zeit abgebaut (so eine Synapse kostet ja auch eine Menge Energie).

Eine weitere Möglichkeit, die Verknüpfung von Nervenzellen anzupassen, besteht in einer Umverschaltung von Synapsen (Abb. 3.20c). Während sich eine Synapse abschwächt, wird der frei gewordene Platz von einer anderen Synapse übernommen. So können Nervenzellen an andere Nervenverbindungen und Netzwerke angeschlossen werden und ihre Funktion in andere Aktivierungsmuster integrieren.

Man sieht dabei sehr schön: Der Geistesblitz ist mehr als ein bloßer Nervenimpuls. Ein Nervenimpuls an sich ist ja auch recht langweilig: Durch die Ionenströme an einer Zellmembran können Informationen in Form von Aktionspotentialen sehr schnell und energieoptimiert weitergeleitet werden (man erinnere sich an die sprunghafte Weiterleitung der Nervenimpulse, die durch die Oligodendrocyten ermöglicht wird). Aber das Geheimnis des Nervensystems liegt in der Übertragung der Nervenimpulse an den Synapsen. Diese können verstärkt oder umgebaut werden, bieten die Möglichkeit, viele Informationen zu verrechnen oder zu modulieren, und stellen die Grundlage dafür dar, dass sich ein Nervensystem plastisch anpassen kann. Das kann kein Computer und erlaubt es dem Gehirn, nahezu unbegrenzt Informationen zu speichern oder neu zu verknüpfen.

Damit ist die biologische Grundlage für den Geistesblitz klar. Zwei Dinge sind dafür erforderlich: Ein Nervenimpuls muss schnell und zuverlässig in einem Binärcode (Alles-oder-nichts-Prinzip) weitergeleitet werden, und das Nervensystem muss sich plastisch anpassen können (Stichwort: Umbau von Synapsen). Dies ist quasi die Hardware des Gehirns und damit kann es alle wichtigen Aufgaben wahrnehmen, neue Funktionen lernen und Informationen speichern.

Auch kreative Prozesse sind dadurch möglich, doch diese spielen sich auf einer anderen Ebene ab. Damit man versteht, was in einem Gehirn passiert, wenn es kreativ Gedanken verarbeitet, muss man die dynamischen Netzwerkprozesse betrachten. Und dafür habe ich Kap. 4 vorbereitet.

4
Der Geistesblitz

Auf, auf zum letzten Kapitel dieses Buches. Der ein oder andere Leser wird schon ungeduldig warten und fragen: Wann kommt er denn nun endlich, der eigentliche Geistesblitz? Bisher ging es ja immer um das Gehirn, seine Zellen und wie sie funktionieren – aber wie entsteht daraus nun eine neue, kreative Idee?

Nur die Ruhe, wir werden uns ja jetzt mit der Königsdisziplin des Gehirns befassen. Denn Gehirne können wirklich viel: Sie erkennen und ordnen Sinneseindrücke, sie erzeugen schöne und weniger schöne Gefühle. Mit unseren Gehirnen erinnern wir uns an alte Zeiten oder planen neue. Wir lösen Probleme, analysieren, strukturieren und finden uns so mehr oder weniger gut in unserer Welt zurecht. Alles schön und gut. Aber die Krönung aller Hirnfunktionen ist doch das Schaffen von Neuem, die kreative Eingebung.

Wie oft haben wir schon vor unlösbar scheinenden Problemen gestanden und uns nach der erlösenden Inspiration gesehnt? Wer möchte nicht gerne die nächste bahnbrechende Idee haben, die nächste revolutionäre Erfindung machen? Überall werden sie gesucht, die Kreativen. Egal ob auf dem Fußballplatz oder bei der Entwicklung eines neuen Produktes – es sind die kreativen Köpfe, die den Unterschied ausmachen. Wir bewundern sie, die Künstler, Musiker, Schriftsteller oder Filmemacher, diejenigen, die scheinbar aus dem Nichts eine neue wunderbare Idee produzieren.

Aber ist das überhaupt möglich? Kann man einfach so (auf Knopfdruck gewissermaßen) kreativ sein und etwas noch nie Dagewesenes hervorbringen? Was passiert da eigentlich in unserem Gehirn, wenn uns etwas Neues einfällt? Der aufmerksame Leser der vorigen Kapitel weiß jetzt alles, was zum Verständnis von Kreativität notwendig ist: wie das Gehirn aufgebaut ist, welche Zellen mitmachen und wie sie miteinander kommunizieren. Kommunikation, das ist auch das Stichwort. Denn neue Ideen entstehen durch den regen Austausch von verschiedenen Hirnregionen – und dazu stehen diese in ständigem Kontakt, wie schon das Eröffnungsbild dieses Kapitels zeigt (Abb. 4.1).

Lüften wir nun das letzte Geheimnis dieses Buches: Was ist das – ein Geistesblitz?

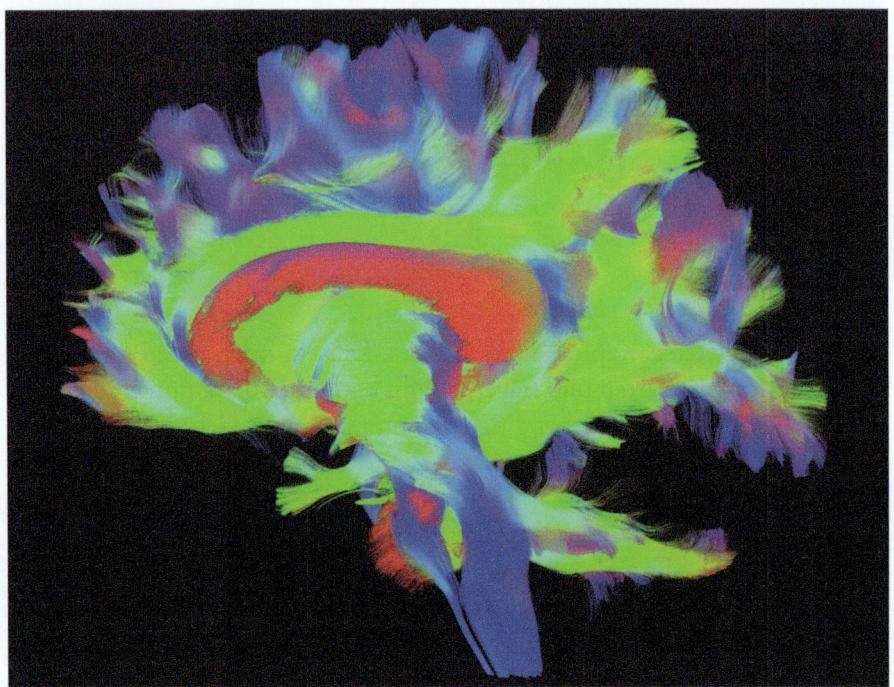

Abb. 4.1 Nervenfasern im Gehirn. In dieser Abbildung sind die wichtigsten Nervenfasern im Gehirn in unterschiedlichen Farben gezeigt. Man sieht: Alle Regionen sind total gut miteinander vernetzt. Blaue Fasern verknüpfen oben und unten, grüne links und rechts und rote Fasern laufen im rechten Winkel zu dieser Bildebene. Vor allem der Balken (*der rote Bogen in der Mitte*) enthält viele Nervenfasern, er verknüpft schließlich auch die beiden Gehirnhälften. Wer genau wissen will, wie dieses Bild entstanden ist und wie man so etwas nutzt, um Kreativität zu erforschen, findet in diesem Kapitel die Antwort. (Abbildung zur Verfügung gestellt von Michael Bach, DKFZ, Heidelberg)

4.1 Das Gehirn bei der Arbeit

4.1.1 Ins Netz gegangen: Das Gehirn arbeitet mit Tricks

Wenn man verstehen will, wie so ein Geistesblitz entsteht, muss man sich zunächst überlegen, wie ein Gehirn grundsätzlich arbeitet. Im Verlauf der Lektüre dieses Buches dürfte eines klar geworden sein: Das Gehirn ist schon ein bisschen kompliziert und auf den ersten Blick unübersichtlich. Das Netzwerk zwischen den Neuronen muss die Informationen irgendwie verrechnen, nach gewissen Regeln, die sich von einem gewöhnlichen Computer unterscheiden. Denn der eine oder andere hat es sicher schon bemerkt: Selbst Großrechnern, die ganze Stockwerke ausfüllen, ist unser Gehirn noch überlegen, wenn es um das Erzeugen von neuen kreativen Einfällen geht. Das liegt auch daran, dass ein Gehirn anders arbeitet als ein Computer, und zwar auf den ersten Blick

„schlechter", denn ein Gehirn ist vergleichsweise langsam und macht viele Fehler. Ein Computer mit zwei Gigahertz Taktfrequenz führt in einer Sekunde zwei Milliarden Rechenschritte aus. Da kann ein Gehirn bei Weitem nicht mithalten. Man erinnere sich: Aktionspotentiale können in der Regel nur alle zwei Millisekunden entstehen, also arbeitet ein Neuron mit einer maximalen Taktfrequenz von 500 Hertz und daher etwa vier Millionen Mal langsamer als ein Computer! Trotzdem erkennt ein Gehirn im Bruchteil einer Sekunde ein Gesicht oder einen leckeren Käsekuchen. In einer so kurzen Zeit sind vielleicht gerade mal 100 Verarbeitungsschritte möglich. Das ist unerhört wenig, Computer benötigen dafür Tausende oder mehr Rechenoperationen.

Als wäre das noch nicht genug, machen Neurone auch noch recht häufig Fehler, und zwar etwa eine Milliarde Mal so häufig wie ein Computer. Trotzdem sind Gehirne und Nervensysteme recht robust: Wenn einige wenige Nervenzellen absterben, können ihre Kollegen deren Job übernehmen und das System bleibt stabil. Fällt in einem Computerchip jedoch eine Leitung aus, war's das und der Prozessor streikt.

Irgendwie scheinen Gehirne und Computer nach grundsätzlich verschiedenen Prinzipien zu arbeiten. Denn auch wenn Computer Informationen millionenfach so schnell wie ein Gehirn verarbeiten mögen, beim Malen von künstlerisch ansprechenden Bildern oder dem Komponieren von Musik haben sie gegen den Menschen keine Chance. Irgendetwas Besonderes muss es also mit dem Gehirn auf sich haben. Es ist ja so klein und leicht und trotzdem unfassbar leistungsfähig.

Zwischenruf Sekunde mal! Wenn das Gehirn ein großer Haufen langsamer, fauler und schlecht rechnender Zellen ist, wie sollen da kreative Geistesblitze entstehen?

Nun, ganz so schlimm geht es im Gehirn doch nicht zu. Es arbeitet nur eben anders, mit Tricks und Abkürzungen. Nehmen wir zur Vereinfachung mal an, mein Gehirn bestehe aus nur drei Neuronen. Manch einer wird sagen: Wo ist die Vereinfachung? Doch gemach! Auch ein solch simples Netzwerk kann erstaunliche Rechenleistungen vollbringen.

Ich bin Neurobiologe, deswegen sind bei meiner wissenschaftlichen Arbeit drei Situationen besonders wichtig:

1. Mein Chef will etwas mit mir besprechen.
2. Ich treffe meine Kollegen Christopher und Sofia.
3. Ich bin im Labor.

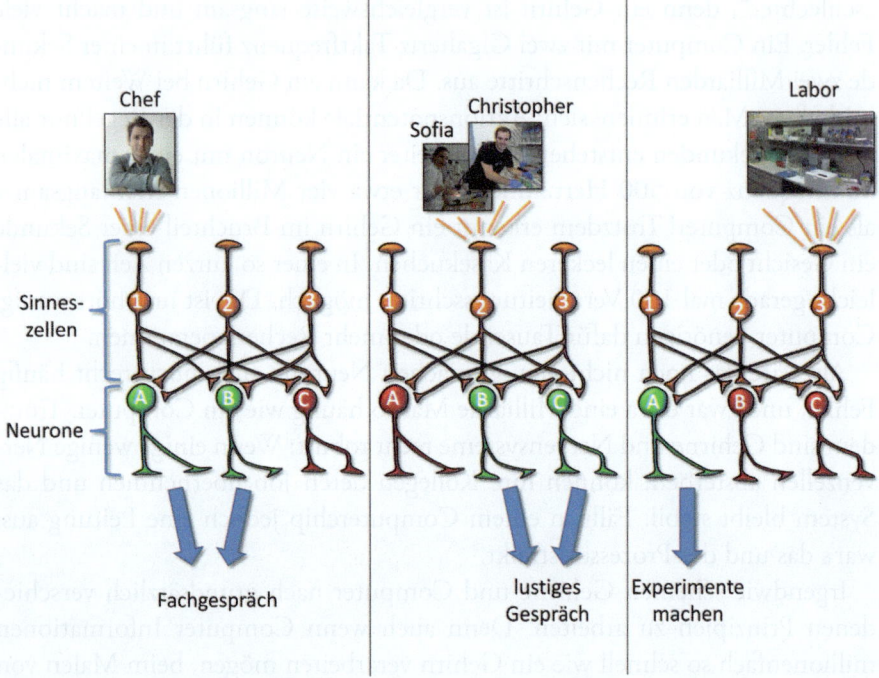

Abb. 4.2 Mein Drei-Neuronen-Gehirn verarbeitet Informationen. Mein Nervensystem besteht aus drei Sinneszellen (*1*, *2* und *3*) und einem Gehirn aus drei Neuronen (*A*, *B* und *C*). Die Verschaltungen sind so optimiert, dass jede Erregung der Sinneszellen ein passendes Aktivierungsmuster im Gehirn hervorruft. *Links:* Ich treffe meinen Chef, Sinneszelle 1 wird erregt und Neurone A und B aktiviert (*aktive Neurone immer in Grün, inaktive in Rot*). Dieses Muster bedeutet, dass ich ein Fachgespräch mit meinem Chef führe. Mitte: Ich sehe Sofia und Christopher, Sinneszelle 2 wird erregt und löst die Aktivierung der Neurone B und C aus, was zu einer lustigen Unterhaltung mit den beiden führt. Rechts: Im bin im Labor, worauf Sinneszelle 3 anspricht und ausschließlich Neuron A aktiviert. Folge: Ich experimentiere im Labor

Gerate ich in eine dieser drei Situationen, so sollte ich mich entsprechend verhalten:

1. Ich unterhalte mich mit meinem Chef und plane die nächsten bahnbrechenden Experimente.
2. Mit Christopher und Sofia unterhalte ich mich auch, und wir machen ein paar Witze. Das ist gut, denn wie wir noch sehen werden, kann Humor hilfreich sein, wenn man kreativ arbeiten will.
3. Im Labor stürze ich mich voller Tatendrang auf meine Arbeit und experimentiere los.

Wie können diese Situationen in meinem Drei-Neuronen-Gehirn verarbeitet werden? Man betrachte Abb. 4.2.

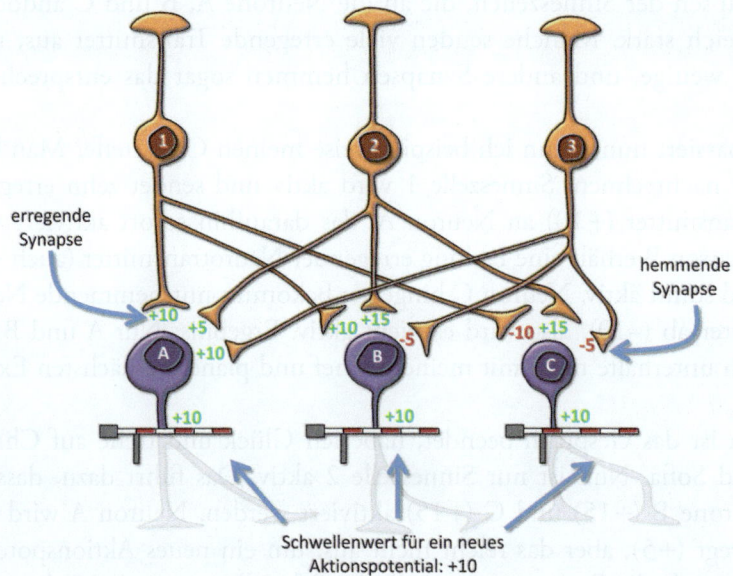

Abb. 4.3 Die Synapsen im neuronalen Netz sind unterschiedlich stark. Die drei Sinneszellen bilden jeweils zu allen Neuronen Synapsen aus. Diese Synapsen aktivieren oder hemmen die Neurone jedoch unterschiedlich stark. Bevor ein Neuron ein eigenes Aktionspotential erzeugen kann, sammelt es alle eintreffenden Signale und addiert sie. Wenn die Summe der Eingangssignale über dem Schwellenwert (in diesem Fall +10) liegt, wird ein neues Aktionspotential ausgelöst, wenn nicht, bleibt das Neuron inaktiv

Mein Nervensystem besitzt drei Sinneszellen, die erkennen, was gerade los ist, und die diese Information weitergeben. Wird Sinneszelle 1 aktiviert, so befindet sich vor mir gerade mein Chef. Sinneszelle 2 reagiert auf die Anwesenheit meiner Laborkollegen Christopher und Sofia, und Sinneszelle 3 erkennt, dass ich mich im Labor befinde. Jede dieser Sinneszellen ist mit den drei Gehirnzellen verbunden, also ergeben sich insgesamt 3×3 =9 Verbindungen. Damit ich mich entsprechend verhalte, müssen diese drei Neurone ein bestimmtes Aktivitätsmuster aufweisen: Sind Neurone A und B aktiv, so erzeugen sie ihrerseits Aktionspotentiale, senden diese aus dem Gehirn raus und aktivieren auf diese Weise Muskeln, sodass ich mit meinem Chef spreche. Sind B und C aktiv, führt dies zu einer lustigen Unterhaltung mit Sofia und Christopher. Ist nur A aktiv, so experimentiere ich im Labor.

Nun wird eine Nervenzelle ja nicht einfach so aktiv. Wir haben ja gesehen, dass ein Aktionspotential erst dann ausgelöst wird, wenn eine gewisse Aktivierungsschwelle am Axonhügel überschritten wird. An jedem Neuron werden daher alle eintreffenden Signale der Sinneszellen summiert und erst ab dem charakteristischen Schwellenwert ein neues Aktionspotential erzeugt. Nehmen wir in diesem Beispiel mal an, dass ein Neuron erst ab zehn positiven eintreffenden Signalen aktiv wird. Wie man in Abb. 4.3 sieht, sind die Synapsen der Sinneszellen, die an die Neurone A, B und C andocken, nicht gleich stark. Manche senden viele erregende Transmitter aus, manche nur wenige, und andere Synapsen hemmen sogar das entsprechende Neuron.

Was passiert nun, wenn ich beispielsweise meinen Chef treffe? Man kann es leicht nachrechnen: Sinneszelle 1 wird aktiv und sendet zehn erregende Neurotransmitter (+10) an Neuron A, das daraufhin sofort aktiviert wird. Auch Neuron B erhält eine Ladung erregender Neurotransmitter (auch +10) und wird somit aktiv. Neuron C hingegen bekommt nur hemmende Neurotransmitter ab (–10), also wird es nicht aktiv. Ergebnis: Nur A und B sind aktiv, ich unterhalte mich mit meinem Chef und plane die nächsten Experimente.

Kaum ist das Gespräch beendet, habe ich Glück und treffe auf Christopher und Sofia. Nun ist nur Sinneszelle 2 aktiv. Das führt dazu, dass nur die Neurone B (+15) und C (+15) aktiviert werden. Neuron A wird zwar auch erregt (+5), aber das reicht nicht aus, um ein neues Aktionspotential auszulösen, da die Erregung unterhalb des Schwellenwertes (+10) liegt. Die Folge: Ich unterhalte mich mit Sofia und Christopher. Die beiden sind aber in Eile und so dauert das Gespräch nicht sehr lange. Kaum sind sie weg, werfe ich einen Blick ins Labor und plötzlich wird Sinneszelle 3 aktiv. Daraufhin springt Neuron A an (+10), die Neurone B und C werden jeweils gehemmt (–5). Ergebnis: Ich fange an zu arbeiten. Ein ganz normaler Tag also.

> **Zwischenruf** Wie schön für dich! Aber was ist nun der Vorteil dieses Systems? Das scheint doch alles recht kompliziert. Geht das nicht auch einfacher?

Tatsächlich, auf den ersten Blick scheint ein solches neuronales Netz Nachteile zu haben: Es hat nur drei Ein- und Ausgänge, und doch sind die Zellen über neun Verbindungen miteinander verknüpft. Das ist doch ein hoher Aufwand, denn jede Verknüpfung kostet Energie und die Synapsen arbeiten vergleichsweise langsam. Man muss sich jedoch überlegen, wie ein gewöhnlicher Computer die eintreffenden Signale verarbeiten würde. Computer arbeiten nach Rechenvorschriften, den Algorithmen. Ein solcher Algorithmus könnte lauten: Gehe zu Sinneszelle 1, ist sie aktiv, so prüfe, ob Sinneszellen 2 und 3 nicht aktiv sind. Wenn dies der Fall ist, so löse Muster A+B aus. Ist Sinneszelle 1 nicht aktiv, so gehe zu Sinneszelle 2 und prüfe, ob sie aktiv ist, und so fort. Auf diese Weise würden nacheinander alle Sinneszellen abgearbeitet und ein entsprechendes Ergebnis im Gehirn ausgelöst werden.

In dem vorliegenden Drei-Neuronen-Gehirn mag eine solche serielle (also nacheinander durchgeführte) Verarbeitung noch recht schnell gelingen, aber tatsächlich sind Gehirne etwas komplizierter aufgebaut. Die unterschiedlichen Rechenvorschriften steigen mit zunehmender Zahl der Sinnes- und Nervenzellen extrem an. Wenn man bedenkt, dass allein von den beiden Augen etwa zwei Millionen Sehnervenfasern das Gehirn erreichen und jedes der erreichten Neurone wiederum mit 10000 anderen Neuronen verknüpft ist, wird schnell klar, dass ein Nacheinander-Ausrechnen der einzelnen Informationen viel zu langsam wäre. Außerdem sind solche seriellen Systeme auch sehr störanfällig. Ein einziger Fehler genügt, und schon sind alle folgenden Operationen hinfällig.

Ein serielles Rechensystem eignet sich vielleicht, um am Computer ein lustiges Autorennspiel zu spielen, aber für das Gehirn ist es völlig ungeeignet. Deswegen verrechnet es Informationen ja auch in einem Netzwerk, und das hat tolle Vorteile:

1. Neuronale Netze sind sehr schnell, denn die eintreffenden Informationen werden gleichzeitig (parallel) verarbeitet. In meinem Drei-Neuronen-Gehirn ist jedes Neuron (A, B und C) mit allen Sinneszellen gleichzeitig verbunden. Die eintreffende Information erreicht also *sofort alle* Neurone, die simultan mit der Verrechnung beginnen.
2. Neuronale Netze sind robust. Viele Synapsen teilen sich die Arbeit auf – und wenn eine Synapse mal ein bisschen schlapp macht und zu wenige Neurotransmitter ausschüttet, kann das neuronale Netz trotzdem noch sinnvoll aktiviert werden. Letztendlich zählen nämlich nicht nur die einzelnen Synapsen, sondern das große Aktivierungsmuster vieler Millionen Neurone. Da die Rechenoperationen der einzelnen Neurone nicht aufeinander aufbauen, fällt ein einzelner Fehler auch nicht so sehr ins Gewicht.
3. Neuronale Netze kommen mit neuen Situationen zurecht. Bei einem seriellen System muss man immer *im Vorhinein* festlegen, was ein bestimmtes Aktivierungsmuster der Neurone bedeuten soll. Ein neuronales Netz kann hingegen auch mit einer unbekannten Situation fertig werden. Es könnte ja passieren, dass ich gleichzeitig auf meinen Chef, Sofia und Christopher treffe. Einem Computer muss man vorher sagen, was er in einem solchen Fall zu tun hat. Bei meinem Drei-Neuronen-Gehirn ist das gar kein Problem, denn: Neuron A wird von Sinneszelle 1 (+10) und Sinneszelle 2 (+5) aktiviert. Neuron B ist ebenfalls aktiv (+10 von Sinneszelle 1, +15 von Sinneszelle 2). Neuron C ist hingegen nicht aktiv, Sinneszelle 1 hemmt das Neuron (-10), da reicht auch die Aktivierung von Sinneszelle 2 (+15) nicht aus, um über den Schwellenwert von +10 zu kommen. Ergebnis: Nur A und B sind aktiv, ich bin ein Streber und unterhalte mich mit meinem Chef, anstatt mit Sofia und Christopher zu scherzen.

4. Neuronale Netze sind dynamisch. Eine Computerhardware (Chip, Festplatte, egal was) besteht immer aus festen Bauteilen und ändert nur selten seine Form. Mir sind jedenfalls noch keine Computer aufgefallen, die ihre Verbindungen selbstständig umbauen. Anders jedoch in einem neuronalen Netz. Im vorigen Kapitel ist ja eines besonders deutlich geworden: Synapsen sind extrem dynamisch und verändern sich in ihrer Stärke oder Funktion. Wenn man so will, ist nichts im Gehirn von Dauer. Damit eine Synapse bleibt, muss sie ständig neu aktiviert werden, sonst stirbt sie ab. So können sich Netzwerke selbstständig komplett umbauen und völlig neue Funktionen gewinnen.

> **Zwischenruf** Aber wie entsteht nun so ein neuronales Netzwerk? Selbst in einem Drei-Neuronen-Gehirn müssen die Synapsenstärken ja irgendwie eingestellt werden. Woher wissen die Nervenzellen, wie stark oder schwach die Synapsen sein müssen?

Sie wissen es nicht! Kein Neuron, kein Gehirn weiß, wie es später einmal aussehen wird. Es gibt keinen Bauplan für die Verknüpfungen. Der Mensch hat auch gar nicht genügend Platz, um die ganze Architektur des Gehirns irgendwo abzuspeichern. Eine einfache Überlegung macht dies deutlich: Wie in Kap. 2 besprochen, ist in der DNA nahezu die komplette Erbinformation gespeichert. Die komplette DNA einer Zelle besteht aus drei Milliarden Basenpaaren, an jeder Stelle können vier unterschiedliche Basen (A, C, T, G), also vier Informationseinheiten stehen. Das bedeutet, dass jede Stelle der DNA einen Informationsgehalt von zwei Bit hat, denn ein Bit codiert für zwei Informationseinheiten (im Computer: ja oder nein). Die gesamte DNA enthält also sechs Milliarden Bit. Acht Bit sind ein Byte, also sind in der DNA etwa 750 MB Daten gespeichert. Dazu kommt noch: Der größte Teil der DNA codiert gar nicht für irgendwelche Gene (ich erinnere an den Begriff der „Müll-DNA"), so bleiben nur knapp 80 MB Daten übrig, um eine komplette Zelle zu konstruieren. Wenn man mal annimmt, dass es im Gehirn etwa 100 Mrd. Nervenzellen gibt und jede Nervenzelle durchschnittlich mit 10.000 anderen Neuronen verknüpft ist, so entstehen eine Billion Verknüpfungen (von denen jede stark, mittelstark, schwach, aktivierend, hemmend oder irgendwie modulierend sein kann). Da kann die DNA nicht mithalten.

Der Witz ist nämlich: Ein neuronales Netz im Gehirn konstruiert sich selbst! Ohne vorgegebenen Bauplan! Das kann man wieder gut an meinem Drei-Neuronen-Gehirn erklären: Wenn man als Neuling anfängt, in einer wissenschaftlichen Arbeitsgruppe zu arbeiten, dann weiß man noch nicht genau, was man zu tun hat. Das Gehirn hat sich auch noch gar nicht vollständig entwickelt, und die Synapsen haben zufällige Stärken von sagen wir

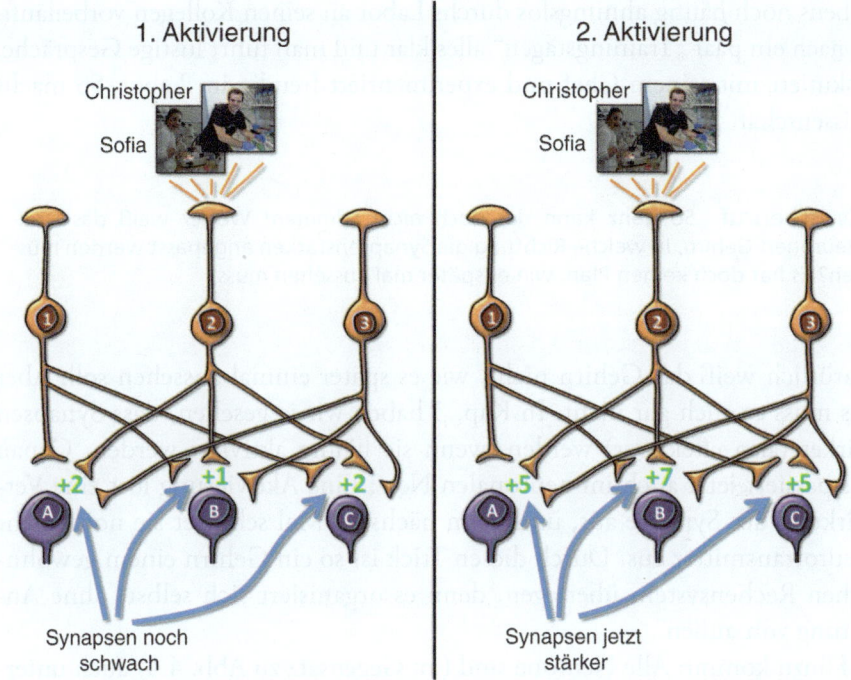

Abb. 4.4 Ein neuronales Netz lernt. *Links:* Zu Beginn ist mein Drei-Neuronen-Gehirn noch unausgereift und die Synapsen noch recht schwach. Auch wenn ich auf Sofia und Christopher treffe, wird in meinem Gehirn kein Aktivierungsmuster ausgelöst, und ich werde mich nicht mit ihnen unterhalten. Die Synapsen werden jedoch mit jeder Aktivierung stärker, sodass bei der nächsten Aktivierung mehr Neurotransmitter ausgeschüttet werden (*rechts*). So werden Schritt für Schritt die Synapsenstärken angepasst. Mein Gehirn lernt

+1 oder +2. Was passiert nun, wenn man als Neuankömmling auf Sofia und Christopher trifft? Ganz klar: Es wird wieder Sinneszelle 2 aktiviert. Nun aber passiert nichts weiter, denn die Synapsen sind mit einer Stärke von +1 oder +2 jeweils zu schwach, um die Neurone B und C zu aktivieren. Man steht also teilnahmslos neben Sofia und Christopher und wird sich nicht mit ihnen unterhalten. Nun kann man sich vorstellen, dass das System erkennt, dass dies nicht das bestmögliche Verhalten war (ein Gespräch mit den beiden ist nämlich immer sehr lustig), aber durch ihre Aktivierung werden die Synapsenstärken ein bisschen angepasst und leicht erhöht. Schrittweise lernt so das System, welche Synapsen wie stark oder schwach sein müssen, damit das bestmögliche Verhalten ausgelöst wird (Abb. 4.4).

Dies geschieht mit allen möglichen Aktivierungsmustern der drei Sinneszellen immer wieder. Das System lernt recht langsam, dafür aber sehr robust. Denn irgendwann haben die Zellen untereinander ihre bestmögliche Verknüpfung ausgebildet – und während man zu Beginn seines Wissenschaftler-

Lebens noch häufig ahnungslos durchs Labor an seinen Kollegen vorbeiläuft, ist nach ein paar „Trainingstagen" alles klar und man führt lustige Gespräche, diskutiert mit seinem Chef und experimentiert freudig im Labor. So macht Wissenschaft Spaß!

> **Zwischenruf** So ganz kann das doch nicht stimmen! Woher weiß das Drei-Neuronen-Gehirn, in welche Richtung die Synapsenstärken angepasst werden müssen? Es hat doch keinen Plan, wie es später mal aussehen muss!

Natürlich weiß das Gehirn nicht, wie es später einmal aussehen soll. Aber das muss es auch gar nicht. In Kap. 3 haben wir ja gesehen, dass Synapsen stärker (also effektiver) werden, wenn sie häufig aktiviert werden. Genau das passiert jetzt auch im neuronalen Netz: Eine Aktivierung löst eine Verstärkung der Synapse aus, und beim nächsten Mal schüttet sie noch mehr Neurotransmitter aus. Durch diesen Trick ist so ein Gehirn einem gewöhnlichen Rechensystem überlegen, denn es organisiert sich selbst, ohne Anleitung von außen.

Hinzu kommt: Alle Neurone sind (im Gegensatz zu Abb. 4.4) auch untereinander verbunden, so kann sich das Netzwerk deutlich besser selbst trainieren. Betrachten wir uns hierfür ein Beispiel-Netzwerk aus 3×3 Sinneszellen und 10×10 Neuronen (mein Gehirn hat also dieses Mal 100 Neurone, das ist doch mal ein Fortschritt). Jede Sinneszelle ist mit jedem Neuron verbunden, und alle Neurone sind untereinander ebenfalls verbunden. Auf den ersten Blick wird das sehr unübersichtlich, denn in meinem 100-Neuronen-Gehirn entstehen so 9900 (100×99) Verknüpfungen. Entscheidend ist dabei: Wenn ein Neuron aktiviert wird, so aktiviert es auch seine Nachbarneurone, aber weiter entfernt liegende Neurone werden gehemmt. Was passiert nun also, wenn ein bestimmtes Muster auf die Sinneszellen fällt?

Man sieht in Abb. 4.5 exemplarisch, wie das gesamte Erregungsmuster der neun Sinneszellen auf ein Neuron übertragen wird. Natürlich passiert das bei allen 100 Neuronen gleichzeitig (wie man sich leicht denken kann, würde ein solches Schaubild komplett undurchschaubar, deswegen ist dies hier nur für ein Neuron exemplarisch gezeigt). An jedem Neuron werden also alle eintreffenden neun Signale zusammen verrechnet (ganz genauso wie zuvor in meinem Drei-Neuronen-Gehirn), insgesamt führt mein Gehirn jetzt also 900 (9×100) Rechenoperationen *gleichzeitig* aus.

Wenn das Gehirn noch keine Ahnung hat, sind die Synapsenstärken zwischen den Sinneszellen und den Neuronen noch zufällig verteilt. Manche Synapsen sind zufällig eher stark, andere eher schwach. Dadurch kann es zufällig dazu kommen, dass ein bestimmtes Neuron (oder auch mehrere) aktiviert

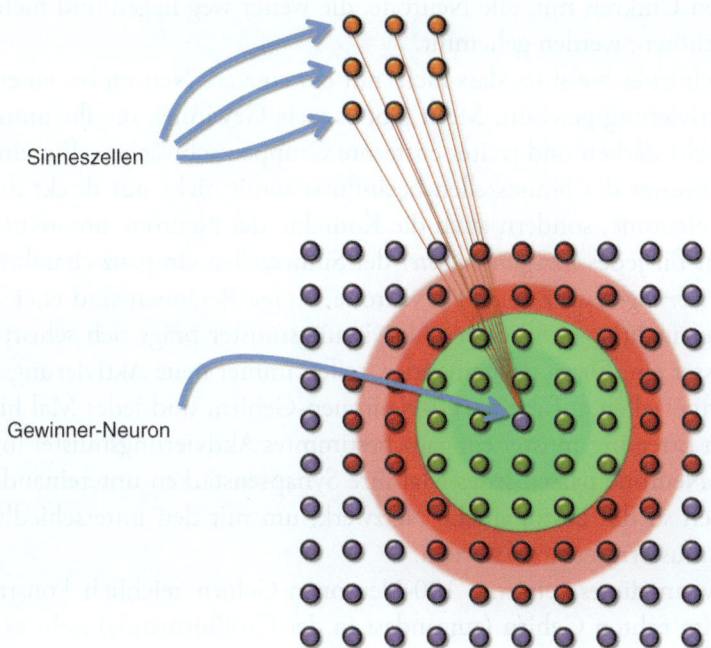

Abb. 4.5 **In einem neuronalen Netz sind auch die Neurone untereinander verbunden.** In diesem System gibt es neun Sinneszellen (*gelb, oben*) und 100 Neurone (*unten*). Jede Sinneszelle ist mit allen Neuronen gleichzeitig verbunden, und auch alle Neurone haben untereinander Kontakt (damit man überhaupt etwas erkennt, ist das hier mal nicht gezeigt). Durch die Erregung der Sinneszellen kann es passieren, dass ein Neuron besonders stark aktiviert wird. Dieses „Gewinner-Neuron" aktiviert seine Kollegen in unmittelbarer Nachbarschaft (*grün*). Weiter entfernte Neurone werden jedoch gehemmt (*rot*). Da es mehrere Gewinner-Neurone geben kann, entsteht so ein ganz charakteristisches Aktivierungsprofil im 100-Neuronen-Gehirn

wird, es „gewinnt". Gewinner-Neurone sind echte Angeber, und sie haben nichts Besseres zu tun, als ihren Gewinn erst mal allen Nachbar-Neuronen mitzuteilen. Also werden alle Neurone in der unmittelbaren Nachbarschaft auch aktiviert. Diese lebhafte Kommunikation zwischen den Nachbar-Neuronen führt jetzt dazu, dass diese ihren Kontakt weiter verstärken, wie wir in Kap. 3 gesehen haben. Also wird der Zusammenhalt von dieser kleinen Neuronengruppe immer besser, und wenn das nächste Mal ein Impuls auf diese Gruppe trifft, wird dieser noch effektiver verarbeitet. Das ist in etwa so, wie wenn eine Gruppe Menschen ein neues Gerücht erfährt. Sofort wird dieses Gerücht in der Gruppe weitererzählt, das stärkt den Gruppenzusammenhalt – und beim nächsten Gerücht wird das noch besser funktionieren. Neurone sind ganz genauso und grenzen ihre Gruppen zusätzlich noch gegen andere Gruppen ab. Ein Gewinner-Neuron teilt sich nämlich nur seinen engsten Kollegen im direkten Umkreis mit, alle Neurone, die weiter weg liegen und nicht zur Gruppe gehören, werden gehemmt.

Natürlich ist es meist so, dass nicht nur ein einziges Neuron bei einer Sinneszell-Aktivierung gewinnt. Meist gibt es viele Gewinner, die ihr unmittelbares Umfeld stärken und weiter entfernte Gruppen schwächen. Ein einziges Erregungsmuster der Sinneszellen beeinflusst somit nicht nur direkt die betroffenen Neurone, sondern auch die Kontakte der Neurone untereinander. So entsteht für jedes *Erregungsmuster* der Sinneszellen ein ganz charakteristisches *Aktivierungsmuster* der 100 Neurone, einige Regionen sind eher aktiv, andere eher inaktiv – und dieses Aktivierungsmuster prägt sich schrittweise immer besser ein. Denn nacheinander treffen immer neue Aktivierungsmuster der Sinneszellen auf mein 100-Neuronen-Gehirn, und jedes Mal hinterlässt so ein Erregungsmuster ein ganz bestimmtes Aktivierungsmuster im Gehirn. Die Neurone passen jedes Mal ihre Synapsenstärken untereinander an und formen so das bestmögliche Netzwerk, um mit den unterschiedlichen Erregungsmustern fertig zu werden.

Auch wenn dieses seltsame 100-Neuronen-Gehirn reichlich konstruiert anmutet, im echten Gehirn (zumindest in der Großhirnrinde) sieht es ganz genauso aus. Wie wir in Kap. 1 gesehen haben, ist der Cortex in dieser charakteristischen Säulenstruktur organisiert. Die Pyramidenneurone organisieren sich in den sechs Cortexschichten, sie erhalten ihre Signale in den Schichten 1 bis 4 und entsenden eigene Impulse aus den Schichten 5 und 6. Außerdem bilden die Pyramidenneurone kleine Grüppchen, ebenjene Säulen, in denen sich benachbarte Neurone intensiv miteinander unterhalten. Diese Architektur eignet sich prima, um das zuvor genannte Prinzip der Gewinner-Neurone und der Ausbildung von Aktivitätsmustern umzusetzen.

In Abb. 4.6 ist dieses Säulenschema nochmal gezeigt: Die Gewinner-Neurone aktivieren sich in „ihrer" Säule gegenseitig und stimulieren ebenfalls Neurone in direkter Nachbarschaft. Weiter entfernte Neurone werden jedoch gehemmt. Das machen die Gewinner-Neurone allerdings nicht selbst (wer will sich schon persönlich die Hände schmutzig machen?), sie nutzen die Hilfe von hemmenden Zwischenneuronen, den Sternzellen.

Wenn die gesamte Großhirnrinde aus solchen Neuronen-Säulen aufgebaut ist, dann kann man sich vorstellen, wie ein Gehirn die Erregungssignale der Sinneszellen abspeichert und daraus lernt:

1. Die Sinneszellen melden eine Erregung an die Neurone in der Großhirnrinde. Man beachte dabei, dass die eigentliche Information (beispielsweise das Bild von Sofia und Christopher) durch die Sinneszellen schon verarbeitet wurde. So erreicht das Gehirn ein ganz bestimmtes Erregungs*muster*, das die Informationen codiert.

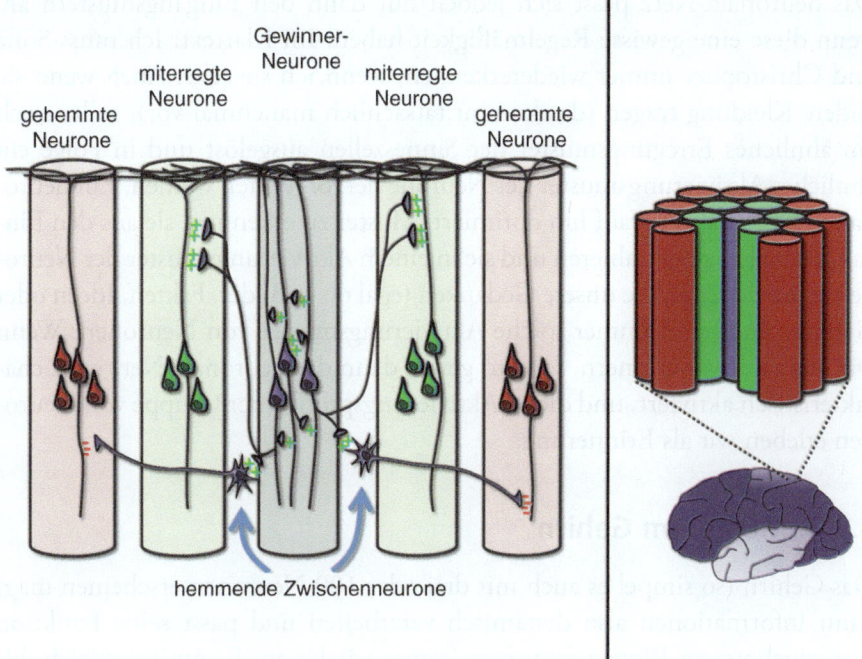

Abb. 4.6 Im Gehirn bilden die Neurone kleine Gruppen. *Links:* In der Großhirnrinde im Gehirn ordnen sich die Neurone zu Gruppen zusammen, die nebeneinander liegen und sich gegenseitig beeinflussen. Wenn eine Gruppe durch ein bestimmtes Erregungsprofil der Sinneszellen „gewinnt", aktivieren sich diese „Gewinner-Neurone" voller Freude erst einmal gegenseitig und dann ihre Nachbargruppen (*grün*). Weiter entfernte Gruppen werden jedoch gehemmt (*rot*), dafür nutzen die „Gewinner-Neurone" hemmende Zwischenneurone, die die Aktivität der entfernten Neurone drosseln. Rechts: Diese Säulen bilden die grundlegende Architektur im Cortex. (Adaptiert nach Spitzer M (2000) Geist im Netz: Modelle für Lernen, Denken und Handeln. Spektrum Akademischer Verlag, Heidelberg (Abb. 5.4))

2. Die Neurone in den Säulen sind schon so verschaltet, dass ein oder mehrere Neurone „gewinnen", also besonders stark aktiviert werden.
3. Dadurch, dass die „Gewinner-Neurone" ihren „Gewinn" den Nachbarn mitteilen und weiter entfernte Neurone hemmen, werden auch die Verbindungen zwischen diesen Neuronengruppen angepasst. Innerhalb der Säulen werden die Verbindungen verstärkt, benachbarte Säulen werden ebenfalls aktiviert, entfernte Säulen inaktiviert. Es entsteht ein typisches Aktivierungsmuster, und das Gehirn passt dieses dem Eingangsmuster der Sinneszellen immer besser an, es lernt.
4. Nun geht es wieder von vorne los. Ein neues Erregungsmuster der Sinneszellen trifft auf die Neurone und löst ein charakteristisches Aktivierungsprofil aus.

Das neuronale Netz passt sich jedoch nur dann den Eingangsmustern an, wenn diese eine gewisse Regelmäßigkeit haben. Im Klartext: Ich muss Sofia und Christopher immer wiedererkennen, wenn ich sie sehe. Auch wenn sie andere Kleidung tragen (das kommt tatsächlich manchmal vor), sollte noch ein ähnliches Erregungsmuster der Sinneszellen ausgelöst und in Folge ein ähnliches Aktivierungsmuster der Neurone hervorgerufen werden. Ein neuronales Netz ist also darauf hin optimiert, Muster zu erkennen, sie aus den Eingangssignalen zu extrahieren und sie in einem Aktivierungsmuster der Neurone abzuspeichern. Alle unsere Gedanken (egal ob es Bilder, Fakten, Ideen oder Gefühle sind) sind immer solche Aktivierungsmuster von Neuronen. Wenn wir uns an etwas erinnern, so wird genau dann das neuronale Netz ganz charakteristisch aktiviert, und dieses Aktivierungsprofil einer Gruppe von Neuronen erleben wir als Erinnerung.

4.1.2 Muster im Gehirn

Das Gehirn (so simpel es auch mit drei oder 100 Neuronen erscheinen mag) kann Informationen also dynamisch verarbeiten und passt seine Funktion den angebotenen Eingangsmustern immer wieder an. Es optimiert sich, bis es das bestmögliche Aktivierungsprofil gefunden hat, um auf die Eingangssignale zu antworten.

> **Zwischenruf** Aber das kann doch nicht sein! Das würde ja bedeuten, dass bei einem bestimmten Sinnesreiz immer das gesamte Gehirn aktiviert werden muss. Das ist doch wohl ein bisschen unökonomisch!

Natürlich ist es nicht so, dass ein bestimmtes Erregungsmuster (zum Beispiel von den Augen oder Ohren) immer das komplette neuronale Netz aktiviert. Wo kämen wir denn da hin? Das Netzwerk sollte sich ja optimieren und nicht immer komplizierter werden.

Eine clevere Strategie, um die Informationen deutlich effizienter zu verarbeiten, ist die Konstruktion von Zwischenschichten und spezialisierten Arealen. Arbeitsteilung ist das Zauberwort – einige Neurone konzentrieren sich auf ihre Lieblingsaufgaben und senden ihre Rechenergebnisse an entfernte Neuronengruppen. Warum das so gut funktioniert, sieht man wieder, wenn man mein rudimentäres Wissenschaftler-Gehirn betrachtet. Bei meiner Arbeit sollte ich darauf achten, wen ich treffe oder wo ich bin und mich dementsprechend verhalten. Anhand von gewissen Merkmalen kann ich es mir einfach machen: Dass mein Chef mit mir sprechen will, merke ich daran, dass ein Mann in einem Büro sitzt und einen Stapel wissenschaftlicher Veröffent-

4 Der Geistesblitz

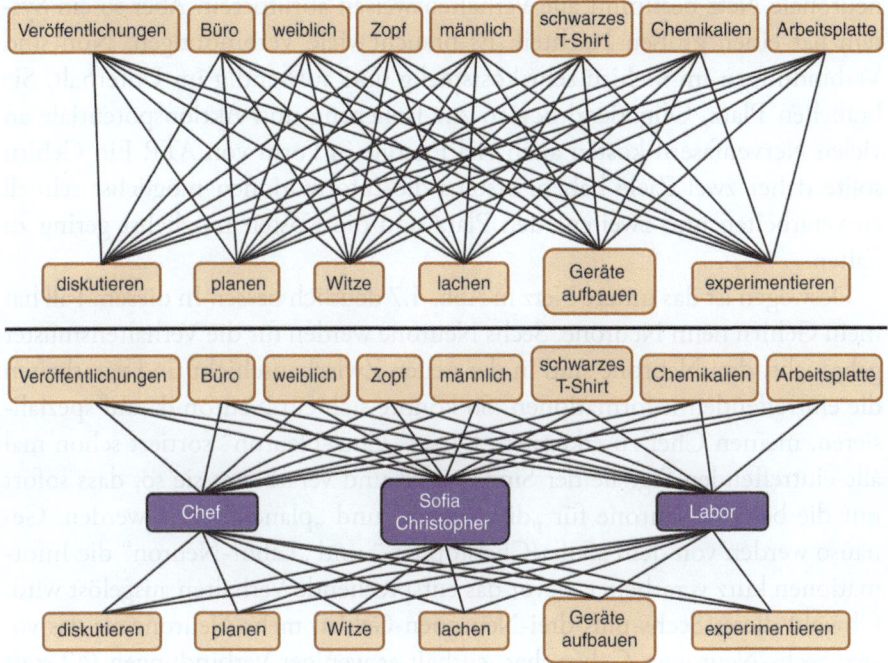

Abb. 4.7 Zwei Möglichkeiten, ein Netzwerk zu konstruieren. Oben: Jedes Eingangssignal wird mit jedem möglichen Verhaltensmuster verknüpft. Durch wiederholtes Lernen passen sich die Verbindungsstärken an, das dauert und kostet: 48 Verbindungen sind für dieses Netz nötig. Unten: Wenn sich eine Zwischenschicht aus drei spezialisierten Neuronen bildet, spart man Verbindungen ein (jetzt nur noch 42 Stück) und verarbeitet die Eingangsinformationen wesentlich effizienter

lichungen vor sich hat. Treffe ich jedoch auf eine Frau mit einem langen Zopf und einen Mann mit dunklem T-Shirt, so handelt es sich in der Regel um Sofia und Christopher. Sehe ich jedoch Chemikalien und eine Arbeitsplatte, befinde ich mich im Labor. Die entsprechenden Handlungen könnten lauten: Mit meinem Chef diskutiere ich die neuesten Ergebnisse und plane die nächsten Experimente. Treffe ich Sofia und Christopher, mache ich ein paar Witze und wir lachen. Im Labor baue ich Geräte auf und experimentiere freudig los. Es gibt zwei Möglichkeiten, wie diese Verhaltensweisen mit den Sinnesreizen kombiniert werden können (Abb. 4.7).

Im oberen Teil der Abbildung ist ein Gehirn gezeigt, das nach den bisher erläuterten Prinzipien aufgebaut ist: Jeder mit jedem – alle Sinneszellen erreichen alle Nervenzellen (deren Verknüpfungen untereinander sind hier mal weggelassen). Ein solches System kann sich den Eingangsmustern nach den bekannten Regeln (aktivierte Synapsen werden verstärkt, inaktive Synapsen geschwächt) anpassen, und nach einer Eingewöhnung und Lernphase hat das neuronale Netz bestimmt alle Verhaltensweisen abrufbereit. Aber so ein System hat einen großen Nachteil: Es braucht viele Verbindungen. Nun sind Verbindungen im Gehirn sehr kostspielig und aufwendig im Unterhalt. Sie brauchen Platz, Oligodendrocyten zur Isolierung und Aktionspotentiale an vielen Nervenfasern kosten auch viel Energie in Form von ATP. Ein Gehirn sollte daher zwei Ziele haben: erstens die Informationen möglichst schnell zu verarbeiten und zweitens den Platz und die Kosten möglichst gering zu halten.

Deswegen ist das untere Netz in Abb. 4.7 deutlich besser. In diesem Fall hat mein Gehirn neun Neurone. Sechs Neurone werden für die Verhaltensmuster gebraucht, drei Neurone sind in der neuen Zwischenschicht und verarbeiten die eintreffenden Informationen. So könnte sich ein Neuron darauf spezialisieren, meinen Chef zu erkennen. Dieses „Chef-Neuron" sortiert schon mal alle eintreffenden Signale der Sinneszellen und verarbeitet sie so, dass sofort nur die beiden Neurone für „diskutieren" und „planen" aktiv werden. Genauso werden von dem „Sofia/Christopher-" und „Labor-Neuron" die Informationen kurz verarbeitet, bevor das entsprechende Verhalten ausgelöst wird. Obwohl dieses Sechs-plus-drei-Neuronen-Gehirn mehr Neurone als das vorige Sechs-Neuronen-Gehirn hat, enthält es weniger Verbindungen (42 statt 48). Dieser Vorteil ist vor allem dann gewaltig, wenn es um viele Millionen Verbindungen geht, die so im Gehirn eingespart werden können.

So ein System hat noch einen anderen großen Vorteil, denn plötzlich wird Arbeitsteilung zwischen den Gehirnbereichen möglich. Eintreffende Informationen werden daher nicht von allen Neuronen auf einmal verarbeitet, sondern immer schrittweise in einem Wechselspiel der spezialisierten Hirnregionen. In Abb. 4.7 ist nur eine Zwischenschicht gezeigt, tatsächlich gibt es jedoch sehr viele Verarbeitungsschichten im Gehirn, die miteinander kommunizieren und Aktivierungsmuster austauschen. Wenn wir etwas erkennen, dann nur deswegen, weil wir eintreffende Informationen (zum Beispiel von unseren Augen) erst filtern, ein Muster bilden, dieses mit gespeicherten Mustern vergleichen und so einordnen können.

Zwischenruf Das klingt alles viel zu abstrakt! Wie muss man sich das vorstellen, wie verarbeitet ein Gehirn Informationen?

Man stelle sich vor, ich will meinen Kollegen Christopher erkennen. Das eintreffende Bild wird von den Sinneszellen zunächst in ein Erregungsmuster verwandelt. Dieses Erregungsmuster trifft anschließend auf die primären Sehzentren im Cortex und löst dort ein Aktivierungsmuster aus. Das ist schön, aber noch habe ich Christopher nicht erkannt. Dieses Aktivierungsmuster wird nun in eine nächste Schicht (in die sekundären und später auch tertiären Cortex-Areale) geschickt und dort mit bekannten Mustern verglichen. Beispielsweise könnte in einem solchen Muster gespeichert sein: Christopher trägt meist dunkle T-Shirts. Andere Bereiche dieser Schicht speichern weitere Merkmale wie „Christopher ist ein Mann" oder „Christopher ist häufig unrasiert". Diese Muster werden mit dem angebotenen Aktivierungsmuster der ersten Schicht verglichen. Dabei passen die angebotenen Muster zu den schon bekannten (dann erkennt mein Gehirn Christopher), oder es entsteht ein Widerspruch (bei ihm undenkbar, aber möglich: Er trägt ein weißes T-Shirt!). Jetzt zeigt sich der Riesenvorteil eines neuronalen Netzwerks: Es kann auch mit Widersprüchen fertig werden. Ein Computer, der mit einer nicht bekannten Situation konfrontiert wird, streikt, stürzt ab oder bleibt hängen (bei manchen Betriebssystemen erlebe ich das sogar recht häufig). In einem Gehirn sind die gespeicherten Muster und deren Abgleich jedoch variabel. Auch wenn ein Muster nicht zu 100 % passt (schwarzes gegen weißes T-Shirt), kann trotzdem eine Erkennung erfolgen (anhand des Merkmals „T-Shirt"), oder es werden weitere Schichten mit ihren Mustern hinzugezogen, bis das ursprüngliche Eingangsmuster zugeordnet werden kann. Das ist ein ständiges Hin und Her zwischen den Schichten, Muster laufen von der ersten Schicht zur zweiten, werden dort verglichen, das Ergebnis wird wieder zur ersten Schicht geschickt und wieder mit den Eingangsdaten verrechnet. So verändert sich das ursprüngliche Muster und gewinnt immer mehr an Struktur, bis letztendlich ein stabiles Aktivierungsmuster der Schichten entsteht (Abb. 4.8).

Wichtig: Dieser Prozess ist nicht linear! Man könnte sich ja vorstellen, dass zunächst das Eingangsmuster analysiert und dann an die nächste Verarbeitungsschicht gesendet wird. Dort könnte es mit bekannten Mustern verglichen werden. Anschließend wird es weiter zu den nächsten Spezialschichten mit ihren speziellen Mustererkennungen geschickt, bis das Eingangssignal in alle seine Bestandteile zerlegt wurde. Ein herkömmliches Computersystem arbeitet auch so. Es nimmt sich immer Teilinformationen aus dem Ursprungssignal und ordnet sie zu. Mein Kollege Christopher wird so in seine Einzelteile zerlegt: Er ist ein Mann, trägt schwarze T-Shirts, ist unrasiert und so weiter. Im Gehirn sind diese Merkmale auch gespeichert, aber die Muster werden zwischen den Schichten immer hin und her geschickt, bis eine optimale Musterabdeckung erreicht ist. Ziel ist es dabei, einen Zustand zu erreichen, bei dem die gerade aktuellen Aktivierungsmuster der verschiedenen Schichten stabil sind. Dabei verändern sich die Aktivierungsmuster der verschiedenen Schichten je nachdem, wie deren Austausch gerade so gelaufen ist. Der Aktivierungszustand des neuronalen Netzes *genau in diesem stabilen Moment*, das ist das Bild von Christopher in meinem Gehirn. Erst dieses Bild wird mir dann auch bewusst. Wir sehen also nicht, was von unseren Sinnes-

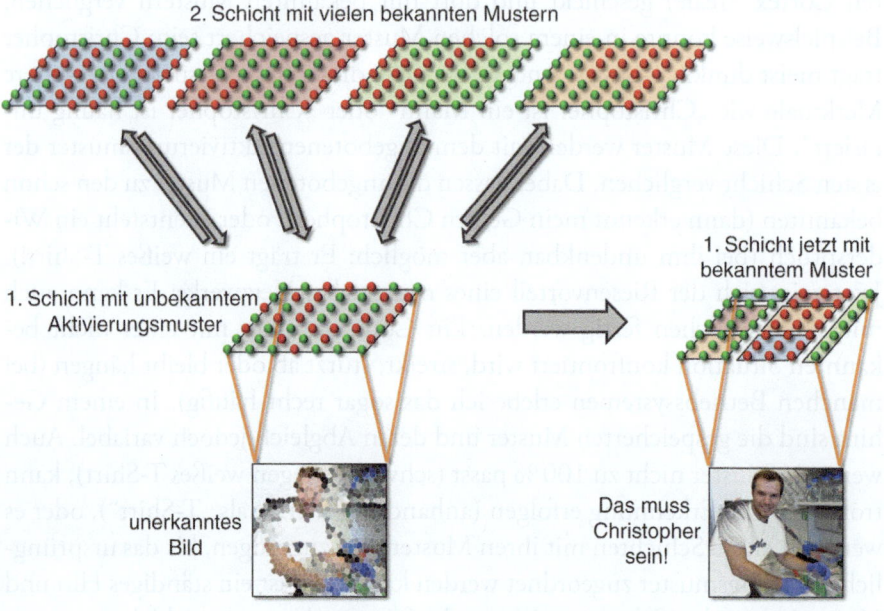

Abb. 4.8 Ich erkenne meinen Kollegen Christopher. Ein unbekanntes Bild wird von den Sinneszellen wahrgenommen und erzeugt im Gehirn ein bestimmtes Aktivierungsmuster der ersten Schicht. Damit dieses Muster zugeordnet werden kann, wird es in die zweite Schicht geschickt und dort mit bekannten Mustern verglichen. Die zweite Schicht sendet das Ergebnis des Vergleichs wieder in die erste Schicht zurück, sodass dort das Muster etwas verändert wird. Immer wieder wird das Aktivierungsmuster aus der ersten Schicht in die zweite Schicht geschickt und angepasst. Irgendwann sind alle Eigenschaften des Musters geordnet worden, das System hat einen stabilen Zustand erreicht und ich erkenne Christopher. Wichtig, aber nicht gezeigt: Auch die Muster in der zweiten Schicht verändern sich – nur ein wenig zwar, aber trotzdem passt sich das Gehirn so auch in den höheren Schichten den Eingangsmustern immer wieder an

zellen ans Gehirn gemeldet wird, sondern nehmen erst das verarbeitete und zugeordnete Muster war – und das hängt stark davon ab, was wir an Vorwissen und Erfahrungen (an gespeicherten Mustern) mitbringen.

> **Zwischenruf** Also werden immer wieder Muster zwischen den Schichten verglichen und irgendwann ist ein Muster dann stabil. Das ist toll, aber was bringt das jetzt?

Diese Arbeitsweise macht das Gehirn zu einer sehr mächtigen „Rechenmaschine", die gewöhnlichen Computern in vielerlei Hinsicht weit überlegen ist. Ein Beispiel: Haben Sie sich schon mal gefragt, warum Sie manchmal im Internet neben Ihren Anmeldedaten auch so eine verzerrte Zahlen- und Buchstabenkombination eintippen müssen? Ganz einfach: Eine automatisierte Bilderkennungssoftware ist noch nicht so weit, so eine undeutliche Zifferkombination zu erkennen, und man kann durch einen solchen Test neben den Anmeldedaten sichergehen, dass sich gerade auch ein „echter" Mensch einloggt. Menschliche Gehirne haben nämlich kein Problem, auch aus einem Wirrwarr an Linien und Schattierungen so etwas wie Buchstaben und Ziffern zu erkennen (und auch manch kryptische Handschrift kann auf diese Weise mit viel gutem Willen noch entziffert werden, ich spreche da aus Erfahrung).

Ein anderes Phänomen, bei dem sich die Rechen-Power des Gehirns zeigt, ist der Cocktailparty-Effekt. Wenn Sie sich in einer dicht gedrängten Menschenmenge befinden, haben Sie manchmal ein Problem: Nur wenige Meter entfernt wird gerade über ein super spannendes Thema gesprochen, aber Sie kommen einfach nicht zu diesen Gesprächspartnern durch. Ihr Gehirn kann jedoch lästige Störgeräusche und andere Gespräche wegfiltern und nur das gewünschte Gespräch verstärken. Neben einigen akustischen Tricks (beispielsweise der Berechnung der Zeitdifferenz der Geräusche am rechten und linken Ohr) nutzt das Gehirn dafür auch den Vergleich mit gespeicherten Sprachmustern. Wir können daher ein Gespräch deutlich lauter hören, obwohl es eigentlich gar nicht lauter als die Umgebungsgeräusche ist. Für Computer ist das gar nicht so einfach.

Hier wird eines klar: Was wir sehen, hören oder sonst irgendwie empfinden – wir empfinden es mit dem Gehirn. Ein paar Bildpunkte auf der Netzhaut, ein Erregungsmuster der Sinneszellen – es ist völlig nutzlos ohne den Mustervergleich der Zwischenschichten im Gehirn. Auch was wir denken, meinen, welche Ideen und Einfälle wir haben – es sind immer ganz bestimmte Aktivierungsmuster von Neuronenverbänden.

Zwischenruf Wenn aber die Verarbeitung von Mustern nach ganz gewissen Regeln abläuft, wie kann dann ein Gehirn kreativ sein? Wie schafft es etwas Neues, noch nie Dagewesenes?

Ob wir einen Gedanken, eine Idee oder ein optisches Signal verarbeiten, ist völlig egal. Denn die Prinzipien sind immer dieselben. Ständig werden Aktivierungsmuster verglichen und zur Deckung gebracht, bis das System vorübergehend einen stabilen Zustand (einen Gedanken) erreicht. Dabei teilt sich das Gehirn die Arbeit gut ein, und verschiedene Areale in der Großhirnrinde haben sich auf verschiedene Aufgaben konzentriert. Für unser bewusstes Denken scheint wohl der Stirnbereich des Gehirns, der präfrontale Cortex entscheidend zu sein. Hier laufen Informationen aus vielen verschiedenen

Hirnregionen zusammen und werden zu einem bewussten Erleben kombiniert. Findige Wissenschaftler haben diesem Hirnbereich daher den griffigen Namen „Arbeitsspeicher" verpasst – aber der Leser dieses Buches wird inzwischen einschätzen können, das jeder Begriff, der der Computersprache entlehnt wird, nicht im Entferntesten die wirklichen Denkprozesse widerspiegeln kann. Tatsächlich finden auch im präfrontalen Cortex die bekannten Prozesse von Musterbildung und -abgleich statt. Ständig kommen neue Informationen aus anderen Hirnarealen an, verändern irgendwie das Aktivitätsmuster der Neurone und somit auch das, was gerade gedacht wird.

Wäre das Gehirn wirklich eine Rechenmaschine, könnte es dann tatsächlich etwas Neues erschaffen? Oder anders formuliert: Können Computer kreativ sein? So gern ich diese Frage den Philosophen überlassen möchte, muss ich doch ein paar Anmerkungen machen, warum das „biologische Denken" einige entscheidende Vorteile auf dem Weg zum kreativen Geistesblitz hat:

1. Das Gehirn arbeitet nichtvorhersagbar. Auf den ersten Blick sieht es ja so aus, als liefe alles im Gehirn nach einem festgelegten Rechenschema ab. Ein Signal kommt rein, wird mit Mustern verglichen, ein Gedanke entsteht. Das wirkt recht geplant und unkreativ, doch tatsächlich sind die Denkprozesse, die Mustervergleiche und Neuronen-Aktivierungen häufig recht instabil. Andauernd finden Rückkopplungen von den Verarbeitungsschichten statt, ständig werden neue Muster erzeugt und verglichen – und weil dabei so viele Neurone mitmachen, ist es nahezu unmöglich vorherzusagen, wie sich das gesamte neuronale Netz verhalten wird. Es arbeitet nun mal nichtlinear und so können manchmal kleine Änderungen in einem Aktivierungsmuster eines Neurons große Änderungen im gesamten Neuronenverbund haben.
2. Das Gehirn kombiniert. Es mag vielleicht Standardmethoden geben, um Bilder oder Töne zu verarbeiten, und diese Methoden sollten auch sehr robust sein: Ein bestimmter Ton sollte auch immer als derselbe Ton wahrgenommen werden. Doch was dieser Ton bewirkt, was er in uns auslöst, welche Erinnerungen er anstößt, das hängt immer von der momentanen Aktivierung des Gehirns ab. Es kommt immer darauf an, welche Verarbeitungsmuster genutzt werden, um dem Ton eine Bedeutung zu geben. Ein Torjubel beim Fußball kann sehr unterschiedliche Bedeutung haben, je nachdem welche Mannschaft ein Tor schießt. Der Jubel an sich ist akustisch jedoch kaum zu unterscheiden. Das Gleiche gilt auch für Gedankengänge: Es steht vorher nicht fest, welche Idee am Ende einer Überlegung übrig bleibt. Entscheidend sind immer die Verarbeitungsmuster (mit anderen Worten: das Vorwissen, die Erfahrung), die hinzugezogen werden –

und diese hängen immer vom momentanen Aktivierungszustand des Gehirns ab.
3. Das Gehirn macht Fehler. Das ist schier undenkbar in der heutigen informationslastigen Präzisionswelt und unerwünscht bei allem was wir tun – trotzdem ist es unerlässlich für das Schaffen von Neuem. Was auf den ersten Blick wie ein schreckliches Übel anmutet, entpuppt sich auf den zweiten Blick als die eigentliche Quelle der Kreativität. Ohne Fehler wären kreative Geistesblitze und neue Ideen gar nicht möglich, denn diese ergeben sich ja gerade daraus, dass letztendlich eine bestehende Denkblockade, eine „Denkregel" durchbrochen und ein Sachverhalt völlig neu gedacht wird. Doch warum machen wir Fehler? Sie lassen sich einfach nicht vermeiden, denn ein neuronales Netz ist niemals perfekt. Die ganze Zeit war ja die Rede davon, wie sich ein Drei- oder Neun- oder 100-Neuronen-Gehirn immer besser den Eingangssignalen anpasst und selbstständig lernt. Doch natürlich ist dieses Prozess niemals am Ende und das Netzwerk irgendwann perfekt konstruiert. Während eben noch einige Synapsen verstärkt wurden, führt die nächste Erregung vielleicht schon zu deren Abschwächung. Während ein bestimmtes Verknüpfungsmuster der Neurone eben noch prima funktioniert hat, kann es bei der nächsten Situation eine unerwartete, neue oder falsche Entscheidung treffen. Ständig ist ein Gehirn im Umbau und sein momentaner Zustand stellt immer nur den best*möglichen* aktuellen Zustand dar. Doch nichts ist von Dauer, ein Gehirn passt sich schnell an und wird beim nächsten Mal eine Information anders, eventuell falsch, verarbeiten. Das ist nicht schlimm, sondern spannend und unterscheidet uns von der unkreativen Maschine.

Das Gehirn, das dürfte jetzt klar geworden sein, verarbeitet Informationen also auf andere Weise als ein Computer – und das macht es so Besonders. Kreativität und neue Ideen benötigen unbedingt so ein Gehirn: „Verrückt" muss es sein, es muss Fehler machen und Dinge neu kombinieren können. Ohne diese wundersame Eigendynamik würde es keine Geistesblitze geben.

4.2 Was ist Kreativität?

4.2.1 Denken Sie an etwas Neues!

Was ist das nun, so ein Geistesblitz? Oder allgemeiner: Kreativität? Wenn man mal von der ursprünglichen Wortbedeutung (lat. *creare* – „erschaffen" oder „hervorbringen") ausgeht, so bezeichnet Kreativität das Erzeugen von neuen Dingen oder Ideen. Im vorigen Abschnitt haben wir ja gerade gesehen, wie das Gehirn dabei vorgeht: Es kombiniert verschiedene Aktivierungsmuster von neuronalen Netzen und erzeugt so ein neues Aktivierungsmuster. Kreativität bedeutet also immer auch die Neukombination von bekannten Informationen.

Die Welt ist voller Anekdoten über kreative Geistesblitze und in jedem Kreativitätsbuch, das Sie aufschlagen, wird von solchen Geschichten berichtet, also werde ich das jetzt auch tun: Schon vor über 2000 Jahren stieg ein gewisser Archimedes in eine randvolle Badewanne und bemerkte dabei, dass das Wasser über den Rand hinausschwappte. „Heureka!", so hört man es allenthalben, mag er gerufen haben, was so viel bedeutet wie „Ich hab's gefunden!". Denn er erkannte, dass sein eigener Körper genau so viel Wasser verdrängte, wie er selbst wog. Daraus entwickelte er das nach ihm benannte Auftriebsprinzip, welches erklärt, wieso manche Körper im Wasser schwimmen und andere untergehen. Ihm muss dieser Geistesblitz viel Freude gemacht haben, denn, so geht das Gerücht, laut „Heureka!" rufend, lief er nackt durch die Straßen von Syrakus. Das waren noch Zeiten, als Griechen voller wissenschaftlicher Begeisterung unbekleidet durch die Städte eilten!

Überhaupt: Den wissenschaftlichen und künstlerischen Genies scheinen die tollsten Ideen zu kommen, wenn sie sich eben gerade nicht auf ihre eigentliche Arbeit konzentrieren. Populäre Legenden besagen, dass Isaac Newton von einem herunterfallenden Apfel zu seinen Gravitationsgesetzen inspiriert wurde. Goethe sollen des Nachts in seinen Träumen vollständige Gedichte erschienen sein. Der deutsche Chemiker August Kekulé träumte gar von einer Schlange, die sich in den eigenen Schwanz biss, und kam so zur Idee, dass Benzol eine ringförmige Molekülstruktur haben müsse. Diesen ganzen kreativen Könnern scheinen ihre Ideen geradezu zuzulaufen. Man hat zumindest noch nie davon gehört, dass jemand nach stundenlangem Nachdenken und Konzentrieren plötzlich die erleuchtende und völlig neue Idee fand.

> **Zwischenruf** Warum eigentlich nicht? Was macht einen kreativen Menschen denn so besonders?

Gegenfrage: Denken Sie, dass Sie kreativ sind? Wir bilden uns ein, es gäbe *den* kreativen Menschen, *den* genialen Künstler, Wissenschaftler oder Erfinder, der neue Ideen hervorbringt. Doch tatsächlich sind wir alle kreativ, permanent. Wenn wir uns unterhalten, erzeugen wir zum Beispiel permanent aus dem Nichts neue, zuvor unbekannte Sätze oder Gedankengänge. Wir kombinieren ständig Informationen und treffen daraus Entscheidungen. Ein Beispiel: Sie kommen nach einem langen Arbeitstag nach Hause, haben aber vergessen einzukaufen und öffnen den Kühlschrank. Was sehen sie: eine Paprika, zwei Tomaten, ein bisschen Räucherschinken, zwei Eier (aus Freilandhaltung natürlich) und eine Packung Milch (von glücklichen Kühen aus den Alpen, so verspricht es der Aufdruck). Sie überlegen: Kann man daraus ein Abendessen machen? Aber klar, fällt es ihnen ein, ein wenig Mehl dazu und ab in die Pfanne, fertig ist ein Omelett. Kreativität ist ein Alltagsgeschäft!

Trotzdem: Etwas Besonderes muss es mit der Kreativität ja schon auf sich haben, schließlich schreiben wir nicht jeden Tag einen Gedichtband mit Sonetten oder revolutionieren die Quantenmechanik mit einer neuen, bahnbrechenden Theorie. Doch zur allgemeinen Beruhigung muss ich sagen: Das passiert auch bei den kreativen Genies recht selten. Ob sich die oben dargestellten Anekdoten wirklich so abgespielt haben oder ob sie sich einfach nur gut vermarkten lassen, lasse ich mal so dahingestellt. Dennoch gibt es unzweifelhaft Zeitgenossen, die außergewöhnlich kreativ sind und übermäßig viele neue Ideen produzieren. Man hat versucht, einige psychologische Parameter oder Indizien zu ermitteln, die einen solchen Menschen auszeichnen, als da wären:

Intelligenz Das scheint eigentlich recht einleuchtend zu sein. Ein jeder wird wohl auf den ersten Blick sagen: Intelligente Menschen sind auch kreativer. Doch gemach! Ich möchte derlei voreiligen Schlüssen Einhalt gebieten und daran erinnern, was Intelligenz eigentlich bedeutet. Intelligenz bezieht sich nicht unbedingt darauf, neue Ideen hervorzubringen. Meist wird in Intelligenztests nämlich untersucht, wie schnell Probleme eines sehr klar definierten Sachgebietes (zum Beispiel räumlich, sprachlich oder mathematisch) gelöst werden können. Es wird also gemessen, wie *effizient* ein Gehirn arbeitet, wie gut es quasi seine Fähigkeiten nutzen kann. Es ist in diesem Zusammenhang wirklich interessant, dass „intelligente Gehirne" tatsächlich schneller denken können als „weniger intelligente Gehirne". Der aufmerksame Leser dieses Buches wird auch sogleich aufmerken und eine mögliche Erklärung anbieten: die Isolierung der Nervenfasern. Je besser die Axone mit der isolierenden Myelinschicht umgeben wären, desto schneller und energieeffizienter könnten die Impulse weitergeleitet werden. Dies würde erklären, weshalb intelligente Menschen kürzere Reaktionszeiten haben, ihre Denkprozesse zügiger ablaufen und ihre Gehirne dennoch weniger Energie umsetzen. Auch die Tatsache, dass die Intelligenz bis zum 20. Lebensjahr ansteigt und ab knapp 70 Jahren wieder abfällt, würde sich mit der Myelinisierung decken: Auch diese ist erst mit der Pubertät abgeschlossen und wird im fortgeschrittenen Alter wieder abgebaut.

Intelligenz misst daher quasi die Effizienz des Gehirns. Das ist alles schön und gut, hat jedoch mit Kreativität recht wenig zu tun. Zwar geht man davon aus, dass ein gewisses Maß an Intelligenz notwendig ist, um kreativ denken zu können. Aber Intelligenz ist keine hinreichende Erklärung für das kreative Vermögen eines Menschen. Es geht ja manchmal gerade nicht darum, möglichst schnell den richtigen Lösungsweg zu finden (wie es in den meisten Intelligenztests verlangt ist), sondern die *andere*, die *unkonventionelle* Lösung anzubieten. Um den Unterschied etwas zu verdeutlichen, hat man versucht, die Denkprozesse etwas zu klassifizieren: Bei vielen Intelligenztests wird eher *konvergentes Denken* verlangt. Das bedeutet, dass man sich auf ein Problem konzentrieren muss. Man lässt die Gedanken gewissermaßen zusammenlaufen (konvergieren), um die eine richtige Lösung zu finden. Kreativität, so wird behauptet, setzt jedoch noch eine andere Denkform, das *divergente Denken* voraus. Dabei lässt man den Gedanken eher freien Lauf, assoziiert und kombiniert möglichst frei, lässt sich inspirieren, um so auf neue Gedanken zu kommen. Freilich reicht divergentes Denken allein nicht aus, um kreativ zu sein. Wir werden darauf zurückkommen, wenn es darum geht, wie die Hirnforschung Kreativitätsprozesse im Gehirn beurteilt.

Wissen Stellen Sie sich vor, sie bekommen jetzt die Aufgabe, ein neues Erklärungsmodell für Gravitationseffekte auf Quantenebene zu entwickeln. „Wie bitte?", werden Sie sagen – und das zu Recht (es sei denn, Sie sind zufälligerweise gerade Teilchenphysiker). Sie merken: Kreativität setzt immer einen Wissensschatz voraus, der neu kombiniert wird. Keiner, auch kein Genie, wird aus dem Nichts heraus etwas Neues entwickeln. Ein Geistesblitz entzündet sich niemals selbst. Unterschätzen Sie nicht, dass alle kreativen Genies der Geschichte ausgesprochene Könner auf ihrem Gebiet waren oder noch sind. Goethe hatte wohl schon ein paar Gedichte zusammengeschrieben, bevor er der Madrigalversform in seinem „Faust" zu ungeahnter Kraft verhalf. Auch Archimedes war ständig am Experimentieren und stand in Austausch zu den anderen wissenschaftlichen Größen seiner Zeit – sein „Heureka!" hat er vielleicht spontan aus Freude gerufen, sein Geistesblitz fußte aber bestimmt auf seinem großen Fachwissen, das er plötzlich neu kombinierte. Das heißt natürlich nicht, dass nur Experten kreativ sein können, sondern nur, dass ein gewisses Wissen vorhanden sein muss, mit dem man im Geiste spielen und es neu kombinieren kann.

Motivation Eines ist ja klar: Wenn man „keinen Bock hat", dann wird man auch nicht auf produktive und kreative Ideen kommen. Glücklicherweise ist die wichtigste Form der Motivation schon angeboren: die kindliche Neugier. Es ist ein ganz entscheidender Wesenszug des Menschen, neue Dinge zu erleben und Sachen auszuprobieren. Das Gehirn giert nach Neuem, schon einfach deswegen, um genügend Erregungsmuster zu bekommen, damit sich die neuronalen Netze auch sinnvoll ausbilden. Wir sind darauf angewiesen, möglichst früh, möglichst viele Informationen zu verarbeiten, erst dann kann das Gehirn auch seine optimale Struktur ausbilden. Neugier ist aber nicht nur die Grundvoraussetzung, um Neues zu erfahren, sondern auch um Neues zu schaffen. Kinder machen dies permanent, sie sammeln neue Erfahrungen und Informationen, unter deren Eindruck sie sich häufig eine eigene Phantasiewelt schaffen, in der sie völlig aufgehen und sich stundenlang aufhalten können – kreativer geht es wohl kaum!

Sich ganz von einer Sache einnehmen zu lassen, völlig darin zu versinken und alle seine Konzentration darauf auszurichten, auch das ist eine Form der Motivation. Viele kreative Künstler berichten davon, wie sie sich so sehr in ihre Kunst vertieften, dass sie geradezu in einen kreativen Schaffensrausch gerieten. Sie blendeten unnötige Störungen aus der Umwelt aus, konnten ihren Gedanken völlig freien Lauf lassen und diese so zu neuen Ideen kombinieren. Natürlich ist das meist nur ein kurzer Zustand, und wie kreative Künstler sind auch Kinder immer darauf angewiesen, in ihren Handlungen bestätigt zu werden. Das ist völlig klar, denn ein neuronales Netz braucht auch immer eine Kontrolle, ein positives oder negatives Feedback, damit sich die Verschaltungen entsprechend anpassen können. Kinder brauchen immer die Bestätigung, erst der Eltern, dann der Freunde und Bekannten – bis man auch später als Erwachsener nach gesellschaftlicher Anerkennung strebt. Dies ist eine nicht zu unterschätzende Triebkraft der Kreativität.

Persönlichkeit Sie können alles zuvor Genannte mitbringen: Sie sind intelligent, wissen viel und sind topmotiviert (bei aller Bescheidenheit: All das erwarte ich auch von allen Lesern meines Buches!). Jetzt wollen sie mal so richtig kreativ sein! Das ist gar nicht so leicht, Kreativität lässt sich irgendwie nur schwer erzwingen und hängt häufig auch von eher „weichen", nur schwer messbaren Persönlichkeitsfaktoren ab. Natürlich ist es sehr willkürlich, irgendwelche Kreativitätskriterien festzulegen, die vorhanden sein müssen, damit man am laufenden Band Geistesblitze erzeugt. Dennoch: Viele kreative Menschen bringen besondere Fähigkeiten mit, denn …

- sie sind offen für Neues. Beispiel: Was können Sie alles mit einem Ziegelstein, einem Paar holländischer Holzschuhe oder diesem Buch anfangen?
- sie sind einfallsreich. Beispiel: Warum sollte dieses Buch in alle Sprachen übersetzt und von Menschen auf der ganzen Welt gelesen werden? (Ich hoffe, sie können diese Frage erschöpfend beantworten, ansonsten gelten Sie als unkreativ, das ist ja klar.)
- sie können sich gut konzentrieren. Beispiel: Streichen sie alle Vokale auf der vorigen Buchseite in 30 Sekunden durch! (Aber bitte nehmen Sie einen

Bleistift, ich habe dieses Buch ja nicht geschrieben, damit Sie es mit einem Permanentmarker für alle Ewigkeit verunzieren.)
- sie haben ungewöhnliche Ideen. Beispiel: Welche drei neurowissenschaftlichen Sachbücher müssen unbedingt noch geschrieben werden? (Bitte lassen Sie mir die Antworten zukommen, ich mache mich dann sofort an die Arbeit.)
- sie haben ein hohes Sprachvermögen. Beispiel: Überzeugen Sie Ihren besten Freund/Ihre beste Freundin, unbedingt dieses Buch zu lesen! (Falls Ihnen das nicht auf Anhieb gelingt, habe ich vorgesorgt und eine Liste mit den zehn wichtigsten Argumenten bereitliegen.)
- sie erkennen rechtzeitig Probleme und entwickeln daraus Chancen. Beispiel: Sie müssen unerwarteterweise auf- und die Lektüre dieses Buches unterbrechen, doch Sie erinnern sich, dass es dieses Buch auch als E-Book gibt und lesen unterwegs weiter.
- sie können ihr Wissen präzise anwenden. Beispiel: Mit den aus diesem Buch erworbenen Kenntnissen lösen sie kinderleicht das nächste Kreativitätsproblem.
- sie sind gut organisiert. Beispiel: Finden Sie die kürzeste Route, um in einem Supermarkt eine Dose Heringssalat, ein Päckchen Erdnüsse, ein Leder-Pflegeset für Ihren Bugatti Veyron und eine Flasche Dom Pérignon zu kaufen.
- sie überprüfen ihre Ideen. Beispiel: Macht Ihre Lösung für die vorige Aufgabe Sinn?
- sie abstrahieren, passen die ursprüngliche Fragestellung an und erkennen das Wesentliche. Beispiel: Was ist der Zusammenhang zwischen Nervenzellen und einem Einmachglas voll mit Roter Bete? (Lösung: Ich habe keine Ahnung.)

Kreative Menschen sind also gar nichts Besonderes. Wir alle tragen das Potential in uns, kreativ zu sein – und wir sind es permanent. Denn wie arbeitet unser Gehirn? Es kombiniert ständig Aktivitätsmuster neuronaler Netzwerke miteinander und erzeugt so neue Ideen. Natürlich ist nicht jede neue Idee auch ein kreativer Geistesblitz, genauso entscheidend wie das Erzeugen einer neuen Idee ist nämlich auch deren Bewertung durch die Umwelt. Viele Ideen mögen kompletter Quatsch sein, dann werden sie auch zu Recht abgelehnt. Manchmal kann es jedoch passieren, dass man seiner Zeit voraus ist, dass eine Idee erst in der Gesellschaft durchgesetzt werden muss, damit sie akzeptiert wird (viele Wissenschaftler hatten dieses Problem, zum Beispiel Galileo Galilei) oder dass sie erst von folgenden Generationen entsprechend gewürdigt wird (kommt eher bei Künstlern vor, so beispielsweise bei Vincent van Gogh). Wichtig ist dann auch ein robustes Selbstvertrauen, eine Widerstandsfähigkeit gegen äußere Einflüsse. Jeder sollte sich fragen, wie oft eine neue und ungewöhnliche Idee verworfen wurde, weil man dachte, sie „käme nicht gut an".

4.2.2 Der kreative Prozess

Wer sich vorstellt, dass man sich bei einem Problem nur hinsetzen müsse und abzuwarten hätte, bis einen die Muse küsst, der hat wahrscheinlich eine ruhige und entspannte Zeit – aber meist auch wenig Glück. Man erzählt sich ja vielerlei Geschichten, wie die Genies zu ihren kreativen Geistesblitzen gekommen sind (und auch ich bin auf diesen Zug aufgesprungen und habe ein paar Anekdoten gebracht, um den Einstieg in den vorigen Abschnitt etwas aufzuhübschen). Doch an dieser Stelle eine große Enttäuschung, Sie müssen jetzt ganz stark sein: Wahrscheinlicher ist, dass diese Geschichten gar nicht stimmen, sondern eher erfunden oder ausgeschmückt wurden, damit sie sich besser weitererzählen lassen (aber auch das wäre ja schon recht kreativ). Man darf nicht unterschätzen, dass kreatives Denken auch langwierig (nicht zu verwechseln mit: langweilig, das ist es nämlich so gut wie nie) und kompliziert sein kann.

Zwischenruf Jetzt bitte keine entmutigenden Aussagen! Ein kreativer Geistesblitz ist doch etwas Schönes!

Jawohl, das ist er. Ein kreativer Prozess ist jedoch mehr als nur der glücklich machende Moment der Erleuchtung. Denn wie schon im vorigen Abschnitt erläutert, kommt der Geistesblitz nicht aus dem Nichts. Schauen wir uns eine typische, alltägliche Aufgabenstellung an und wie man diese kreativ lösen kann: Eines Tages erhalten Sie einen Anruf, Sie sollen die Trägerrakete für die erste bemannte Marsmission konstruieren. „Na klar!", werden Sie sagen, „Geben Sie mir 200 Mrd. Dollar und 20 Jahre Zeit, dann haben Sie ihre Rakete." Und sofort beginnen Sie mit Ihrem kreativen Schaffensprozess:

1. Vorbereitung. Da ich mir nicht sicher bin, ob Sie ein mehrjähriges Luft- und Raumfahrtstudium abgeschlossen haben, gehe ich mal davon aus, dass Sie wenig Ahnung davon haben, wie man möglichst günstig und schnell zum Mars fliegt (ich weiß es auch nicht). Deswegen müssen Sie jetzt erst mal Wissen sammeln. Das ist ein nicht zu unterschätzender Vorgang, denn die Qualität der späteren Idee hängt immer davon ab, welches Vorwissen Sie neu kombinieren können. Bei Künstlern oder Ingenieuren sind auch handwerkliche Fähigkeiten von Bedeutung, Problemlösungen in der Wissenschaft oder Wirtschaft erfordern oft eine mehrjährige Erfahrung und

das Einschätzen der Konkurrenz. In Ihrem Fall werden Sie also mit einer fundierten Ausbildung in Sachen Raumfahrt beginnen und sich anschließend auf die Physik astronautischer Antriebssysteme spezialisieren. Das ist ein langer und kräftezehrender Prozess, deshalb ist es in der Vorbereitungsphase wichtig, ausreichend motiviert zu sein und sich für die Sache zu begeistern. Dies ist oft ein Problem im Alltag, denn sobald man ein Problem angeht, erkennt man, dass es doch nicht so einfach zu lösen ist (sonst wäre es ja auch keine Aufgabe für Sie, sondern schon längst erledigt worden). Dies kann schnell zu Druck und Frustration führen, deswegen ist es wichtig, ab einem gewissen Punkt, die Vorbereitung abzuschließen.
2. Inkubation. Sie studieren also lange Zeit und schaffen sich das nötige Wissen an, um eine neuartige Trägerrakete zum Mars zu konstruieren. Aber irgendwann werden sie sagen: „Jetzt reicht es! Ich komme einfach nicht darauf, wie man eine völlig neue Rakete konstruiert!" Das ist auch völlig logisch, denn egal welches Problem Sie bearbeiten, ob Sie Raketen bauen, eine neue Präsentation für Ihren Chef erstellen oder den nächsten Kindergeburtstag planen, irgendwann kommen Sie an den Punkt, an dem Sie keine neuen Informationen mehr benötigen. Sie können Fach- und Praxiswissen anhäufen und *intelligent* anwenden, doch damit werden Sie ein Problem nicht unbedingt *kreativ* lösen. Nachdem Sie Ihr Gehirn mit lauter wichtigen und notwendigen Informationen gefüttert haben, muss es diese nämlich auch verdauen, bevor es eine kreative Idee ausscheidet. Inkubation bedeutet wortwörtlich so viel wie „Ausbrüten", denn das Gehirn macht jetzt genau das: Es bearbeitet die Ideen immer wieder, kombiniert sie neu und schafft so neue Ideen. Das passiert unbewusst, aber unterschätzen Sie nie, dass das Gehirn immer weiter arbeitet, auch wenn Sie gerade nicht an ein Problem denken. Es ist halt ziemlich neugierig.
3. Erleuchtung. An einem Samstagmorgen stehen Sie gerade in einem Baumarkt und sehen ein Sonderangebot für Energiesparlampen. Da kommt Ihnen die Idee: „Ja klar! Man könnte eine Rakete mit einem Strom an geladenen Teilchen antreiben, der am Ende der Rakete ausgestoßen wird und das Raumschiff anschiebt." Hurra: Der Geistesblitz ist da! Endlich, so lange hat man darauf gewartet und seinem Gehirn Platz zum freien Denken gelassen, da kommt die bahnbrechende Idee plötzlich auf. Selten ist so ein Geistesblitz jedoch schon komplett fertig entwickelt. Wer in den vorigen Kapiteln gut aufgepasst hat, weiß auch warum: Letztendlich stellt eine neue Idee, ein neuer Gedanke ja ein neues Aktivierungsmuster einer bestimmten Neuronengruppe dar. Alle eintreffenden Erregungsmuster wurden mit bekannten Mustern verglichen, neu kombiniert und mit viel Geschick in allerlei Hirnbereichen neu verrechnet. Irgendwann beginnt ein neues Muster an Stabilität zu gewinnen – aber natürlich nur schrittweise. Der Geistes-

blitz hat eher was von einem entfernten Wetterleuchten, ein diffuses Signal, das nach und nach immer schärfer und deutlicher wird. Dieser Prozess der Erleuchtung, der Inspiration kann in dem ganzen kreativen Prozess sehr kritisch sein. Denn so schnell ein kleiner Geistesblitz auftaucht, so schnell verschwindet er auch wieder, solange er noch nicht stabil genug ist. Hinzu kommt, dass viele dieser Einfälle an den unmöglichsten Orten auftauchen, wo man sie gar nicht vermutet. Das ist auch logisch, denn das Gehirn erzeugt ja gerade dann gerne neue Muster, wenn es besonders frei assoziieren kann, und das ist eben häufig in der Freizeit der Fall. Schreiben Sie deshalb schnell auf, was Ihnen in den Sinn kommt, wenn Sie die kreative Erleuchtung haben. Fangen Sie so die freien Assoziationen ein und geben Sie den Geistesblitzen die nötige Struktur.

4. Ausarbeitung. Sobald sich die kreative Idee gefestigt hat, muss sie weiter ausgearbeitet werden. Noch können die neuen Gedankenmuster nur instabil sein, deswegen müssen sie ausgebaut und überprüft werden. Mit einem kreativen Geistesblitz allein ist noch gar nichts gewonnen. Häufig müssen Teile wieder verworfen werden, weil sie nicht durchführbar sind, oder die Ideen sind noch so unvollständig, dass sie langwierig und geduldig weiter gedacht werden müssen. Das kann sehr mühselig sein und erfordert ein gewisses Maß an Selbstvertrauen und Ausdauer. In ihrem Fall informieren Sie sofort das Projektteam „Marsmission 2040" und schlagen ihre Idee vor. Idealerweise wird ein solcher erster Gedanke dann schnell weiterverfolgt und konkretisiert, indem viele Mitarbeiter einbezogen werden. Das ist gut, denn so wird der anstrengende Prozess der Ausarbeitung von vielen geschultert. Viele Künstler haben hingegen das Problem, dass sie mit einer neuen Idee häufig allein sind. Sie müssen sich dann sehr auf sich selbst konzentrieren und ihren Geistesblitz weiterverfolgen – ohne Selbstvertrauen geht da gar nichts. Kreative Prozesse sind also immer ein Wechsel von alleiniger Inspiration und gegenseitiger Hilfestellung.

5. Umsetzung. Geistesblitze haben einen großen Nachteil: Sie leuchten kurz auf – und sind dann auch schon wieder weg. Es geht nun also darum, den (schon etwas gefestigten) kreativen Geistesblitz umzusetzen und in der Gesellschaft oder Umwelt zu verankern (die Rakete zu bauen). Nun mag man fragen, was das mit Kreativität zu tun hat, schließlich ist der kreative Funke schon längst erfolgt. Doch viele Produkte oder Erfindungen, die im Nachhinein so selbstverständlich daherkommen, haben einen sehr langen Umsetzungsprozess hinter sich. Wie lange dauert es zum Beispiel, um ein neues Smartphone zu entwickeln? Als sich Samsung und Apple gegenseitig des Abkupferns beschuldigten, kam heraus, dass Apple etwa zehn Jahre an der Idee seines Smartphones herumgebastelt und dafür über 40 Prototypen entwickelt hatte. Zum Schluss sieht es so einfach aus und jeder sagt: „Wa-

rum hat das vorher noch keiner gemacht?" Aber was so logisch und naheliegend erscheint, ist in Wirklichkeit ein langer Prozess, der immer wieder neue Geistesblitze einschließt.

Diese Beschreibung (Vorbereitung – Inkubation – Erleuchtung – Ausarbeitung – Umsetzung) skizziert nur kurz die Struktur eines kompletten kreativen Schaffensprozesses. Wie eine Idee letztendlich ausgearbeitet und umgesetzt wird, ist zwar wichtig, und häufig wird über den Erfolg einer kreativen Idee dadurch entschieden, wie intelligent sie angewendet wird. Gerade heutzutage darf man jedoch nicht unterschätzen, dass viele wissenschaftliche oder wirtschaftliche Fortschritte nicht mehr auf den Geistesblitzen eines einzelnen Forschers fußen. Man arbeitet immer mehr im Team und dort wird die Kommunikation untereinander, die Struktur der Gruppe, zu einem entscheidenden Faktor für die Umsetzung einer Idee.

Nun ist dies ein neurobiologisches Buch, hier geht es um das Gehirn und wie es Informationen zu neuen Ideen kombinieren kann und nicht um die wirtschaftliche Ausarbeitung innovativer Produkte. Deswegen soll hier wieder die Frage nach dem Herzstück des kreativen Prozesses gestellt werden: Was passiert im Moment der Erleuchtung im Gehirn? Wie kann man das wissenschaftlich untersuchen, und was kann man daraus für seine eigene Kreativität lernen?

4.3 Schau mir auf die Zellen, Kleines!

Man könnte ja meinen, dass ein kreativer Geistesblitz recht schwer mit wissenschaftlichen Methoden zu messen sei. So etwas Abstraktes wie Kreativität (der vorige Abschnitt hat ja gezeigt, wie schwer dieser Begriff zu erfassen ist) sollte sich doch einer neurobiologischen Beschreibung leicht entziehen können.

Als Neurobiologe muss ich sagen: Jawohl! Völlig korrekt! Kreativität zu „messen", ist immer noch eine komplizierte, wenn nicht unmögliche Sache. Viele Faktoren machen eine solche Erforschung der kreativen Hirnprozesse schwierig. Denn bei jedem wissenschaftlichen Experiment stellt sich immer zunächst die Frage: Was messe ich? Schon da fängt es an, kompliziert zu werden, denn Kreativität setzt sich ja aus vielen unterschiedlichen Aspekten zusammen: Das Design von einem neuen Smartphone kann genauso kreativ sein, wie ein hübsches Bild, ein neues Lied oder eine unerwartete Lösung für ein bekanntes Problem (zum Beispiel: Welches Essen zaubere ich aus den Resten, die ich im Kühlschrank finde?). Man muss in einem solchen Fall genau definieren, was man nachweisen möchte. Sind nur die Vielfalt oder auch die Neuartigkeit der produzierten Ideen interessant? Und welche Prozesse im Gehirn könnte man dafür untersuchen (nur das Ausmaß der Hirnaktivität von Neuronengruppen oder auch deren Ort)?

Daran schließt sich die zweite Frage an: Wie messe ich „sie" (also die „Kreativität")? Auch das ist nicht einfach. Man kann ja einem Probanden schlecht sagen: „Hier hast du ein Blatt Papier und einen Stift, jetzt sei mal kreativ!" Irgendwie muss man kreative Prozesse aber provozieren können, sonst kann man sie auch nicht messen. Natürlich muss man dann auch entscheiden, welches Messwerkzeug verwendet werden soll. Mittlerweile gibt es ja ein ganzes Arsenal an neuartigen Methoden, um „dem Gehirn beim Denken zuzuschauen" (wie es immer so schön heißt). Alle diese Verfahren haben jedoch Vor- und Nachteile, man muss sich schon gut überlegen, was man wofür einsetzt.

Aus diesem Grund steckt die neurobiologische Erforschung der Kreativität immer noch in den Kinderschuhen. Das ist wirklich überraschend, denn sonst stürzen sich Forscher ja auf jedes nur erdenkliche Gebiet im Gehirn – die Intelligenz ist zum Beispiel sehr ausgiebig erforscht worden, auch Sprache und Musikalität (als Unterpunkte der Intelligenz) sind immer ein beliebtes Forschungsobjekt. Aber mit der Kreativität ist das so eine Sache. Ihre Erforschung begann in den 1960er-Jahren nach dem Sputnik-Schock, als die Amerikaner erkannten, dass sie etwas tun müssten, um mit der sowjetischen Technologie mitzuhalten. Viele Theorien und Versuchsaufbauten, die noch heute verwendet werden, sind deswegen schon über 40 Jahre alt. Natürlich gibt es heute tolle neue Möglichkeiten, das Gehirn zu untersuchen (einige werden wir in Kürze kennenlernen), doch die Grundideen haben sich nur unwesentlich verändert. Das ist erstaunlich, denn normalerweise geht die naturwissenschaftliche Forschung extrem schnell voran. Während meines Biochemie-Studiums musste ich mir alle zwei bis drei Jahre ein neues Lehrbuch kaufen, weil mal wieder etwas Tolles entdeckt worden war. Doch die Standardwerke der Kreativität sind häufig zehn oder 20 Jahre alt (wenn nicht älter). Daran sieht man, dass die Erforschung der Kreativität doch recht kompliziert zu sein scheint – auch weil keiner so richtig weiß, woraus sich diese „Kreativität" zusammensetzt. Es ist immer noch ein etwas schwammiger Überbegriff für viele einzelne Prozesse, die im Gehirn ablaufen, während es kreativ ist. Doch auch wenn die Kreativitätsforschung noch nicht so weit gediehen ist wie die Intelligenzforschung, kann man aus den Erkenntnissen, die die Hirnforschung auf diesem Gebiet liefert, einige interessante Schlüsse ziehen. Schauen wir uns also an, was die Hirnforschung zu diesem Thema so zu sagen hat.

4.3.1 Kreativitätsexperimente

Wir wollen also untersuchen, was im Gehirn genau passiert, wenn jemand kreativ ist. Dafür müssen wir definieren, was wir messen wollen – wir brau-

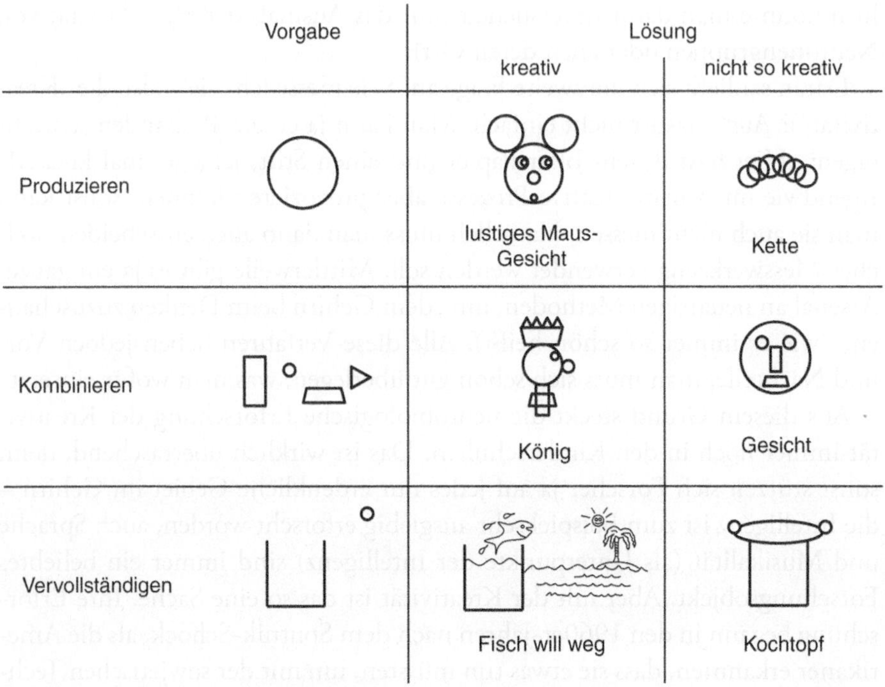

Abb. 4.9 Ein sprachfreier Torrance-Test. Die Probanden müssen aus vorgegebenen Objekten neue Bilder erzeugen, die mehr oder weniger kreativ sein können. Dazu werden die Objekte vervielfältigt, kombiniert oder ergänzt

chen einen Versuchsaufbau. Klassischerweise verwendet man drei verschiedene Typen von Experimenten, um Kreativität zu messen.

Torrance-Tests zum Messen des divergenten Denkens In den 1970ern von Ellis Paul Torrance entwickelt, zählt dieser Test auch heute noch zu den Standardverfahren der Kreativitätsforschung. Der Klassiker lautet: Was können Sie alles mit einem Ziegelstein anfangen? Natürlich kann man den Ziegelstein austauschen gegen einen Autoreifen, ein Paar High Heels oder einen Topf mit Fingerfarben. Alternativ (um das Element „Sprache" auszuschalten) kann man auch eine grafische Aufgabe stellen.

In Abb. 4.9 ist gezeigt, dass in einem sprachfreien Torrance-Test aus vorgegebenen Objekten (zum Beispiel Kreisen oder Vierecken) neue Bilder produziert werden müssen. Dazu müssen die Probanden die Objekte vervielfältigen, sie neu kombinieren oder vervollständigen. Sie haben dafür eine gewisse Zeit, bevor anschließend bewertet wird, wie „kreativ" die Vorschläge waren. Man könnte zum Beispiel leicht ermitteln, wie viele Ideen insgesamt produziert wurden (die „Ideenflüssigkeit") oder wie viele unterschiedliche Ideen entstanden (die „Ideenflexibilität"). Natürlich bedeuten viele Ideen nicht unbedingt, dass man auch kreativ war (in Abb. 4.9 ganz oben könnte man ja auch 20 verschiedene Mausgesichter gezeichnet haben), deswegen muss man noch irgendwie die Neuartigkeit, die Originalität der Ideen bestimmen. Dafür gibt es normalerweise eine Gruppe von externen Teilnehmern, die die Ideen hinsichtlich der Neuartigkeit bewerten (hier sieht man schon, wie subjektiv die Kreativitätsforschung ist).

Es gibt viele Abwandlungen von dieser experimentellen Grundidee „Finde möglichst viele Verwendungen für XYZ!". Eine Möglichkeit wendet man beim *conceptional expansion*-Experiment an (man könnte es frei mit „abstrakter Erweiterung" übersetzen): Hier sollen die Probanden aus drei vorgegeben Stichpunkten (zum Beispiel: Zauberer, Hut, Kaninchen) eine Geschichte erfinden. Natürlich wird diese Geschichte nicht so kreativ sein, wie wenn man die Stichpunkte Koalabär, Schreibmaschine, Inline-Skating vorgibt. Auf diese Weise kann man gezielt außergewöhnliche Geschichten erzeugen und untersuchen, wie sich das Gehirn diese ausdenkt.

Alle diese Experimente, bei denen die Teilnehmer viele Verwendungsmöglichkeiten für bekannte Objekte oder neue Wörter oder Bilder aus bekannten Objekten erzeugen sollen, zielen immer darauf ab, das divergente Denken zu messen. Dieses zeichnet sich gerade dadurch aus, dass es nicht so zielgerichtet, sondern eher freier, assoziativer als das konvergente Denken ist. Die überwiegende Zahl der Kreativitätsexperimente verwendet solche Versuchsanordnungen (vor allem, weil man leicht etwas messen kann, man braucht zum Beispiel nur die Zahl neuer Ideen auszuzählen), doch natürlich ist Kreativität mehr als nur das Finden einer neuen Funktion für einen Hausschuh oder einen Spülschwamm. Beispielsweise lassen solche Experimente die künstlerische Kreativität völlig außer Acht – und was genau bei einem plötzlichen Geistesblitz passiert, messen sie auch nicht.

Künstlerische Kreativität Wie soll das denn gehen: Künstlerische Kreativität im Labor zu messen, das erscheint doch recht gewagt. Soll man vielleicht die Hirnströme von Ausdruckstänzern messen, die gerade durch das Labor springen? Nun sind Neurowissenschaftler selbst schon recht kreativ, also wurden solche Experimente natürlich schon gemacht! Das Problem ist bei diesen Experimenten immer, dass man die Kreativität nach bestimmten Kriterien messbar machen muss. Nun ist es recht schwierig zu sagen, dass ein Tanz besonders kreativ war und ein anderer Tanz nicht, deswegen vergleicht man meist unterschiedliche Gruppen, also zum Beispiel professionelle Künstler (Tänzer, Maler, Musiker) mit „normalen" Personen, die nicht besonders künstlerisch tätig sind. Alternativ kann man natürlich auch offensichtliche Unterschiede in der Kunst vergleichen, also einen frei improvisierten Tanz mit einem recht unfreien, klar definierten Bewegungsablauf. Interessanterweise stellte man dabei fest, dass es einen Unterschied macht, ob man besonders ausdrucksstark ohne Schema in der Gegend herumspringt oder einen Walzer tanzt (Letzterer scheint wohl etwas unkreativ zu sein, kaum zu glauben, wenn man das wahre Feuerwerk tänzerischer Finesse beim Wiener Opernball beobachtet).

Auch musikalische Kreativität ist in diesem Zusammenhang untersucht worden. Dafür sollten professionelle Komponisten eine bestimmte Tonfolge möglichst kreativ ergänzen oder nach dem Hören verschiedener Lieder selbst kurze Melodien erzeugen. Anschließend verglich man deren Hirnaktivität beim Erzeugen von neuen Tönen mit dem einfachen Wiedergeben von bekannten Tonfolgen, und man fand, dass „kreatives Komponieren" zu einer weitreichenden Aktivierung von vielen Hirnarealen (und keinem bestimmten Musikzentrum) führte.

Ähnliche Experimente gibt es auch für das Erschaffen neuer Bilder, bei denen entweder bestehende Bilder ergänzt oder ausgemalt werden müssen oder völlig neue Bilder geschaffen werden. Tatsächlich existieren jedoch für solche Experimente zur Erfassung künstlerischer Kreativität keine standardisierten Tests, was mögliche Schlussfolgerungen aus diesen Versuchen erschwert.

Aha-Experimente Ein Geistesblitz scheint ja manchmal aus heiterem Himmel zu kommen. Wie wir im vorigen Kapitel gesehen haben, ist das zwar nicht ganz korrekt, denn das Gehirn hat ja schon die ganze Zeit viele neue Muster kombiniert, bevor man sich eines neuen Musters bewusst wird, doch trotzdem: Dieser Aha-Moment ist schon ein außergewöhnliches Ereignis – man erschreckt regelrecht, wenn man plötzlich von der Muse geküsst wird (wie das bei plötzlichen Küssen häufig der Fall ist). So einen kurzen Moment der Erleuchtung im Experiment festzuhalten, ist eine besondere Herausforderung. Eine Möglichkeit sind die Einsichtsexperimente (engl. *insight experiments*), im Folgenden etwas reißerisch als „Aha-Experimente" bezeichnet. Ein Beispiel: Man gibt den Probanden eine Zahlenreihe vor, die sie ergänzen sollen:

0, 1, 1, 2, 3, 5, 8, 13,?

Zunächst schaut man sich diese Zahlenreihe an und erkennt kein Muster, bis es einem plötzlich auffällt: Die neue Zahl setzt sich immer aus der Summe der beiden vorherigen Zahlen zusammen. Dies ist der Aha-Moment, und wenn man die ganze Zeit die Hirnströme ableitet, kann man erkennen, ob sich genau in diesem Moment im Gehirn etwas Besonderes tut.

Natürlich gibt es viele Varianten dieses Aha-Experimentes. Im *Remote Associations Test* (zu Deutsch etwas umständlich als „Test für entfernte Assoziationen" zu umschreiben) gibt man den Probanden drei Wörter vor, die sich mit einem gemeinsamen Wort ergänzen lassen:

Tee-, -zipfel, Fleisch-
Lösung: Wurst

Es gibt nun zwei Möglichkeiten, ein solches Rätsel zu lösen. Sie könnten sich zunächst überlegen, welches Wort den Begriff „Tee-" ergänzt, zum Beispiel „Kanne". Nun ist der nächste Begriff „Kanne-zipfel" keine gute Lösung. Sie suchen also einen neuen Begriff, bis Sie irgendwann so viele Kombinationen durchprobiert haben, dass sie das entsprechende Wort gefunden haben. Dafür müssen Sie sich konzentrieren und logisch denken und wie jeder weiß: Das macht oft keinen Spaß und kann schnell langweilig werden. Eine andere Möglichkeit, dieses Worträtsel zu bearbeiten, ist jedoch etwas weniger naheliegend: Man schaut sich diese drei Begriffe einige Zeit an – und plötzlich „sieht" man das Lösungswort. Bei einem solchen Test soll der Proband also so lange überlegen, bis er sich seiner Lösung sicher ist. Er sagt dann die Lösung und muss gleichzeitig festlegen, ob ihm diese durch hartes Nachdenken in den Sinn gekommen oder einfach zugeflogen ist. Diese Unterscheidung ist tatsächlich immer sehr eindeutig und leicht zu treffen. Währenddessen werden seine Hirnströme aufgezeichnet oder die Aktivität in seinem Gehirn räumlich zugeordnet. Auf diese Weise kann man mit (zugegebenermaßen recht primitiven) Experimenten untersuchen, ob sich die Gehirnaktivität während einer geistigen Eingebung ändert oder ob neue Gehirnareale aktiv werden.

Diese verschiedenen Typen von Kreativitätsexperimenten (Torrance-Tests in vielen Varianten, künstlerische Tests und Aha-Experimente) werden in der Hirnforschung verwendet, um im Labor kreative Momente zu simulieren. Natürlich kommen solche künstlichen Aufbauten niemals an die Komplexität der wirklichen Welt heran – aber es ist nun mal oft so, dass man einen Versuchsaufbau möglichst einfach und übersichtlich halten muss, um statistisch belastbare Ergebnisse zu erhalten. Der experimentelle Aufbau ist natürlich nur der erste Schritt. Wenn man einen Probanden nun gebeten hat, beispielsweise viele neue Möglichkeiten für die Verwendung eines Ziegelsteins aufzuschreiben, muss man ja irgendwie messen, was in diesem Moment in seinem Gehirn passiert. Dafür gibt es viele Möglichkeiten, und diese zielen auf unterschiedlichste Funktionen des Gehirns.

4.3.2 Wir messen einen Geistesblitz

Man hört es ja immer wieder: „Mit diesem Verfahren (fMRT, EEG oder irgendetwas anderem) kann man dem Gehirn beim Denken zuschauen!" Das ist natürlich etwas übertrieben, um nicht zu sagen: Quatsch. Denn bisher erlaubt es kein technisches Verfahren, einen Gedanken, das Aktivierungsmuster von Neuronen, genau aufzuzeichnen oder zu messen. Wenn Sie einem Gehirn beim Denken zuschauen möchten, können Sie genauso gut ihr Gegenüber anschauen, in aller Regel wird es gerade etwas denken (außer es befindet sich momentan in einem komatösen Zustand). Zwar wissen Sie nicht, *was* Ihr Nachbar gerade denkt, aber das weiß auch keine teure Maschine, die das Gehirn durchleuchtet. Natürlich haben diese tollen modernen Geräte schon einige Vorteile, sie können zum Beispiel ermitteln, *wo* das Gehirn gerade denkt und wie stark sich die Neuronengruppen zu diesem Denkprozess zusammenschließen. Zwei besonders populäre Methoden sollen deswegen kurz vorgestellt werden, und ich freue mich an dieser Stelle, zwei Zungenbrecher präsentieren zu dürfen: die funktionelle Magnetresonanztomographie (fMRT) und die Elektroencephalographie (EEG).

Hirnforscher schießen gerne mit Kanonen auf Spatzen. Wenn man nämlich etwas so Kleines und Filigranes wie eine Nervenzelle untersuchen will, dann hat man früher den Schädel aufgebohrt (wenn sowieso gerade eine Hirnoperation anstand) und das Gehirn mit kleinen Elektroschocks direkt stimuliert oder die elektrische Aktivität der Neurone abgeleitet. Das war recht einfach und billig – aber heutzutage möchte man ja nicht bei jedem einfachen Kreativitätsexperiment die Hirne der Teilnehmer aufschneiden, weil sich dann bedauerlicherweise wahrscheinlich nur wenige Probanden fänden. Also geht man einen anderen Weg, lässt den Schädel unversehrt und schaut von außen ins Gehirn. Ganz so simpel ist das leider nicht, denn man braucht dafür eine etwa 15 Tonnen schwere Röhre (den Kernspintomographen) mit einem Magneten, der über 100.000-mal so stark sein kann wie das Erdmagnetfeld (Kostenpunkt zum Glück nur mehrere Millionen Euro). Dieses Verfahren nennt sich Magnetresonanztomographie (MRT) und so umständlich der Name klingt, so kompliziert ist es auch.

> **Zwischenruf** Warum denn Magnete? Wie soll man damit messen können, was im Gehirn abläuft, wenn man gerade etwas Kreatives denkt?

Nun muss man sich vorstellen, dass diese Magnete recht stark sind. Ein Magnet, mit dem man sich seine Liebesbriefe an die Kühlschranktür heftet, hat normalerweise eine „Stärke" von 0,1 T. Tesla ist die Einheit für die magnetische Flussdichte, streng genommen geht es also nicht um die Magnetfeld*stärke*, sondern darum, wie dicht das Magnetfeld ist. Wenn man wie ich sehr viele Liebesbriefe bekommt, muss man die Magnetfelddichte seines Kühlschrankmagneten erhöhen. Das geht nur bis zu einem gewissen Grad, dann braucht man dafür elektrische Spulen, denn wenn durch diese ein elektrischer Strom fließt, wird ein starkes Magnetfeld erzeugt. Genau das macht man in einem Kernspintomographen: Die erzeugten Magnetfelder können dabei einige

Tesla erreichen und damit über 50-mal stärker sein als ein haushaltsüblicher Dauermagnet. Die Räume, in denen diese Tomographen stehen, müssen gut abgeschirmt werden, und es darf nichts Metallisches hinein gelangen. Während meines Studiums machte ich den Fehler und habe meine Bankkarte in einen solchen Raum mitgenommen. Natürlich hat das starke Magnetfeld alle meine Daten gelöscht (hätte ich doch nur ein voll entwickeltes Drei-Neuronen-Doktoranden-Gehirn gehabt, wie vor wenigen Seiten gezeigt, dann wäre das nicht passiert).

Doch wofür braucht man diese starken Magnetfelder? Viele Moleküle im menschlichen Körper haben magnetische Eigenschaften – vor allem sollte man da an Wasserstoffatome der Wassermoleküle denken, die sich wie kleine Magnete verhalten. Nun besteht der Mensch ja hauptsächlich aus Wasser (etwa zu 70 %), deswegen kann man mit der MRT auch nahezu jedes Gewebe untersuchen.

In Abb. 4.10 (die wirklich sehr stark vereinfacht ist) wird klar, wie sich die magnetischen Eigenschaften der Wassermoleküle (genauer gesagt: der Wasserstoffatome im Wassermolekül) verhalten. Ohne äußeres Magnetfeld machen diese „Molekül-Magnete", was sie wollen, und taumeln in alle Richtungen hin und her. Legt man jedoch ein äußeres Magnetfeld an, dann richten sie sich alle nach diesem Magnetfeld aus und werden in dieser Position festgehalten. Dafür braucht man aber schon sehr starke Magnetfelder, deshalb reicht ein Küchenmagnet bei Weitem nicht aus. Wenn sich alle Molekül-Magnete nach dem äußeren Magnetfeld ausgerichtet haben, kann man diese Ausrichtung stören, indem man eine kurze Radiowelle auf die Wassermoleküle richtet. Das Radioprogramm spielt dabei natürlich eine wichtige Rolle: Je stärker das Magnetfeld, desto höher muss auch die Radiofrequenz sein, um die Molekül-Magnete abzulenken. Nun sind sie dabei recht wählerisch bei ihrem Radiogeschmack. Ganz genauso wie Menschen, die auf unterschiedliche Musik stehen, hören auch die Molekül-Magnete nur ihre Lieblingsfrequenzen. Bei Menschen habe ich schon seltsame Dinge beobachtet, wenn sie ihre Lieblingsmusik hören: Sie fangen an zu tanzen und bewegen sich (mehr oder weniger kontrolliert) in alle möglichen Richtungen. Das ist sehr befremdlich, aber so etwas Ähnliches machen die Wassermoleküle auch, und wenn sie ihre Lieblingsfrequenz hören, befreien sie sich aus dem starren Magnetfeld, sie geraten in Resonanz und nehmen eine neue Orientierung ein (daher der Name „Magnetresonanz"). Sie springen dabei nicht ganz so chaotisch durch die Gegend, sondern richten sich alle in ähnlicher Weise aus. Ein Empfangsgerät beobachtet die Molekül-Magnete dabei die ganze Zeit von der Seite und merkt sofort, wenn diese entsprechend abgelenkt wurden. Wenn der Radioimpuls jedoch wieder abgeschaltet wird, sind die Molekül-Magnete ganz durcheinander. Das hat ja niemand gern und so springen sie schnell in

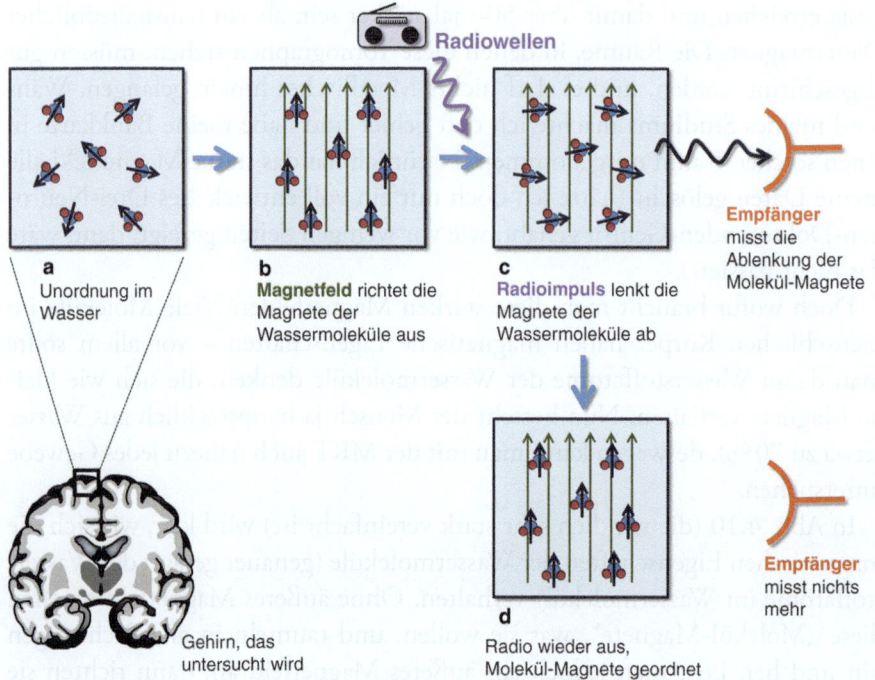

Abb. 4.10 Das Prinzip der Magnetresonanz. a Die Atome in den Wassermolekülen im Gehirn sind wie kleine Magnete, und ohne äußeres Magnetfeld taumeln sie ungeordnet umher. **b** Wenn ein Magnetfeld angelegt wird (*grüne Pfeile*), dann richten sich die Wassermolekül-Magnete danach aus. **c** Ein Radioimpuls lässt die Molekül-Magnete aus dieser Ordnung ausbrechen. Ein Empfangsgerät misst dabei diese Auslenkung. **d** Schaltet man den Radioimpuls wieder aus, springen die Wassermolekül-Magnete wieder zurück in ihre Magnetfeld-Ordnung. Dabei kann man messen, wie schnell sie das tun

ihre Lieblingsposition zurück und richten sich wieder nach dem äußeren Magnetfeld aus. Mit dem Empfangsgerät kann man dabei messen, wie schnell die Molekül-Magnete in ihre angestammte Position zurückkehren.

> **Zwischenruf** Aber wie wird daraus ein Bild von einem Gehirn?

Klar, rasch zurückschnellende Molekül-Magnete, das bringt an sich noch nicht viel. Aber die magnetischen Eigenschaften in den Wassermolekülen unterscheiden sich je nachdem, in welchem Umfeld sie sich befinden. In jedem Gewebe „hören" die Atome im Wassermolekül eine andere Radiofrequenz am liebsten und kehren unterschiedlich schnell in die vom äußeren Magnetfeld festgelegte Richtung zurück. Somit reagiert auch jedes Gewebe anders auf die

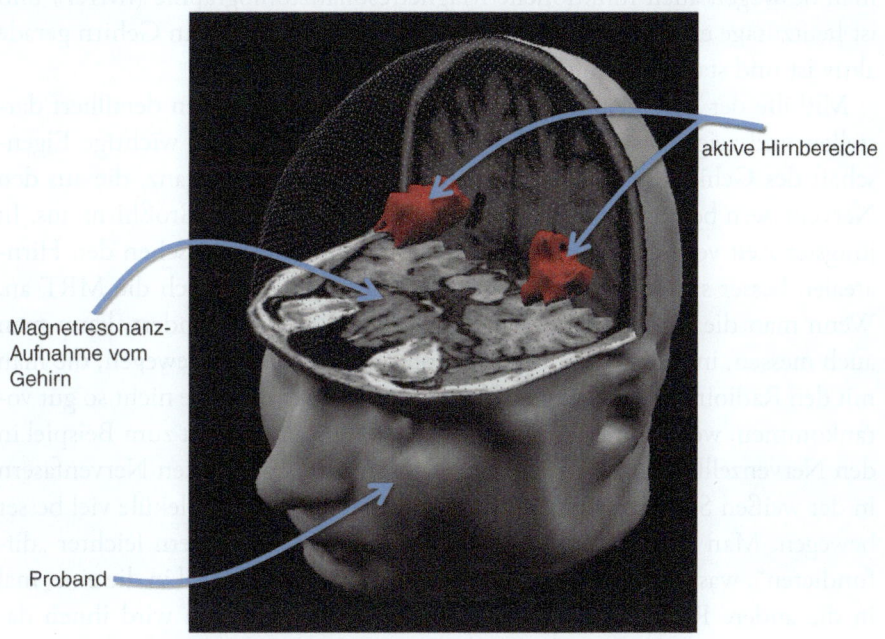

Abb. 4.11 Die fMRT macht sichtbar, wo ein Gehirn aktiv ist. Der Proband hält still und lässt sich sein Gehirn vermessen. Dabei hört er eine Stimme, sodass die Hör- und Sprachzentren in seinem Gehirn anspringen. Sie sind in diesem Bild rot eingefärbt. (Abbildung zur Verfügung gestellt von Prof. Scheffler, MPI für biologische Kybernetik, Tübingen)

Radiowellen-Anregung, und genau diese Unterschiede können sichtbar gemacht werden. Dazu wird das Gehirn scheibchenweise „durchleuchtet" und aus allen Scheiben anschließend ein Gesamtbild zusammengesetzt. Deswegen nennt man das Gerät auch „Tomograph", was so viel wie „Scheibchen-Schreiber" bedeutet. So kann man die Hirnstrukturen wunderbar sichtbar machen.

Das allein bringt aber noch nicht viel, wenn man erkennen will, wo ein Gehirn gerade *aktiv* ist und Energie umsetzt. Um die Hirnaktivität zu messen, nutzt man daher einen Trick: Stark durchblutetes Hirngewebe unterscheidet sich nämlich in seinen magnetischen Eigenschaften von wenig durchblutetem Gewebe. Wenn man alle paar Sekunden eine Aufnahme von einem denkenden Gehirn macht, kann man feststellen, wo gerade besonders viel Blut entlangströmt (das Gehirn also besonders aktiv ist). Solche Regionen kann man in den Aufnahmen später markieren und so tolle Bilder erhalten, in denen man die „Aktivitätszentren" im Gehirn erkennt. Dies ist in Abb. 4.11 gezeigt. In diesem Fall hört der Proband gerade eine Stimme, die roten Bereiche entsprechen also den Hör- bzw. Sprachzentren. Dieses Upgrade der MRT nennt man deswegen auch funktionelle Magnetresonanztomographie (fMRT) und ist heutzutage ein Standardverfahren, um festzustellen, wo ein Gehirn gerade aktiv ist und stark durchblutet wird.

Mithilfe der MRT kann man aber nicht nur Hirnregionen detailliert darstellen und zeigen, wo ein Gehirn gerade denkt. Eine sehr wichtige Eigenschaft des Gehirns ist ja seine Vernetzung. Die weiße Substanz, die aus den Nervenfasern besteht, macht etwa die Hälfte des gesamten Großhirns aus. In jüngster Zeit versucht man daher, diese Verknüpfungen zwischen den Hirnarealen besser sichtbar zu machen, und auch dafür bietet sich die MRT an. Wenn man die Aufnahmebedingungen nämlich etwas verändert, kann man auch messen, in welche Richtung sich die Wassermoleküle bewegen, die man mit den Radioimpulsen anregt. Nun können Wassermoleküle nicht so gut vorankommen, wenn ihnen viel im Weg rumsteht – und das ist zum Beispiel in den Nervenzellkörpern in der grauen Substanz der Fall. In den Nervenfasern in der weißen Substanz hingegen können sich die Wassermoleküle viel besser bewegen. Man sagt, dass die Wassermoleküle in diesen Fasern leichter „diffundieren", was im Prinzip bedeutet, dass sie richtungslos mal in die eine, mal in die andere Richtung spazieren. Durch die Zellmembran wird ihnen dabei quasi eine Laufstrecke für ihre Diffusion (ihren Spaziergang) vorgegeben, und genau diese Laufstrecke kann man mithilfe der diffusionsgewichteten MRT messen. Ich gehe davon aus, dass Sie das Bild zu Beginn dieses Kapitels. (Abb. 4.1) bemerkt haben. Es zeigt nämlich genau ein solches besonderes MRT-Bild, bei dem die wichtigsten Nervenfasern im Gehirn sichtbar (und hübsch eingefärbt) wurden. Mit dieser recht modernen MRT-Methode ist es also nun möglich zu bestimmen, wie sehr verschiedene Hirnregionen miteinander in Kontakt stehen.

Die Magnetresonanztomographie hat einen tollen Vorteil: Sie zeigt sehr schön, *wo* ein Gehirn gerade aktiv ist oder *wo* die wichtigsten Verbindungsachsen liegen. Der Nachteil ist jedoch, dass man für jedes Bild recht lange messen muss (immer ein paar Sekunden). Nun sind Neurone ja recht flott im Verrechnen von Informationen und ändern schnell ihre Aktivität. Aus diesem Grund verwendet man ein anderes Verfahren, um die Aktivität der Neurone aufzuzeichnen: die Elektroencephalographie (EEG).

Der Name mutet schon ein wenig kompliziert an, bedeutet aber eigentlich nur „elektrische (,elektro') Gehirn- (,encephalo') Aufzeichnung (,graphie')". Das Prinzip dieser Messmethode ist nämlich genau das: Wenn Neurone aktiv sind und Aktionspotentiale erzeugen, dann entsteht auch immer ein kleines elektrisches Feld. Diese Felder sind wirklich nicht besonders stark, deswegen sollte man für seine Messungen eine Hirnregion wählen, in der auch genügend viele Neurone versammelt sind, damit das Feld wenigstens nicht ganz so schwach ist. Und wie praktisch: Direkt unter der Schädeldecke sitzen ja die

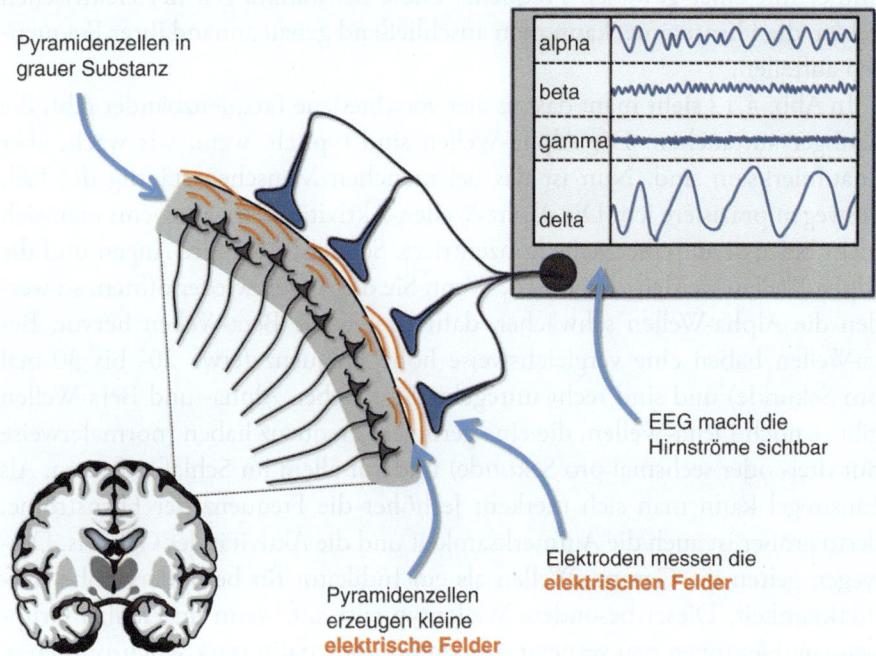

Abb. 4.12 Mit der Elektroencephalographie (EEG) misst man Hirnströme. Die Pyramidenzellen, die mit ihren Zellkörpern in der grauen Substanz des Cortex sitzen, erzeugen kleine elektrische Felder. Mithilfe von Elektroden, die man auf den Kopf setzt, kann man diese doch sehr schwachen Felder messen und anschließend in einem Elektroencephalogramm sichtbar machen

ganzen Pyramidenzellen dicht gepackt in der grauen Substanz. Deren elektrische Felder lassen sich problemlos messen, wenn man einige Elektroden (so etwa 20 oder 30) auf den Schädel auflegt. Alle diese Elektroden senden ihr jeweiliges Signal in ein Messinstrument, dass diese elektrischen Felder untereinander vergleicht und ebenjenes Elektroencephalogramm erzeugt, das in Abb. 4.12 gezeigt ist.

> **Zwischenruf** Also, wenn das Gehirn wirklich so flink seine Aktivitätsmuster ändert, dann müsste ja ein totales Chaos an elektrischen Feldern entstehen. Wie will man da etwas Vernünftiges ableiten?

Tatsächlich könnte man ein totales Durcheinander an elektrischen Feldern erwarten, aber in Wirklichkeit hat auch das Gehirn seine Ordnung. Denn Nervenzellen arbeiten in der Regel nicht alleine, sondern verabreden sich dafür mit anderen Nervenzellen, sie synchronisieren sich. Dadurch werden die elektrischen Felder von ganzen Neuronengruppen gebündelt und ändern sich immer mit einer gewissen Frequenz. Diese Schwankungen der elektrischen Felder, die Hirnströme, kann man anschließend genau anhand ihrer Frequenzen aufteilen.

In Abb. 4.12 sieht man, dass es vier verschiedene Frequenzbänder gibt, die häufiger auftauchen. Die Alpha-Wellen sind typisch, wenn wir wach, aber unaufmerksam sind. Nun ist das bei manchen Menschen ständig der Fall, deswegen präzisiere ich: Die Alpha-Wellen-Aktivität steigt an, wenn man sich nicht bewusst auf eine Sache konzentriert. Schließen Sie Ihre Augen und die Alpha-Wellen werden zunehmen. Wenn Sie die Augen wieder öffnen, so werden die Alpha-Wellen schwächer, dafür treten die Beta-Wellen hervor. Beta-Wellen haben eine vergleichsweise hohe Frequenz (etwa 20- bis 30-mal pro Sekunde) und sind recht unregelmäßig. Neben Alpha- und Beta-Wellen gibt es noch Delta-Wellen, die eine geringere Frequenz haben (normalerweise nur drei- oder sechsmal pro Sekunde) und vor allem im Schlaf auftreten. Als Faustregel kann man sich merken: Je höher die Frequenz der Hirnströme, desto größer ist auch die Aufmerksamkeit und die Aktivität des Gehirns. Deswegen gelten die Gamma-Wellen als ein Indikator für besonders hohe Aufmerksamkeit. Dieser besondere Wellentyp tritt auf, wenn im Gehirn Gruppen von Neuronen neu vernetzt werden und sich dafür stark synchronisieren. Die Bildung von neuen Aktivitätsmustern erfordert also eine ganz besondere Intensität der Hirnströme.

Eine Besonderheit stellt das Träumen (ich präzisiere wieder: während des Schlafens) dar. Obwohl man in diesem Moment schläft, sind die Hirnströme vergleichbar mit dem Wachzustand, so gibt es viele Alpha- und besondere Formen der Beta-Wellen. Offenbar ist das Gehirn während des Träumens genauso aktiv wie im wachen Zustand.

Die EEG hat den gewaltigen Vorteil, dass sie sehr schnell die Hirnaktivität messen kann. Man ist quasi in Echtzeit online dabei, wenn die Nervenzellen aktiv werden. Dafür muss man jedoch einen Preis zahlen: Man kann nicht genau ermitteln, *wo* die Neurone gerade aktiv sind. Wenn man die Schädeldecke unversehrt lässt (und das ist bei den meisten Experimenten der Fall), so tragen etwa eine Million Neurone mit ihren elektrischen Feldern zum Signal an einer Elektrode auf dem Kopf bei. Kleine Neuronengruppen, die sehr schnell aktiv und wieder inaktiv werden, können so gar nicht erfasst werden. Dennoch ist es eine nützliche Methode, um schnell zu bestimmen, in welchem (groben) Aktivitätszustand das Gehirn sich gerade befindet.

MRT und EEG sind die derzeitigen Standardmethoden, wenn man untersuchen will, *wo* und *wie sehr* ein Gehirn gerade aktiv ist. Auf diese Weise kombiniert man die zuvor beschriebenen experimentellen Versuchsaufbauten mit diesen Nachweisverfahren und schaut, ob kreative Gehirne irgendwie „anders" ticken als unkreative Gehirne, ob es ein „Kreativitätszentrum" gibt oder das Gehirn einen besonderen Aktivitätszustand erreichen muss, um kreativ zu sein.

4.3.3 Hirnforschung und Kreativität

Wenn man etwas wissenschaftlich untersuchen will, braucht man neben einem Versuchsaufbau und einer Messvorrichtung auch noch eine dritte wichtige Zutat: eine Arbeitshypothese. Interessanterweise gibt es bei der Erforschung der Kreativität gleich mehrere davon. Die meisten sind schon mehrere Jahrzehnte alt und kommen aus den 1960er- und 1970er-Jahren. Erst in den letzten Jahren beginnt man jedoch, diese Theorien mit den gerade vorgestellten Methoden zu überprüfen – und dabei ergeben sich recht überraschende Erkenntnisse.

Theorie 1: Die rechte Gehirnhälfte ist kreativ Kennen Sie diese tollen Bilder aus Büchern und Zeitschriften, in denen die beiden Gehirnhälften dargestellt werden und die linke Hälfte eher den logischen, sprachlichen, analytischen Part übernimmt, während die rechte Hälfte assoziativ, räumlich und musisch denkt? Man könnte meinen, dass man deswegen eine analytisch denkende linke und eine kreative rechte Gehirnhälfte besitzt. Vergessen Sie das sofort! Es ist Quatsch! Zweifeln Sie auch die ganzen Ratgeber an, die Ihnen erklären wollen, erst mit der rechten Gehirnhälfte ganzheitlich und kreativ zu denken! Es gibt ganze Seminare, in denen man lernen soll, besser mit der rechten Gehirnhälfte zu arbeiten und die Verbindung zwischen den beiden Hirnhälften zu verstärken.

Ich kann Sie beruhigen: Beide Gehirnhälften sind schon verbunden – und zwar durch den Balken, wie wir in Kap. 1 (Abschnitt „Total zerknautscht und doch geordnet: der Cortex") gesehen haben. Der Balken ist quasi die Datenautobahn zwischen den beiden Gehirnhälften, die ständig miteinander in Austausch stehen. Das sieht man auch schön in der ersten Abbildung dieses Kapitels (Abb. 4.1), in der die vielen dicht gedrängten Fasern des Balkens rot eingefärbt sind. Nun hat man in den 1960er-Jahren bei einigen Patienten diesen Balken durchgeschnitten, um zu verhindern, dass epileptische Anfälle von einer Hirnhälfte auf die andere übergreifen. Tatsächlich verbesserten sich die epileptischen Anfälle, doch diese „Split-Brain-Patienten" zeigten einige Besonderheiten beim Erkennen und Benennen von Objekten. Während die linke Gehirnhälfte wohl für die Sprachverarbeitung und die detaillierte Beschreibung von Objekten zuständig war, konnte die rechte Gehirnhälfte räumliche Informationen besser verarbeiten und erfasste besser große Zusammenhänge (zum Beispiel auf Bildern). Daraus zog man den Schluss, dass auch kreative

Prozesse (die ja eindeutig freie Assoziationen und das Erfassen von groben Zusammenhängen benötigen) in der rechten Gehirnhälfte sitzen müssten.

Aber das ist falsch! Gerade mithilfe der fMRT konnte man zeigen, dass das Lösen von kreativen Aufgaben (zum Beispiel, wenn Musiker neue unbekannte Tonfolgen erzeugten) nicht auf die rechte Gehirnhälfte beschränkt ist. Es gibt sogar überhaupt keine spezielle Region im Gehirn, die man konkret und wiederholbar mit Kreativität in Verbindung bringen könnte – mit Ausnahme des Stirnbereichs, dem präfrontalen Cortex. Dass aber gerade dieser Bereich bei vielen Kreativitätsexperimenten aktiv war, sollte keinen überraschen, denn jeder bewusste Prozess scheint den präfrontalen Cortex einzubeziehen, ob er nun kreativ ist oder nicht.

Interessanterweise scheinen sich „kreative Gehirne" von weniger kreativen Gehirnen (wenn es so etwas überhaupt gibt) in gewisser Weise anatomisch zu unterscheiden. Mithilfe der diffusionsgewichteten MRT kann man nicht nur so hübsche Bilder wie zu Beginn dieses Kapitels erzeugen, sondern auch ermitteln, wie stark verschiedene Hirnregionen miteinander verknüpft sind. Tatsächlich ist bei Menschen, die kreative Tests besser lösen können, der präfrontale Cortex intensiver mit den restlichen Hirnstrukturen verbunden. Auch der Balken ist dichter mit Nervenfasern vollgepackt, was darauf schließen lässt, dass es tatsächlich darauf ankommt, wie gut die beiden Hirnhälften miteinander kommunizieren.

Es kommt also nicht unbedingt darauf an, die rechte Gehirnhälfte einfach anzuknipsen und sofort kreativ zu sein. Entscheidend ist vielmehr, dass die Kapazitäten beider Gehirnhälften bestmöglich genutzt werden. Mal kommt es darauf an, super genaue Sprachmuster anzuwenden (dann wird wohl die linke Gehirnhälfte mit ihren hoch entwickelten Sprachzentren loslegen müssen), ein anderes Mal müssen vielleicht optische Muster besser verarbeitet werden (das kann in diesem Moment möglicherweise die rechte Gehirnhälfte besser).

Auch die Art der kreativen Aufgabe scheint die Aktivität des Gehirns zu beeinflussen: Wenn man bestimmte Formen der Aha-Experimente durchführt (vor allem die Ergänzung von drei Teilwörtern durch ein drittes Wort), zeigt sich, dass die rechte Gehirnhälfte besonders aktiviert werden kann. Doch das muss nicht sein. Denn sobald man das Aha-Experiment verändert (und nun zum Beispiel ganze Satzteile und nicht nur Wörter sinnvoll ergänzen soll), sind auf einmal Teile des präfrontalen Cortex in der linken Gehirnhälfte aktiver. Hinzu kommt: Bei vielen Untersuchungen anderer kreativer Prozesse (beispielsweise Torrance-Tests) ist die rechte Gehirnhälfte gar nicht aktiver als sonst. Ob die rechte Gehirnhälfte bei einem kreativen Prozess beteiligt wird oder nicht, hängt daher auch von der kreativen Aufgabe ab – und die kann sich ja schon recht stark unterscheiden (neue Funktionen für einen Ziegelstein zu finden, ist ja etwas anderes, als ausdrucksstark durch den Raum zu tanzen). Das Gehirn aktiviert also immer die Regionen, die es gerade benötigt, und nicht irgendein spezielles „Kreativitätszentrum", das in der rechten Hirnhälfte sitzt und bloß angeschaltet werden muss.

Fazit: Vergessen Sie die Märchen von der kreativen rechten Hirnhälfte. Denken Sie mit dem ganzen Hirn!

Theorie 2: Wenn man sich nicht auf die Sache konzentriert, ist man kreativer
Diese Idee nennt man in der Wissenschaft auch Defokussierungs-Theorie. Eng verwandt damit ist die *Low-Arousal*-Hypothese (bedeutet in etwa „Geringe-Erregungs-Hypothese"). Sie besagt, dass man gerade in Situationen, in denen man seine Gedanken schweifen lässt und sich nicht auf eine Sache konzentriert, freier assoziieren kann und so leichter auf neue (also kreative) Gedanken kommt.

Man kann diese Theorie testen, indem man sich ein EEG während eines kreativen Prozesses anschaut. Wir haben ja gesehen, dass die Alpha-Wellen-Aktivität zunimmt, wenn man etwas unkonzentrierter wird. Also sollten auch bei kreativen Prozessen die Alpha-Wellen zunehmen. Tatsächlich scheint dies bei den Aha-Experimenten zuzutreffen: Kurz bevor die Teilnehmer einen solchen Aha-Moment in den Experimenten hatten, stieg die Alpha-Wellen-Aktivität an und der Blutfluss in den beteiligten Hirnregionen nahm ab. Offenbar müssen einige Hirnregionen in ihrer Aktivität gedämpft werden, um eine kreative Inspiration hervorzubringen. Ähnlich scheint es bei den künstlerischen Kreativitätsexperimenten zu sein: Auch dort nimmt die Alpha-Wellen-Aktivität zu, wenn die Teilnehmer künstlerisch aktiv sind und zum Beispiel tanzen. Anders sieht es jedoch aus, wenn die Teilnehmer einen Torrance-Test absolvierten und divergent denken mussten. In solchen Fällen konnte man bisher kein einheitliches Muster der Alpha-Wellen-Aktivierung feststellen. Freies assoziatives Denken scheint also etwas anderes zu sein, als eine plötzliche Eingebung oder künstlerische Inspiration.

Anders ausgedrückt: Manchmal muss man sich tatsächlich weniger auf eine Sache konzentrieren und die Hirnaktivität herunterfahren, um neuen Ideen den Zugang zum Bewusstsein zu ermöglichen. Dazu passen ja die Geschichten vom „Geistesblitz aus heiterem Himmel" (Archimedes, Kekulé), oder dass man sich auch gut entspannen kann, wenn man sich künstlerisch betätigt (oder ist es vielleicht gerade umgekehrt: Man kann gerade dann künstlerisch aktiv sein, wenn man sich gerade entspannt?).

Nun muss man sagen, dass die Hirnforschung noch weit davon entfernt ist, ein klares Modell davon zu liefern, wie das Gehirn konkret arbeiten muss, um kreativ zu sein. Doch weisen einige Experimente in die Richtung, dass das Gehirn tatsächlich seine Aktivität regulieren kann, um zu neuen Einfällen zu kommen. Bei Aha-Experimenten beobachtet man häufig zunächst eine Vorbereitungsphase: Man sitzt vor seiner Aufgabe (zum Beispiel, drei Wörter sinnvoll durch ein drittes zu ergänzen), der präfrontale Cortex ist aktiviert (geringe Alpha-Wellen-Aktivität), die Regionen für Bewegungskontrolle oder die Bildverarbeitung sind weniger aktiv. Folge: Man konzentriert sich auf ein Problem und blendet Unwichtiges aus. Als Nächstes kommt die Suchphase: In einem Aha-Experiment, bei dem für drei Wörter eine passende Ergänzung gesucht werden muss, werden jetzt logischerweise Sprachzentren im Gehirn aktiv. Meist dauert diese Suchphase jedoch nur wenige Sekunden an, man ist meist schnell frustriert darüber, dass einem die Lösung nicht sofort in den Sinn kommt.

Wenn dieser erste Versuch, die kreative Aufgabe zu lösen, nicht funktioniert, passt das Gehirn seine Suchkriterien an, der präfrontale Cortex wird neu aktiviert und ändert seine Strategie. Dabei kann es einige Zeit dauern, bis die eigentliche Lösung gefunden ist. Manchmal kommt es jedoch zu diesem besonderen Aha-Effekt, und obwohl es dem Betroffenen (man sollte vielleicht sagen: dem Glücklichen) so erscheint, als käme dieser Geistesblitz aus dem Nichts, hat sich das Gehirn schon darauf vorbereitet. Denn unbewusst hat es die ganze Zeit weitergearbeitet. Ist erst einmal eine Aufgabe definiert und sind verschiedene Lösungsmöglichkeiten gescheitert, ändert das Gehirn nämlich seine Taktik, es schweift etwas ab und der präfrontale Cortex wird etwas unkonzentrierter (die Alpha-Wellen-Aktivität steigt an). Bruchteile von Sekunden, bevor der Geistesblitz entsteht, wird das Gehirn jedoch ganz plötzlich außerordentlich aktiv. Man erkennt das daran, dass die Gamma-Wellen-Aktivität enorm zunimmt, was darauf hindeutet, dass sich gerade in diesem Moment neue Aktivitätsmuster zwischen Neuronengruppen synchronisieren.

Offenbar gilt: Ein gewisses Maß an Unkonzentriertheit fördert die Entwicklung eines Geistesblitzes. Doch das muss nicht immer der Fall sein. Gerade bewusstes Assoziieren benötigt ein gewisses Maß an Konzentration, und nicht immer, wenn man am Wegdösen ist, ist man auch kreativ (ich schlafe dann häufig einfach ein, das war's). Manchmal entstehen kreative Lösungen auch gerade dann, wenn man besonders aktiv ist, man denke nur an die kreativen Spielzüge von Lionel Messi (oder Christiano Ronaldo, wenn der Ihnen besser gefällt). Diese Ausnahme-Fußballer waren wohl alles andere als unkonzentriert, als sie ihre Gegner austricksten.

Fazit: Unkonzentriert sein kann helfen, um sich für neue und überraschende Ideen zu öffnen. Doch es ist das Gleichgewicht aus Fokussierung und Abschweifung, das den eigentlichen kreativen Gedanken begünstigt!

Theorie 3: Kreativität ist divergentes Denken In vielen Ratgebern wird empfohlen, das konvergente (zielgerichtete) vom divergenten (assoziativen)

Denken zu trennen. Nur das divergente Denken ermögliche es, neue Ideen hervorzubringen, und sei die Voraussetzung für Kreativität. Genau um dieses divergente Denken zu messen, hat man ja auch den Torrance-Test (und vergleichbare Tests) entwickelt. Denn man kann ja so schön und einfach zählen und bewerten, wie viele originelle Ideen produziert wurden.

Wie kann man nun vorgehen, wenn man divergentes Denken sichtbar machen möchte? Man könnte ja erwarten, dass sich divergentes Denken vor allem dadurch auszeichnet, dass besonders viele unterschiedliche Hirnregionen aktiviert werden. Durch eine groß angelegte Aktivierung von vielen Hirnarealen könnten auf diese Weise neue Assoziationen und kreative Ideen entstehen. Die Methode der Wahl, um dies zu zeigen, ist natürlich die fMRT. Doch egal nach welchen Testkriterien man divergentes Denken misst, man stellt fest, dass in der Regel immer eine besondere Region aktiv ist: der präfrontale Cortex. Wie schon gesagt, das ist nicht überraschend, denn wenn man bewusst Dinge und Ideen kombiniert, ist immer der präfrontale Cortex aktiv. Häufig werden auch andere Hirnareale zusätzlich aktiviert – je nachdem, welcher Art die kreative Aufgabe war, kommen Seh- oder Bewegungszentren (manchmal sogar weit entfernt im Kleinhirn) hinzu. Divergentes Denken ist deswegen natürlich im gesamten Gehirn verteilt und viele Hirnbereiche tragen mit ihrer Aktivität zum kreativen Prozess bei. Das ist auch logisch, denn um ein neues, stabiles Aktivierungsmuster von Neuronen zu erzeugen, müssen viele verschiedene Neuronengruppen mitmachen. Letztendlich scheinen jedoch alle Aktivierungen der unterschiedlichen Hirnareale im präfrontalen Cortex zusammenzulaufen. Ob ein neues (also kreatives) Muster entsteht, entscheidet sich wohl vor allem hier. Leider ist es nicht möglich, von außen per MRT oder EEG zu entscheiden, ob eine bestimmte Aktivität im präfrontalen Cortex auch kreativ ist. Es scheint, als würden dort immer dieselben Bereiche aktiv sein – egal ob man kreativ ist oder nicht.

Das führt zu einer weiteren Schlussfolgerung: Divergentes Denken ist nicht automatisch kreativ. Wenn Sie einen typischen Torrance-Test machen und sich überlegen sollen, wofür man einen Autoreifen alles verwenden kann, dann können Sie sehr viele unterschiedliche Ideen produzieren, die nicht wirklich kreativ sind. Sie könnten sagen, die Autoreifen können auf eine Felge aufgezogen werden, damit man damit fahren kann, oder man kann Autoreifen zu einem Turm stapeln oder sie einfach vor sich her rollen. Das sind alles unterschiedliche Ideen – aber sie sind doch alle ziemlich öde und nicht besonders originell. Irgendetwas muss also hinzukommen, damit die vielen erdachten Möglichkeiten für einen Autoreifen nicht nur eine bloße Aufzählung von langweiligen Ideen sind, sondern wirklich etwas Neues. Es zählt ja meist nicht die Masse an Ideen, sondern nur die eine neue (zum Beispiel: Ich schneide den Autoreifen auseinander und bastele mir daraus eine Schutzkleidung für ein kleines Rugby-Turnier).

Hier sieht man das Problem von modernen Verfahren wie der fMRT: Man kann zwar wunderbar zeigen, welche Hirnareale aktiv sind, wenn man gerade eine Aufgabe löst, doch was das bedeutet und welche Gedanken gerade gedacht werden, kann man eben nicht zeigen. Dennoch scheint sich eine möglichst großflächige Aktivierung des Gehirns auf die kreative Leistung auszuwirken – ganz nach dem Motto „Viel hilft viel!" erhöht sich einfach die Wahrscheinlichkeit, eine gute Idee hervorzubringen, wenn man erst einmal überhaupt damit beginnt, Ideen zu produzieren.

Fazit: Divergentes Denken ist also gut – aber kreatives Denken ist noch mehr als das!

Theorie 4: Veränderte Bewusstseinszustände beschleunigen kreative Prozesse

Wer kennt es nicht, das Bild vom kreativen Künstler, der in einem rauschhaften Zustand geniale Texte oder Bilder wie am Fließband produziert. Dichter, die angetrunken die schönste Poesie zu Papier bringen, Maler, die auf einem Drogentrip die tollsten Farben und Formen sehen, die sie anschließend auf Leinwand bannen. Oder der Klassiker: Das wahnsinnige Genie – in seiner geistigen Kraft allen Mitmenschen überlegen, wandelt es doch immer am Abgrund seiner Persönlichkeit. Aber gerade das scheint es so besonders zu machen und es mit seinen besonderen Fähigkeiten auszustatten.

Zwischenruf   Sollen wir nun alle bekloppt werden, um kreativ denken zu können?

Nun, so gern ich diese Frage an dieser Stelle bejahen würde, muss ich leider darauf verweisen, dass dies von der Hirnforschung so nicht bestätigt werden kann. Aus dem einfachen Grund, dass es experimentell recht schwierig ist, „alternative Bewusstseinszustände" im Labor zu untersuchen. In jüngster Zeit hat man jedoch probiert, solche Szenarien nachzustellen. Beispielsweise konnten Probanden unter Alkoholeinfluss (etwa 0,75 Promille) einige einfache Kreativitätstests wie das Ergänzen von drei Wörtern mit einem vierten Wort effektiver lösen als eine Kontrollgruppe. Dies würde in Einklang mit der zuvor beschriebenen Defokussierungs-Theorie stehen, dass nämlich ein gewisses Abschalten von Hirnfunktionen notwendig ist, um sich einer Sache kreativ zu widmen.

Bevor nun der aufmerksame Leser dieses Buches sofort anfängt, Alkohol zu trinken, und damit Gefahr läuft, die folgenden letzten Seiten nur unvollständig mitzukriegen, eine Warnung, vorschnell Schlüsse zu ziehen: Entscheidend für den Geistesblitz ist nämlich dessen Vorbereitung. Es dürfte nun klar sein, dass Geistesblitze eben nicht aus heiterem Himmel entstehen, sondern genauso intensiv ausgearbeitet werden, wie „normale" Ideen. Nur kriegen wir das nicht mit, es läuft unbewusst ab. Um ein Problem kreativ zu lösen, muss man es zunächst bewusst erfassen und nach Lösungsstrategien suchen. Irgendwann schaltet das Gehirn automatisch auf den „Ich-habe-keine-Lust-mehr-und-mache-Pause"-Modus um. Ob dafür Drogen wie Alkohol notwendig sind, kann bezweifelt werden, denn auch wenn alkoholisierte Probanden in einigen speziellen Kreativitätstests besser abschnitten als nüchterne, so waren diese Tests doch relativ simpel und die Lösung sofort einsichtig. Die wirkliche Welt ist leider etwas komplizierter.

Normalerweise hat der Geistesblitz eine seltsame Besonderheit: Man weiß sofort, dass er stimmt. Das erfordert allerdings die Aktivität des präfrontalen Cortex, dem Meister im Erkennen, Zusammenführen und Bewerten von Gedankenmustern. Dämpfende Drogen wie Alkohol hemmen natürlich auch dessen Aktivität und komplexe Aufgabenstellungen (dazu gehört natürlich nicht das Finden des Begriffes „Wurst" im vorgestellten Test vor wenigen Seiten) werden wohl kaum gelöst werden können. Dieser Punkt der Selbstsicherheit bei einem Geistesblitz ist sehr interessant. Wahrscheinlich ist es so, dass der präfrontale Cortex den Geistesblitz schon längst bearbeitet und für richtig befunden hat, bevor er einen Zustand des Bewusstseins (was auch immer das sein mag) erreicht. Deswegen kommt es uns so vor, als würde alles zur gleichen Zeit passieren: neue Idee und die Sicherheit, dass diese richtig ist. Viele halluzinogene Drogen setzen genau an diesem Punkt an. Sie verändern die Aktivität des präfrontalen Cortex und plötzlich schätzt dieser auch sinnlose Ideen plötzlich als genial und richtig ein. Nahezu alle Eingebungen, die Künstler auf einem Drogentrip haben, sollten sich daher als inhaltsleere Phantasiegebilde entpuppen. Im nüchternen Zustand würden sie sofort vom präfrontalen Cortex als nutzloser Gedankenschrott entlarvt werden. So konnten Untersuchungen zeigen, dass der Konsum der Droge Ecstasy (man erinnere sich: aktiviert unter anderem die Serotonin-Neurone in den Raphe-Kernen) dazu führt, dass man sich einbildet, kreativer zu sein, obwohl man es gar nicht ist.

Dass sich Künstler an Drogen bedienen, um kreativer zu sein, sollte daher weniger neurobiologische, sondern eher gesellschaftliche Gründe haben. Gerade in der Zeit der Romantik zu Beginn des 19. Jahrhunderts frönte man dem Alkoholkonsum, um seine literarische Kraft zu stärken, dies ist zum Beispiel von E. T. A. Hoffmann bekannt. In diese Zeit fällt auch die Abgrenzung der Künstlerschaft vom Bürgertum, dass (neureich, wie es plötzlich war) auf einmal selbst künstlerisch aktiv wurde. Da musste ein „echter" Künstler schon etwas bieten, um sich vom Establishment abzugrenzen. Drogenkonsum war so eine Möglichkeit. Ob das jedoch generell so gut funktioniert – man darf es bezweifeln.

Dass sich das Bild vom „Genie und Wahnsinn" so hartnäckig hält, hängt vermutlich auch damit zusammen, dass einige psychische Erkrankungen als eine Art „Über-Kreativität" betrachtet werden können. Besonders hervorzuheben sind die bipolare Depression und die Schizophrenie. Wie wir schon in Kap. 3 (Abschnitt „*Hall of Fame* der Neurotransmitter") gesehen haben, sind beide Erkrankungen zum Teil neurochemischer Natur. Bei der Depression ist der Serotonin-Stoffwechsel gestört, was zu einer Gefühlsleere und Teilnahmslosigkeit führen kann. Bei bipolaren Depressionen wechseln sich solche depressive Phasen jedoch mit manischen Phasen der übersteigerten Leistungsfähigkeit ab. Viele Künstler sind gerade in dieser manischen Phase besonders kreativ, allerdings sind die neurobiologischen Ursachen dafür noch weitgehend unklar. Die Schizophrenie ist hingegen eine Persönlichkeitsstörung, die durch einen veränderten Dopamin-Stoffwechsel hervorgerufen werden kann. Schizophrene Menschen hören Stimmen und halluzinieren bis zum vollständigen Realitätsverlust. Das ist natürlich keine gute Sache, aber man könnte dies als eine Art der übersteigerten Phantasie, wenn man so will der Kreativität, bezeichnen. Eine mildere Form der Schizophrenie, die schizotypische Persönlichkeitsstörung, scheint sich dabei positiv auf die kreative Leistungsfähigkeit auszuwirken. Jedenfalls schneiden schizotype Menschen in Kreativitätstests häufig besser ab als Menschen einer Kontrollgruppe.

Ganz klar wird dabei: Ein Drogentrip, eine bewusstseinserweiternde Erfahrung (von der Meditation bis zum Extremsport) oder echte psychische Erkrankungen können vielleicht kurzfristig die Phantasie und den Ideenfluss verstärken, aber das reicht ja bei Weitem noch nicht aus, um kreativ zu sein. Wenn das Gehirn so ein fein abgestimmtes Muster für die Entwicklung von Geistesblitzen besitzt, so treten diese bestimmt nicht auf, wenn das Gehirn gerade unfähig ist, seine wichtigen Areale (ich sage nur: präfrontaler Cortex) zu steuern. Kreativität ist eben mehr als Phantasterei! Es erfordert auch das Bewerten und Anpassen von Ideen – und dafür sollte man schon bei Sinnen sein. Psychische Erkrankungen machen einen Menschen auch nicht generell kreativer. Wenn überhaupt wird ein *spezieller Aspekt* der Kreativität gefördert (die Selbstsicherheit bei Manikern oder die Phantasie bei Schizotypen). Jeder dieser Aspekte greift jedoch zu kurz, um Kreativität als Ganzes zu erfassen.

Fazit: Bleiben Sie sauber – ihr Gehirn ist toll und hat keine Hilfe von außen nötig!

4.4 Was lernen wir daraus?

Nun haben wir allerhand gelernt über das Gehirn, wie es arbeitet, wie man es untersuchen kann und was Kreativität bedeutet. Die Frage ist nun: Was bringt uns das alles? Die Hirnforschung ist ja wunderbar und wir können sichtbar machen, wo ein Gehirn gerade aktiv ist und wie sehr sich Neurone zu neuen Verbünden zusammenschließen, wenn sie eine neue Idee erzeugen. Aber dennoch scheint man noch weit davon entfernt zu sein, ein robustes Kreativitäts-Modell aufzustellen, von dem man sagen kann: „Jawohl, aus diesen Hirnprozessen setzt sich Kreativität zusammen, und das kann man wie folgt fördern …" Irgendwie scheint das Gehirn beim Thema Kreativität zu komplex zu sein, als dass man es so leicht verstehen könnte. Schon bei der Intelligenz ist das ja nicht einfach, aber immerhin hat man dort diesen Begriff in Einzelteile (musikalisch, sprachlich, logisch, räumlich und so weiter) zerlegt und einzeln untersucht (zum Beispiel die Sprachzentren im Gehirn). Das ist bei der Kreativität bisher noch nicht gelungen. Dennoch lassen sich aus den vorigen Kapiteln einige Schlussfolgerungen ableiten, die helfen, selbst kreativ zu sein.

4.4.1 Das kreative Gehirn

Was zeichnet es nun aus, das kreative Gehirn? Ist es überhaupt etwas Besonderes, denn unkreative Gehirne gibt es ja eigentlich nicht? Wir sind alle kreativ, ständig kombinieren wir Aktivierungsmuster von Neuronen und formen neue Gedanken. Das ist überhaupt nichts Ungewöhnliches. Trotzdem: Ein wirklicher Geistesblitz kommt ja nicht alle Tage vor. Da muss im Gehirn schon einiges los sein – und darauf ist es vorbereitet, denn:

1. Das kreative Gehirn kombiniert Kreatives Denken ist mehr als divergentes Denken. Es kombiniert verschiedene Denkmuster – konvergentes, divergentes, assoziatives, fokussiertes oder eben kein Denken (Stichwort: weniger Konzentration), damit etwas wirklich Neues entsteht. Denn was ist letztendlich ein Geistesblitz? Die neuartige Erregung von einem Verbund aus Nervenzellen. Die Hirnforschung legt nahe, dass das Gehirn bestimmte Tricks auf Lager hat, um ganz gezielt solche Geistesblitze hervorzubringen. Sie sind kein Zufallsprodukt (auch wenn sie einem so vorkommen), sondern das Ergebnis eines geordneten geistigen Prozesses.

> **Zwischenruf** Sekunde mal! Ordnung? Erwächst ein Geistesblitz nicht dem „kreativen Chaos"?

Nun, das ganz bestimmt nicht. Aus dem Griechischen abgeleitet, bedeutet Chaos eigentlich „Leere" oder so viel wie „Unordnung". Das ist im Gehirn ganz sicher nicht der Fall. Man darf eine scheinbar unübersichtliche Situation (sei es der Schreibtisch, an dem ich gerade dieses Buch schreibe, oder die Vorgänge im Gehirn) nicht mit einer ungeordneten Situation verwechseln. Ich lasse niemanden an meinen Schreibtisch, damit dort nichts durcheinander gerät (auch wenn jeder sagen wird: Räum endlich auf, du findest nichts wieder!). Genauso ist auch das Gehirn nicht ungeordnet. Bestenfalls ist es so komplex, dass man seine Dynamik nicht versteht, aber niemals zufällig. Wie wir im Abschnitt „Muster im Gehirn" gesehen haben, arbeitet ein Gehirn nichtlinear. Denkmuster werden nicht einfach nach dem immer gleichen Schema bearbeitet, sondern verändern sich dadurch, dass sie mit anderen Denkmustern kombiniert werden. Natürlich wendet das Gehirn Schemata an, um Gedankenmuster zu verarbeiten, aber (und das ist der Witz an der Sache) diese Schemata verändern sich, *während* sie angewendet werden. Bei einigen Prozessen passiert das weniger: Ist das Sehzentrum erst einmal ausgebildet, arbeitet es mit sehr robusten Mustern. Wir erkennen einen Apfel immer als Apfel, egal welche Farbe er hat: rot, grün oder blau-metallic. Die Tatsache, dass es optische Täuschungen gibt, zeigt jedoch, wie man diese Denkmuster austricksen kann.

Viel extremer ist jedoch die Anpassung von Denkmustern bei komplexen Gedankengängen. Das Gehirn ist schon auf eine geradezu unheimliche Art flexibel. Die Vernetzung der Neurone ist so plastisch, dass nahezu jedes Denkmuster überarbeitet werden kann. Genau das passiert auch, wenn ein Geistesblitz erzeugt wird – das Gehirn kombiniert bekannte Aktivierungsmuster von Neuronengruppen derart neu, dass etwas Altbekanntes plötzlich von einer völlig neuen Seite betrachtet wird. Dazu denkt es in alle Richtungen, eben nicht nur divergent, sondern auch konvergent. Häufig ist nämlich nicht das Erzeugen von neuen Assoziationen das Problem, sondern das Aussortieren und Bewerten der Ideen. Wir haben bei den Aha-Experimenten ja gesehen, dass der präfrontale Cortex einen Geistesblitz erst dann ins Bewusstsein schießen lässt, wenn er entschieden hat, dass er auch anwendbar ist. Irgendein Hirngespinst wird deswegen niemals das Prädikat „bewusstseinsrelevant" erhalten (auch wenn man das bei manchen Zeitgenossen vermuten könnte).

2. Das kreative Gehirn ist dezentral Ich hoffe, Sie haben sich schon von diesem „Rechte-Hirnhälfte-ist-kreativ"-Gedanken verabschiedet. Wenn nicht: Bitte tun Sie es jetzt!

Dies ist ein typischer Trugschluss, den die moderne Hirnforschung widerlegt hat, denn Kreativität hat nicht unbedingt etwas mit der rechten Gehirnhälfte zu tun. Natürlich ist die rechte Gehirnhälfte aktiv, wenn man kreativ ist. Aber man kann nicht im Umkehrschluss sagen, dass man immer kreativ ist, wenn die rechte Seite aktiv ist. In Experimenten wurden Testaufgaben auch schon kreativ gelöst, ohne dass die rechte Gehirnhälfte übermäßig daran beteiligt gewesen wäre.

Überhaupt: Ein Kreativitätszentrum gibt es nicht. Wenn ein Bereich im Gehirn immer bei kreativen Prozessen beteiligt zu sein scheint, dann ist es der präfrontale Cortex. „Na toll!", mag da der Hirnforscher sagen, „Das bringt gar keine neue Erkenntnis, denn dieser Hirnbereich ist nahezu immer aktiv, wenn man aufmerksam ist." Und hier sieht man das ganze Dilemma der bildgebenden Verfahren wie der fMRT: Sie verleiten dazu, bestimmten Hirnregionen ganz bestimmte Aufgaben zuzuschreiben, als wäre das Gehirn aus verschiedenen Modulen aufgebaut, die je nach Bedarf aktiviert werden: Ein Modul für Lust, eines für Sprache, eines fürs Sehen, jeder Prozess scheint ein eigenes Hirnzentrum zu haben. Das mag für einige, sehr spezielle Fälle zutreffen (ja, es gibt ein Seh- oder ein Sprachzentrum) – aber sobald es etwas komplexer wird, greift diese Modul-Metapher nicht mehr. Ein gutes Beispiel ist das Gedächtnis. Denn es gibt kein Gedächtniszentrum. Wenn Sie an Ihre Großmutter denken, so werden Sie vielleicht ein Foto von ihr im Kopf haben oder ihre Stimme. Sie könnten sich auch daran erinnern, wie Sie mit Ihrer Oma gespielt haben oder wie lecker ihr Kuchen geduftet oder geschmeckt hat. In allen diesen Fällen werden dezentral im Gehirn Neuronengruppen aktiviert, die durch ihre Vernetzung das komplette Bild „Oma" ergeben. Es ist unmöglich zu bestimmen, wo sich die Erinnerung befindet, denn diesen speziellen Ort gibt es nicht im Gehirn.

Genauso wenig gibt es *den einen Ort*, der neue Gedanken erzeugt. Das geht schon deswegen nicht, weil die zugrunde liegenden Prozesse eben genau darauf beruhen, möglichst viele Informationen neu zu kombinieren. Nur so können neue Aktivierungsmuster entstehen. Stellen Sie sich das Gehirn eher als ein Sammelsurium von miteinander verbundenen Netzwerken vor, die zwar separat aktiviert werden können, aber praktisch ein Super-Netzwerk formen. Durch seine besondere Dynamik (NichtLinearität, Plastizität) kann es Informationen (also Aktivitätsmuster) anders verarbeiten als ein Computer. Auch anders als ein Computernetz. Denn Gehirne verändern sich *durch ihr Denken*.

3. Das kreative Gehirn fokussiert und schweift ab Wir haben es gesehen: Das Gehirn denkt etwas komisch, vor allem – und das mag uns etwas unheimlich vorkommen – es denkt, ohne dass wir davon wissen. Wie einige Hirnforschungen nahelegen, ist es dabei gerade das Gleichgewicht aus Konzentration und Abschweifen (der Wechsel zwischen Alpha- und Gamma-Wellen-Aktivität), was das Gehirn so besonders kreativ macht (im Gegensatz zu einem unkreativen Computer). Denn wie entsteht ein Geistesblitz? Erinnern wir uns an den vorigen Abschnitt: Das Gehirn besitzt Mechanismen, um Geistesblitze zu produzieren. Zunächst erkennt und definiert es ein Problem, begibt sich anschließend auf die Suche nach Lösungen. Dafür aktiviert es bestimmte Netzwerke, die sich am besten für die konkrete Problemlösung zu eignen scheinen (also zum Beispiel die Sprachzentren, wenn es um eine sprachliche Aufgabe geht). Häufig führt knallhartes logisches Denken oder ein *Trial-and-Error*-System jedoch nicht zum Erfolg. Man hat keine Lust mehr und wird frustriert. Das Gehirn ändert nun seine Strategie und scheint die Aktivität der zuvor beteiligten Netzwerke herunterzufahren (zumindest steigt die Alpha-Wellen-Aktivität an). Ein engstirniges Verzweifeln an dem Problem wird so umgangen und gleichzeitig der Weg für andere, eben noch unbeteiligte Netzwerke geöffnet. Obwohl diese auf den ersten Blick vielleicht gar nichts mit dem eigentlichen Problem zu tun haben, können sie doch einen Beitrag zur Lösung des Problems leisten, und so werden, ohne dass wir es merken, neue Aktivitätsmuster im Gehirn erzeugt. Das meiste davon ist Schrott (wie so häufig im Leben) und der präfrontale Cortex sortiert diesen Gedankenmüll schnell aus. Doch manchmal kommt es vor, dass ein Aktivierungsmuster stabil bleibt, es hält der kritischen Überprüfung des präfrontalen Cortex stand. Ein solches Muster muss dabei zwei Kriterien erfüllen: Es muss die Informationen, die in den zuvor beteiligten Netzwerken verarbeitet wurden, maximal integrieren. Und es muss richtig sein (diese Überprüfung übernimmt der präfrontale Cortex). Ist dies der Fall, wird uns dieses Aktivierungsmuster bewusst werden, wir erleben den Geistesblitz.

Zwei Dinge werden hier deutlich: Erstens, der Geistesblitz ist kein Zufallsprodukt und erfordert, dass das Gehirn mal mehr, mal weniger konzentriert denkt. Zweitens, das Gehirn denkt. Immer. Auch wenn Sie sich eines Problems nicht bewusst sind – Ihr Gehirn bearbeitet es gerade.

4. Das kreative Gehirn weiß, was es tut Schon damit ein Geistesblitz entsteht, muss das Gehirn bei der Sache sein. Zwar nicht immer bewusst, aber doch unbewusst. Alle Prozesse müssen funktionieren: die kritische Überprüfung des präfrontalen Cortex genauso wie das kontrollierte Dämpfen und Aktivieren von Nervenzell-Netzwerken. Auch wenn die Hirnforschung zeigt, dass gewisse „mentale Ausschweifungen" (zum Beispiel durch Alkoholkonsum) für bestimmte Kreativitätstests förderlich sind, heißt das noch lange nicht, dass Drogenkonsum oder Meditation oder Extremsport kreativ machen. Das Problem an dieser Stelle ist nämlich, dass kreative Prozesse mehr sind als bloße Phantastereien. Der Geistesblitz, die Erleuchtung, das ist das eine – das andere ist dessen Überprüfung und Anwendung. Was bringt die tollste Idee, die man sich in der Meditation einbildet, wenn man sie nicht festhalten kann, weil man zu entrückt ist von der Wirklichkeit? Die allermeisten Ideen, die Menschen während eines Drogentrips hatten, waren nutzlos. Der Grund ist einfach: In einer tiefen Meditation oder bei extremen körperlichen Belastungen (Radfahren oder Laufen) kann die Aktivität des präfrontalen Cortex reduziert werden. Die Kontrolle und Überprüfung der erzeugten Ideen fällt somit weg, und man bildet sich ein, dass man nur so vor genialen Ideen und Geistesblitzen sprudelt. Später erkennt man dann, dass diese Ideen entweder schon vergessen wurden (mentale Zustände in Meditation oder Träumen sind nur schwer greifbar, oder wovon haben Sie letzte Nacht geträumt?) oder Quatsch sind.

Deswegen: Ihr Gehirn ist wunderbar! Es bringt alle Fähigkeiten mit, um Geistesblitze zu erzeugen. Dafür muss es aber auch voll funktionsfähig sein und sich konzentrieren können.

> **Zwischenruf** Na gut, dann erhöhe ich halt meine Konzentration, indem ich Kaffee trinke und Probleme so besser lösen kann!

Nun, es ist nicht gerade nützlich, wenn man sich betrinkt, um kreativ zu sein – und genauso hinderlich ist es, wenn man seine Konzentration künstlich steigern will. Substanzen wie Koffein oder Ritalin (ein Medikament, um hyperaktive Kinder konzentrierter zu machen) mögen die Aufmerksamkeit und die Sinne schärfen – aber sie machen wahrscheinlich nicht kreativ. Denn genauso wie es notwendig ist, kreative Geistesblitze durch den präfrontalen Cortex konzentriert prüfen zu lassen, müssen Netzwerke auch in ihrer Aktivität gedämpft werden, damit sich neue (und eigentlich schwächere) Aktivitätsmuster an der Erzeugung eines Geistesblitzes beteiligen können. Aufputschende Substanzen können so zwar die Wachheit erhöhen, aber sie fördern gerade nicht die notwendige Lässigkeit, die man braucht, um neue Ideen zu erzeugen. Solange das Gehirn dabei noch Herr der Lage ist, können Sie sicher sein, dass es alles unternimmt, damit ein Geistesblitz entsteht.

> **Zwischenruf** Das ist schön und gut – aber wie hilft mir das praktisch weiter?

Gemach! Es kommt ja noch ein Abschnitt.

4.4.2 Seien Sie kreativ in vier Schritten!

Nehmen wir an, Sie haben ein komplexes Problem, das Sie kreativ lösen möchten. Das kann alles Mögliche sein: die Entwicklung eines neuen Produktes für Ihre Firma, das nächste Geschenk für einen guten Freund oder das Design Ihrer neuen Küche. Nehmen wir zur Vereinfachung an, es handelt sich nicht um ein künstlerisches oder motorisches Problem (also den nächsten Spielzug,

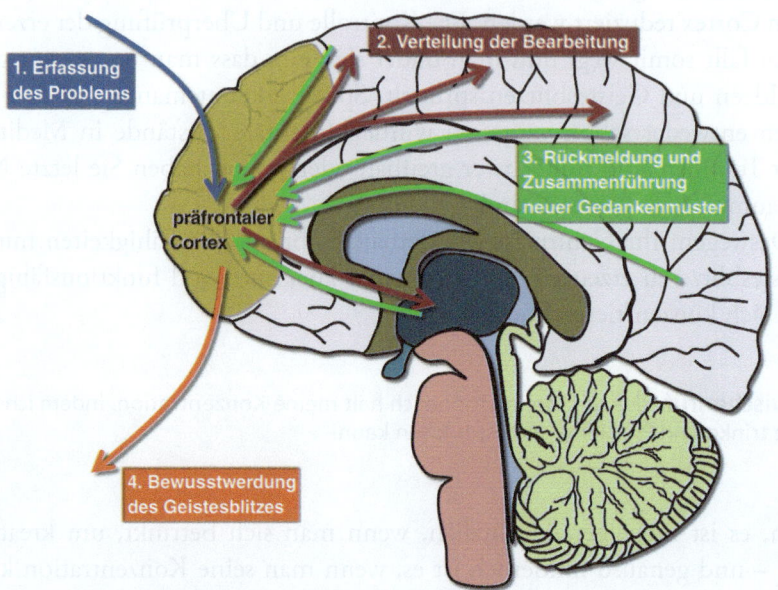

Abb. 4.13 Das Gehirn bearbeitet Kreativitätsprobleme in vier Schritten. Das Problem wird zunächst im präfrontalen Cortex erfasst und anschließend in andere Hirnregionen verteilt. Diese Hirnareale melden ihre Gedankenmuster an den präfrontalen Cortex zurück, wo sie zu einem neuen Aktivitätsmuster zusammengebastelt werden. Ist dieses Muster stabil genug, wird es uns bewusst

um durch die komplette Verteidigung des FC Barcelona zum Tor zu dribbeln oder den nächsten Nummer-eins-Hit für das „Winterfest der Volksmusik" zu komponieren). Bei abstrakten Problemen (wie sie im Berufsalltag häufig auftreten) geht es oft darum, neue Lösungen für bekannte Fragestellungen zu finden oder festgefahrene Prozesse neuartig zu optimieren. Ich lasse die Fragestellung an dieser Stelle bewusst offen, denn die Prinzipien, nach denen das Gehirn kreative Lösungen hervorbringt, sind in solchen Fällen meist recht ähnlich. Dennoch ist wahrscheinlich nach der Lektüre der vorigen Seiten klar, dass es „die Kreativität" gar nicht gibt. Kreative Prozesse können sehr unterschiedlich sein, wir konzentrieren uns im Folgenden daher nur auf einen bestimmten Typ: die kreative Problemlösung.

Wer die beiden vorigen Abschnitte aufmerksam gelesen hat (und das hoffe ich doch sehr), der weiß nun, nach welchem Schema das Gehirn ein solch spezielles Kreativitätsproblem angeht. In Abb. 4.13 ist das nochmal schematisch gezeigt.

Was läuft da nun konkret ab? Man kann den kreativen Prozess im Gehirn in vier Schritte vereinfachen:

1. Das Problem wird erfasst und im präfrontalen Cortex präzisiert.
2. Reicht diese Aktivität des präfrontalen Cortex nicht aus, um das Problem schnell zu lösen, wird es aufgeteilt. Viele verschiedene Hirnbereiche können dabei in die Problemfindung mit einbezogen werden, je nachdem, um welche Art es sich handelt. Bei sprachlichen Fragestellungen werden mit Sicherheit Sprachzentren hinzugezogen werden. Die Entwicklung eines neuen Produktdesigns erfordert wahrscheinlich räumlich/visuelle Regionen. Aber ganz egal welche Regionen aktiviert werden, das Problem wird immer verteilt und parallel im Gehirn verarbeitet.
3. Im Laufe der Zeit geben diese verteilten Zentren ihr Feedback zurück in den präfrontalen Cortex. Dieser schaut sich alle diese Rückmeldungen an. Anders ausgedrückt: Alle eintreffenden Aktivitätsmuster werden zu einem neuen Aktivitätsmuster zusammengebastelt. Dabei nutzt der präfrontale Cortex auch gleich seine Überprüfungsmuster, um zu bewerten, ob die vorgeschlagenen Muster in ihrer Kombination auch Sinn machen. Werden die Aktivitätsmuster dadurch zu schwach, verschwinden sie wieder.
4. Wenn die Kombination der eintreffenden Gedankenmuster jedoch ein stabiles Muster im präfrontalen Cortex ergeben, so wird uns dieser neue Gedanke bewusst. Er hat schon alles, was wir von einem Geistesblitz erwarten: Er ist neu und richtig zugleich.

Wichtig und niemals zu vergessen: Es gibt kein Kreativitätszentrum im Gehirn. Auch wenn im präfrontalen Cortex eintreffende Muster neu verrechnet und kombiniert werden, ist die kreative Arbeit im Gehirn verteilt. Im präfrontalen Cortex werden die ganzen kreativen Geistesblitze, die wir permanent neu erzeugen, lediglich geprüft, gefiltert und eventuell bewusst gemacht. Das ist jedoch nur der letzte Schritt einer ganzen Kette aus Neukombinationen und Assoziationen, die in vielen verschiedenen Hirnbereichen parallel stattfinden können.

Lediglich Schritt 1 (die Erfassung des Problems) und Schritt 4 (der eigentliche Geistesblitz) sind dabei bewusste Abläufe, der Rest geschieht unbewusst. Trotzdem können Sie auch dieses unbewusste Denken optimieren, den Anfang haben Sie schon gemacht: Sie wissen, dass es diese Prozesse gibt.

> **Zwischenruf** Aber wie kann ich nun in die einzelnen Schritte eingreifen und Sie verbessern? Gibt es da bestimmte Tricks?

Tatsächlich können Sie jeden Schritt in diesem Kreativitätsprozess verbessern. Leider gibt es aber nicht die „Master-Lösung", den einen goldenen Schlüssel, mit dem man alle kreativen Probleme lösen könnte. Das liegt daran, dass kreative Prozesse dezentral und nach einer besonderen Dynamik (nichtlinear) stattfinden. Kreativität ist in diesem Sinne keine konkrete Fähigkeit des Gehirns, sondern eher eine Eigenschaft, seine Fähigkeiten und sein Wissen besonders flexibel und neuartig zu kombinieren. Da Sie nun jedoch wissen, nach welchem Schema kreative Prozesse im Gehirn ablaufen können, können Sie auch konkret die einzelnen Schritte nutzen.

Die Erfassung

Ganz am Anfang steht die Erfassung des Problems. Dieser Schritt wird oftmals unterschätzt. Dabei ist er die Basis für alles. Je besser ein Problem zuvor definiert wurde, desto effektiver wird es später auch gelöst werden können. Heute soll ja alles schnell und einfach gehen. Kreativität wird daher oftmals als spielerisches Hervorsprudeln von neuen Ideen gezeigt. Kreative Menschen ziehen sich ein grelles Hemd an, schreiben mit bunten Stiften auf große Tafeln und erzählen, wie *easy* sich neue Ideen erzeugen lassen, wenn man sie denn nur zulässt.

Nun, dieses doch recht grobe Klischee (ich gebe es ja zu) missachtet die grundlegenden Prinzipien eines kreativen Hirnprozesses. Bevor eine neue Idee im präfrontalen Cortex entsteht, muss dieser erst einmal ausgiebig mit Informationen über das Problem versorgt werden, das es zu lösen gilt. Wie ein richtiger Blitz bei einem Gewitter entsteht ein Geistesblitz ja auch nicht einfach so aus einem blauen Himmel heraus, sondern dann, wenn die Luft schwül, warm und energiegeladen ist. Erzeugen Sie also zunächst einmal eine Schlechtwetterfront in Ihrem Gehirn, bevor Sie auf einen Geistesblitz hoffen!

Definieren Sie! Nicht immer ist ein Kreativitätsproblem so klar wie bei einem Torrance-Test (zum Beispiel alternative Verwendungen für einen Autoreifen oder eine Zeitung). Oft weiß man auch nur ungefähr, was am Ende des kreativen Prozesses herauskommen soll. Das ist schlecht. Gerade für kreative Problemlösungen müssen die Probleme klar erkannt werden. Sammeln Sie daher zunächst so viele Informationen wie möglich über das Problem. Im Berufsalltag geschieht dies häufig im Team – und das völlig zu Recht. Wenn ein Prozess optimiert werden oder ein innovatives Produkt entwickelt werden soll, müssen alle möglichen Begleitumstände gleich zu Beginn gesammelt werden. Es ist gerade gut, wenn zu diesem Zeitpunkt viele Experten dabei sind, die ihre konkrete Sicht auf das Problem darlegen und es von ihrem Blickwinkel aus beleuchten.

Einer ausgiebigen Sammlung der Problemperspektiven folgt dann die Präzisierung des Problems: Was genau wollen Sie erfinden, entwickeln, verbessern? Nach welchen Kriterien? Wo liegen die Hindernisse? In dieser Phase sollten Sie sozusagen konvergent denken, also verschiedene Meinungen und Informationen zusammenführen und verdichten. Je einfacher und klarer zum Schluss die Problemfrage definiert wurde, umso besser.

Auch wenn Sie alleine ein Problem bearbeiten, tun Sie gut daran, die Frage gleich am Anfang eindeutig zu formulieren. Warum ist das so wichtig? Je intensiver Sie sich mit der Fragestellung auseinandersetzen, desto klarere Überprüfungskriterien entwickeln Sie für Ihren präfrontalen Cortex, um die später eintreffenden Ideen auch zu bewerten. Wenn Sie nur ein schwammiges Ziel haben, kann auch der präfrontale Cortex anschließend keine präzisen Ideen hervorbringen.

Legen Sie los! Wenn man das Problem zu einer einfachen Frage formuliert und vor sich liegen hat, beginnt das Gehirn schon mit der Lösungssuche (dessen können Sie sich sicher sein). Zu Beginn macht es sich das Gehirn ja wie immer recht einfach und bearbeitet das Problem erst mal im präfrontalen Cortex. Vielleicht ergibt sich ja so schon eine einfache Lösung? Versuchen Sie das auch, konzentrieren Sie sich auf das Problem. Wenn Sie es alleine im Alltag bewältigen müssen, dann versuchen Sie zunächst ganz bewusst, das Problem durch logisches Nachdenken oder Ausprobieren zu lösen. Wenn Sie beruflich im Team arbeiten, dann tun sie das ähnlich: Greifen Sie in der Gruppe das Problem frontal an! Sie können auch schon gleich mit einem Brainstorming beginnen, um einfach mal ein paar neue Ideen auf die Schnelle zu finden, die sie dann hinterfragen können.

Zwischenruf Brainstorming – was ist das nochmal genau?

Von allen Kreativitätstechniken ist das Brainstorming die bekannteste und am weitesten verbreitete. Im Prinzip ist es eine besondere Form der Ideensammlung nach konkreten Regeln, die die Kreativität begünstigen sollen: In einer Gruppe darf jeder frei sagen, was einem als Problemlösung spontan in den Sinn kommt. Alle Antworten sind erlaubt und werden gesammelt, Kritik oder abschätzige Bemerkungen sind verboten! Je mehr Einfälle, desto besser, die Bewertung erfolgt erst später. Auch ausgefallene Lösungen sind willkommen. Es geht nicht um das schnelle Finden der richtigen Lösung, sondern vieler verschiedener Lösungen, seien sie auch noch so abstrus. Brainstorming in kleinen Teams (selten mehr als eine Handvoll Leute, sonst behindern sie sich gegenseitig) funktioniert dann am besten, wenn es keine Urheberrechte auf Ideen gibt und jeder auch Ideen von anderen aufgreifen und weiterentwickeln kann.

Auch wenn man Kreativitätstechniken wie das Brainstorming gleich zu Beginn einer Problemlösung einsetzt, wird man selten sofort auf eine gute Lösung stoßen, denn häufig sind Probleme einfach zu komplex, als dass sie sich in einer 60-minütigen Sitzung lösen ließen. Trotzdem: Versuchen Sie es! Beschäftigen Sie sich so intensiv wie möglich mit der Lösungssuche – auch wenn es aussichtslos erscheint!

Scheitern Sie! Das ist wichtig, denn in aller Regel lassen sich komplexe Probleme ja gar nicht auf die Schnelle lösen (wenn doch, dann herzlichen Glückwunsch). Das Ziel sollte zu Beginn jedoch nur sein, das Gehirn auf die Problemstellung zu fokussieren. Es ist gar nicht schlecht, gleich am Anfang zu verzweifeln. Versagen Sie lieber am Anfang als am Ende! Ärgern Sie sich darüber, dass das Problem schwer ist! Der Vorteil: So aktivieren Sie auch noch den Hypothalamus und Teile des limbischen Systems. Das ist immer gut, denn obwohl keiner so genau weiß, was das limbische System so alles macht und woran es genau beteiligt ist, kann es nicht schaden, etwas „Gefühlswürze" in den Denkprozess zu bringen. Gerade die extrem gut vernetzten Regionen im Zwischenhirn eignen sich daher prima, um später weite Areale im Gehirn an der Problemsuche zu beteiligen. Dazu müssen Sie diese aber auch aktivieren, zum Beispiel, indem Sie Emotionen mit ins Spiel bringen. Dies ist auch wichtig, um die Problemstellung besser in ihrem Cortex zu verankern. Wir haben ja gesehen, dass Erinnerungen umso besser gespeichert werden, je mehr Emotionen im Spiel waren (der Hippocampus, der die Informationen im Cortex ablegt, befindet sich ja direkt neben der gefühlsduseligen Amygdala im limbischen System). Also: Sorgen Sie dafür, dass sich das Problem nicht nur kurzfristig in Ihrem präfrontalen Cortex befindet, sondern beziehen Sie den gesamten Cortex mit ein.

Machen Sie Fehler! Eigentlich erscheint dies widersprüchlich: Ziel ist doch eine kreative, unkonventionelle Lösung, und die sollte ja bitteschön richtig sein. Warum sollte man daher Fehler machen? Bisher spielen sich alle Prozesse ja noch bewusst ab, die Lösungssuche hat den präfrontalen Cortex noch gar nicht richtig verlassen (zumindest kontrolliert er noch bewusst die Lösungssuche). Je intensiver Sie jedoch am Anfang darauf bestehen, dass Sie ein Problem bewusst im präfrontalen Cortex bearbeiten, desto stärker wird später der Drang sein, das Problem unbewusst auf andere Hirnareale zu verteilen. Indem Sie zu Beginn häufige Fehlschläge bei der Problemlösung provozieren, schlagen Sie gleich zwei Fliegen mit einer Klappe: Ihr präfrontaler Cortex entwickelt mit jedem Fehlschlag ein neues Überprüfungskriterium, das er später braucht, um die neuen unbewussten Ideen zu bewerten. Darüber hinaus wird das Problem fest im Gehirn verankert. Das Gehirn beginnt sich ernsthaft mit dem Problem auseinanderzusetzen, vor allem, wenn es emotional zusätzlich aktiviert wurde, zum Beispiel, wenn es sich darüber ärgert, dass es nicht die richtige Lösung sofort findet. Negative Emotionen haben den Vorteil, dass sie sehr intensiv und äußerst dauerhaft sein können. Man ärgert sich meist deutlich länger über Fehlschläge, als man sich über kleine Erfolge freut. Niederlagen bleiben stärker im Gedächtnis haften als Siege.

Doch auch positive Emotionen können das Gehirn ermuntern, ein konkretes Problem umso intensiver zu bearbeiten. Beispielsweise lässt sich durch eine kleine Wettkampfsituation das Gehirn leicht motivieren. In einem spielerischen Brainstorming könnte man beispielsweise ein Team, das gemeinsam ein Problem bearbeitet, in zwei Gruppen aufteilen, die „gegeneinander" die beste oder ausgefallenste Idee entwickeln sollen. Das ganze sollte natürlich spielerisch geschehen, um keine übermäßige Stresssituation heraufzubeschwören. Aber Sie werden erstaunt sein, wie sehr Sie sich anstrengen, wenn Sie wissen, dass Sie einen Gegner haben (und sei es nur im Spiel).

Fehler sind noch aus einem anderen Grund wichtig: Sie sind die Basis für Kreativität! Jede neue kreative Idee bricht mit bisherigen Denkmustern. In einem Brainstorming finden Sie zu Beginn meist viele Ideen, die besonders gut zur Aufgabenstellung passen und recht offensichtlich sind. Doch diese sind auch meist wenig originell oder kreativ. Planen Sie deswegen gleich zu Beginn ein, *anders* zu denken: Freuen Sie sich, wenn sie eine Idee hervorbringen, die eigentlich nicht funktioniert! Häufig steckt in solchen Ideen nämlich trotzdem ein Gedankenmuster, das Sie später weiterverwenden können. Fehler im Denken sind gewissermaßen der Preis, den Sie für eine kreative Idee zahlen müssen. Doch dieser Preis ist gering, vor allem, wenn er gleich zu Beginn der Lösungsfindung gezahlt wird, wenn er noch keinen Schaden angerichtet hat. „Falsch zu denken" ist daher eigentlich nur eine andere Umschreibung für „neu zu denken".

Brechen Sie ab! Irgendwann wird jedoch der Punkt kommen, an dem Sie keine Lust mehr haben. Egal ob Sie alleine für sich ein Problem bearbeiten oder in einer Gruppe, Sie werden meist recht schnell feststellen: Es geht einfach nicht weiter. Hoffentlich haben Sie sich noch gezwungen, ganz bewusst an dem Problem weiterzuarbeiten, um gezielt ihren präfrontalen Cortex bei Laune zu halten. Doch auch der hat irgendwann keine Lust mehr. In Labortests verliert er sogar schon nach wenigen Sekunden das Interesse am Lösen einer Aufgabe (zum Beispiel dem Vervollständigen einer Zahlenreihe). Ich hoffe, Sie konnten mehr als diese wenigen Sekunden durchhalten, doch genauso wichtig ist es nun, aufzuhören und das Problem beiseitezulegen.

Die Verteilung

Nun beginnt der dubiose Teil des kreativen Prozesses, es geht ab in die unbewussten Hirnfunktionen. Denn Sie können absolut sicher sein: Sobald Sie das Problem weglegen und etwas anderes tun, wird ihr Gehirn das Problem weiterbearbeiten. Und zwar umso stärker, je intensiver Sie sich zu Beginn mit dem Problem auseinandergesetzt haben.

Bisher haben Sie bewusst Lösungen gesucht und sich vielleicht auch gezwungen, tolle neue (vielleicht sogar falsche) Ideen hervorzubringen. Das ist gut, aber nun versucht das Gehirn die Problemstellung anders zu lösen. Es verteilt die Aufgaben an verschiedene Hirnbereiche, die sich auf ihre Teilaufgaben spezialisiert haben. Diese Verbindungen können zu neuen Gedankenmustern, zu neuen Assoziationen führen, die später dann zu einer Lösung verknüpft werden.

> **Zwischenruf** Ja klar! Man sollte jetzt also sein gesamtes Hirn nutzen und nicht nur einen Teil davon!

Man hört ja immer wieder, dass man eigentlich nur 10 % seiner Hirnfunktionen nutzen würde und man durch tolle Kreativitätstechniken, Meditation, autogenes Training, Konzentrationsmethoden oder was weiß ich das *gesamte* Gehirn nutzen könnte. Das ist falsch! Sie denken immer mit dem gesamten Gehirn. Auch wenn Sie bisher bei ihrer Problemlösung hauptsächlich bewusst auf den präfrontalen Cortex gesetzt haben, waren andere Regionen im Gehirn natürlich schon am Arbeiten. Ihr Gehirn ist immer voll angeschaltet, und das Ziel ist nicht, es *noch mehr*, sondern eben *anders* zu aktivieren.

Machen Sie etwas anderes, sofort! Wenn Sie im Beruf ein Brainstorming im Team abbrechen oder wenn Sie alleine über ein Problem lange Zeit nachgedacht haben, ist es zunächst einmal wichtig, das Problem *komplett* zu „vergessen". Verlassen Sie den Raum, in dem Sie vorher gearbeitet haben, beenden Sie Ihren Arbeitstag oder machen Sie zumindest eine längere Pause! Gehen Sie an die frische Luft! Machen Sie irgendetwas, das nichts mit dem Problem zuvor zu tun hat!

Aber: Übertreiben Sie es nicht und widmen Sie sich nicht gleich einem anderen, vielleicht genauso wichtigen Problem. Der präfrontale Cortex ist ein Meister des Zusammenführens von Erfahrungen, Wissen, momentaner Konzentration und Aufmerksamkeit, er kann wirklich viel, aber er kann nicht mehrere Dinge auf einmal. Kein Gehirn ist zum Multitasking fähig! Deswegen sollten Sie nicht versuchen, sich durch etwas anderes abzulenken, das in

Konkurrenz zum eigentlich zu lösenden Problem treten könnte. Das Ziel sollte es sein, den präfrontalen Cortex etwas von seiner Aufmerksamkeitsfunktion zu entlasten. Denn damit andere Hirnregionen entsprechend mitmachen und selbst neue Gedankenmuster entwerfen können, müssen Sie auch zu Wort kommen. Das geht nur schwer, wenn Konzentration und Fokussierung durch den präfrontalen Cortex auf ein konkretes Problem gelenkt werden. Deshalb sollten Sie nun darauf achten, ihrem präfrontalen Cortex, ihrer bewussten Aufmerksamkeit mal eine Pause zu gönnen und ihn nicht gleich mit einem neuen Problem zu nerven.

Gehen Sie in Ihre Wohlfühlumgebung! Tun Sie die Sachen, die Sie gerne tun. Vielleicht machen Sie Sport, spielen ein Instrument oder kochen gerne? Versuchen Sie sich zu erinnern, wie es war, als Sie schon einmal kreativ waren. Wo war das? Was haben Sie damals gemacht? Und wie haben Sie Ihre kreative Idee festgehalten? Viele Menschen haben besondere „kreative Zonen", eine Wohlfühlumgebung, in der sie besonders kreativ sind. Ich kenne Menschen, die sind besonders kreativ, wenn Sie unter die Dusche gehen. Kaum prasselt das Wasser auf einen herab, kommen die tollen neuen Ideen. Das ist natürlich unpraktisch, denn unter der Dusche hat man selten etwas zu Schreiben dabei. Deswegen eilt man schnell wieder heraus, schreibt seine Ideen auf und vergisst vor lauter Übereifer, das Wasser abzustellen, welches gerne mal eine halbe Stunde lang ungenutzt in den Abfluss strömt. Das ist schade um das schöne Wasser, doch dafür sind diese Menschen auch außergewöhnlich kreativ. Anderen Menschen kommen Ihre Ideen, wenn sie kurz vor dem Einschlafen sind oder gerade aufwachen oder wenn sie aufräumen oder gerade beim Einkaufen sind. Stellen Sie fest, wo Ihnen so etwas passiert und begeben Sie sich bewusst in diese kreativen Situationen.

Merken Sie etwas? Bei solchen kreativen Geistesblitzen ist man nicht selten alleine. Das ist gar nicht überraschend, denn wenn man alleine ist, ist auch der präfrontale Cortex nicht so gefordert und mit der Konzentration auf andere Menschen beschäftigt. Denn was passiert, bevor es zur kreativen Eingebung kommt? Die verschiedenen Hirnregionen assoziieren, bilden ihre eigenen Gedankenmuster aus – unbewusst. Dazu sollten Sie das Gehirn mit fremden Informationen füttern, die eigentlich nichts mit der Aufgabe zu tun haben. Denn wenn andere Gebiete im Gehirn aktiviert werden, können sie sich mit ihren eigenen Aktivitätsmustern an der Lösungssuche beteiligen (vorausgesetzt, das Problem ist vorher so intensiv von Ihnen angenommen worden, dass es auch unbewusst weiterverarbeitet wird).

Gerade wenn Sie körperlich aktiv sind, schaltet der präfrontale Cortex etwas ab. Natürlich nicht ganz, das wäre etwas unpraktisch (sie wollen ja noch mitbekommen, was um Sie herum passiert), aber doch ein wenig. Und gerade das öffnet den Spielraum für freiere Assoziationen in anderen Hirnbereichen.

Provozieren Sie! Obwohl das Gehirn in so einer Assoziationsphase unbewusst neue Aktivitätsmuster erzeugt, können Sie es dabei ein wenig unterstützen, indem Sie sich mit neuen Bildern oder Informationen konfrontieren. Einige Kreativitätstechniken setzen genau dort an, nach dem Motto: „Hier sehen Sie einen gähnenden Löwen, was fällt Ihnen dazu ein? Was können Sie von diesem Bild auf die Entwicklung eines neuen Ledersessels übertragen?" Auch in Ihrer Freizeit treffen Sie permanent auf neue Eindrücke, die Sie sogleich hinterfragen können („Was kann ich daraus auf mein Problem übertragen?"). Das klingt schon ein wenig verrückt, aber Ihr Gehirn wird genau das sowieso schon machen, dann können Sie ihm auch mit einigen kleinen Gedankenspielchen auf die Sprünge helfen.

Essen und schlafen Sie! Ich sage das nur der Vollständigkeit halber (und weil ich Biochemiker bin), denn es ist ja eigentlich klar: Ein gesunder Stoffwechsel ist die Grundlage für ein funktionierendes Gehirn. Unterschätzen Sie nicht das Trinken. Das Gehirn reagiert empfindlich auf Wassermangel. Außerdem ist das Durstgefühl nicht so ausgeprägt wie das Hungergefühl und wird deswegen häufig missachtet. Trinken Sie lieber zu viel als zu wenig.

Schlaf ist wohl die wichtigste Form der Erholung – aber auch nicht zu unterschätzen, wenn es um die Hirnfunktionen geht. Im Schlaf ist vor allem einer aktiv: der Hippocampus. Man erinnere sich an das erste Kapitel: Der Hippocampus würgt in der Nacht das ganze aufgestaute Wissen des Tages nochmals hervor und präsentiert es dann dem Cortex. Je ausgiebiger dieses geistige Wiederkäuen stattfindet, desto besser verankert sich auch neues Wissen, desto besser bilden sich neue Verknüpfungen und Gedankenmuster aus. Und genau das ist es ja auch, was bei kreativen Prozessen gewünscht wird: die Neuverknüpfung von Neuronen. Mit so einem flexiblen Gehirn denkt es sich gleich viel kreativer.

Die Zusammenführung

Wenn ein Problem die ganze Zeit unbewusst im Gehirn herumgeistert, bilden sich bestimmt neue Aktivitätsmuster aus, die anschließend vom präfrontalen Cortex wieder gesammelt und zu einem Gesamtmuster zusammengeführt werden. Auch dieser Schritt geschieht noch unbewusst, doch er ist entscheidend, wenn im Gehirn ein kreativer Gedanke, ein neues Aktivitätsmuster entstehen soll. Jetzt ist es also wichtig, sich für neue Ideen auch zu öffnen und diese zuzulassen.

Lachen Sie! Alleine ein Problem zu lösen, kann eine Möglichkeit sein. Sie hat den Vorteil, dass man völlig frei neue Assoziationen bilden kann. Doch nach einer gewissen Zeit kann es gut sein, in Kontakt zu anderen Menschen zu treten. Fremde Gedanken können nochmal einen neuen Input in die eigenen Gedankenmuster bringen. Untersuchungen haben gezeigt, dass eigene Ideen deutlich kreativer werden, wenn man zuvor ungewöhnliche Ideen von anderen Leuten gehört hat. Deswegen kann Teamarbeit sehr effektiv sein, wenn man sich gegenseitig mit neuen Ideen befruchtet. Wichtig dabei: positive Emotionen! Machen Sie Witze, lachen Sie! Denn jeder Witz ist eine Art „Mini-Geistesblitz", bei dem genau das Gleiche passiert, wie bei seinem großen Bruder, der echten kreativen Inspiration: Eine neue Idee bricht ein bestehendes Denkmuster, ein Witz entsteht. Das finden wir lustig und das zeigt: Kreative Ideen machen Spaß. Wenn Sie ein Buch über Kreativitätstechniken lesen, kommt das meist sehr trocken und wie harte Arbeit rüber. Das mag auch stimmen (gerade wenn man an den Beginn der kreativen Ideenfindung denkt), doch das Gehirn macht ja nichts lieber, als neue Verknüpfungen auszubilden, und freut sich dann auch total darüber. Mit Freude und Humor belohnt es sich so quasi selbst für seine Leistung. Humor (alleine oder in der Gruppe) ist somit eine tolle Möglichkeit, das Zusammenführen von bisher unbewussten Aktivitätsmustern zu begünstigen.

Vermeiden Sie Stress! Wenn Sie sich in der Assoziationsphase befinden, ihren präfrontalen Cortex etwas von der eigentlichen Aufgabe entbinden und weitere Gehirnregionen durch neue Aktivitäten anregen, dann ist eines besonders schlecht: Stress. Vor allem akuter Stress.

Der Grund dafür liegt zum Teil in den Neuromodulatoren, die wir in Kap. 3 kennengelernt haben. Diese Neuromodulatoren können weite Bereiche des Cortex beeinflussen und dessen Eigenschaften verändern. Sie erhöhen die Aufmerksamkeit und sorgen dafür, dass schon stabile Aktivitätsmuster in den Netzwerken noch stabiler werden. Schwache Muster werden hingegen weiter abgeschwächt. Das ist prima, wenn man sich in einer konkreten Stresssituation befindet (zum Beispiel in akuter Gefahr), denn so können sehr robuste Verhaltensweisen schnell und zuverlässig abgerufen werden. Aber gerade das ist bei einer kreativen Ideenfindung nicht gewünscht. Deswegen sind viele aufgeregte Menschen in einer Prüfungssituation auch wenig kreativ, sie konzentrieren sich auf das Abrufen bekannter (gelernter) Gedankenmuster und können unter starkem Stress nur schwer neu kombinieren. Vermeiden Sie solche Situationen! Das ist schwierig, vor allem wenn Sie im Beruf ein Problem unter Zeitdruck lösen müssen. In einem solchen Fall kann es helfen, sich ganz bewusst einen Freiraum von ein paar Stunden oder Tagen (wenn das überhaupt möglich ist) zu nehmen, sich in dieser Zeit nicht mit dem Problem zu beschäftigen und sich abzulenken. Das ist leichter gesagt als getan und erfordert Mut, doch kreative Ideen lassen sich nun mal leider auch nicht auf Knopfdruck produzieren.

Die Erleuchtung

Wenn der präfrontale Cortex die eintreffenden Muster kombiniert und bewertet hat, kann es passieren, dass ein Muster so stabil wird, dass es ins Bewusstsein tritt. Der Geistesblitz ist da! Jetzt wird's kritisch, denn man will ja auch die Früchte seiner kreativen Arbeit ernten und den Geistesblitz festhalten. Seien Sie also schnell!

Der Vorteil eines Geistesblitzes: Er ist Ihnen sofort klar. Denn ohne dass Sie es mitbekommen haben, hat der präfrontale Cortex zuvor ja schon die ganze Arbeit erledigt und ein neues Muster für richtig befunden. Nun dürfen Sie diese Idee nicht einfach so entkommen lassen. Schreiben Sie sie auf oder teilen Sie sie anderen Menschen mit. Ich habe immer einen kleinen Notizblock neben meinem Bett liegen, denn manchmal fällt mir etwas ein, kurz bevor ich einschlafe. Das ist normalerweise ziemlich dumm, denn man kann sich nur selten daran erinnern, was man kurz vor dem Einschlafen noch gedacht hat. Deswegen schreibe ich es schnell auf (und bin am nächsten Morgen häufig selbst überrascht, was ich vorher für komische und manchmal tatsächlich sogar nützliche Ideen hatte). Nun können Sie nicht immer einen Geistesblitz aufschreiben. Wenn Sie mit 230 Sachen auf der linken Spur der Autobahn gemütlich den Tempomat bedienen, können Sie nur schwer einen Notizblock zücken. Versuchen Sie dann, die Idee im präfrontalen Cortex zu halten, konzentrieren Sie sich darauf, sprechen Sie sie laut aus, schmücken Sie sie weiter aus. Je mehr Gefühl Sie in den Gedanken bringen, desto robuster wird er.

Herzlichen Glückwunsch! Sie haben einen Geistesblitz erlebt. Das ist eine tolle Sache und macht richtig Spaß. Wer hätte gedacht, dass das Gehirn so eine gewaltige Arbeit dafür leisten muss? Problem annehmen, verteilen, neu verknüpfen, bewerten – das ist eine ganze Menge, von der das meiste zum Glück ohne unser Bewusstsein geschieht. Vergessen Sie jedoch nicht, dass eine kreative Eingebung an sich nichts wert ist. Wenden Sie sie an! Wie viele Ideen scheitern, weil man sich nicht traut, sie zu zeigen (vor allem, wenn es sich um ausgefallene Ideen handelt)? Wer will schon gerne als kreativer Spinner dastehen? Dabei ist Ihr Gehirn genau das, es spinnt neue Ideen, denkt dabei oft falsch und verrückt. Das ist wunderbar, denn wie viel langweiliger wäre unsere Welt, wenn unsere Gehirne nicht solche „kreativen Fehler" machen würden?

4.4.3 Fazit

Natürlich ist der in den vorigen Abschnitten geschilderte Prozess nur ein Sonderfall von Kreativität, und nicht jeder kreative Prozess schließt eine kreative Eingebung ein. Auch wenn es so scheint, als hätte man schon verstanden, wie solche Aha-Erlebnisse im Gehirn entstehen, steht die Hirnforschung in Sachen Kreativität immer noch ziemlich am Anfang und greift auf Erklärungsmodelle zurück, die bald 50 Jahre alt sind. Erst in den letzten Jahren versucht man, mit diesen ganzen modernen Methoden (vor allem der fMRT und ihren vielen Upgrades) die Hirnaktivität bei kreativen Prozessen zu vermessen.

Dabei scheint es ein Problem zu geben: Kreativität ist keine einzelne Hirnfunktion, wie zum Beispiel das Sprechen oder Sehen, die sich leicht von anderen Funktionen abgrenzen lassen. Kreativität ist eher eine Gesamteigenschaft des „Super-Netzwerks Gehirn", seine generelle Fähigkeit, Aktivitätsmuster von verteilten Neuronenverbänden zu sammeln und daraus ein neues Muster zu basteln, seine Flexibilität. Da kann man sich leicht vorstellen: Das ist nur umständlich (wenn überhaupt) zu messen – und genau deswegen tut man sich immer noch schwer damit, „kreative Hirnfunktionen" zu definieren.

Damit ist auch klar: *Die* Kreativität gibt es gar nicht. Es sind immer nur Spezialfälle einer generellen kreativen Stimmung im Gehirn. Und obwohl wir einen Großteil unseres Lebens mit Automatismen bewältigen, sind wir doch immer auch kreativ, zum Beispiel, wenn wir sprechen oder träumen. Natürlich mag es auch besonders kreative Menschen geben (Künstler, Designer, Entwickler oder wer sich sonst noch dafür hält), doch Kreativität ist eine grundlegende Eigenschaft, die jeder Mensch besitzt. Denn jeder entwickelt ständig neue Gedankenmuster, neue Verknüpfungen in seinem Gehirn.

Wenn Sie sich anschauen, wie viele Bücher es zum Thema Kreativität gibt, kann man schon erschlagen werden. Es gibt Ratgeber zu fast jeder erdenklichen Situation, in der man seine Kreativität verbessern kann. Und auch ich bin in den vorigen Abschnitten auf diesen Zug aufgesprungen und habe ein paar Tipps gegeben, wie man die einzelnen Schritte in der kreativen Problemlösung im Gehirn verbessern kann. Doch vergessen Sie dabei nie: Kreativität ist mehr als das bloße Anwenden von irgendwelchen Techniken oder Arbeitsschritten. Denn kreative Prozesse zeichnen sich ja gerade dadurch aus, dass sie nicht vorhersagbar sind. Sie können zwar bestimmte Tricks anwenden, um ihrer Kreativität auf die Sprünge zu helfen, aber erzwingen können Sie sie leider nicht.

Ich hoffe, Sie sind von dieser Erkenntnis nicht enttäuscht. Sie kommt ja auch nicht besonders überraschend. Doch wenn Sie dieses Buch aufmerksam gelesen haben, wissen Sie nun, *wie* ein Gehirn so arbeitet, welche Zellen und biochemischen Prozesse daran beteiligt sind. Dieses Wissen kann Sie weiter bringen als wenn Sie eine Liste mit Kreativitätstechniken abhaken, denn so haben Sie den wichtigsten Schritt zu ihrem „kreativen Gehirn" schon gemacht: Sie haben eine Ahnung, wie es funktioniert. Und bei einer Ahnung muss es leider bleiben, denn sehr viel mehr wissen die Hirnforscher derzeit auch nicht.

4.5 Noch ein Fazit

Das Gehirn ist ein selbstverliebter, fauler und eitler Haufen von divenhaften Nervenzellen, die die unliebsame Drecksarbeit im Nervensystem an ihre Helferzellen abtreten und dabei selbst nichts anderes können, außer elektrische Impulse zu erzeugen. Dabei machen sie auch noch häufig Rechenfehler, sind relativ langsam und lassen sich andauernd ablenken, weil sie permanent mit ihren Kollegen plaudern. Was für ein heilloses Durcheinander an tratschenden, unkonzentrierten Quasselstrippen! Und dann geschieht das Wunder: Aus diesem unübersichtlichen Wust an elektrischen und chemischen Impulsen, dem nicht enden wollenden Strom aus An- und Abschalten von Milliarden von solchen Plaudertaschen entsteht eine geniale Idee! Verrückt – aber so ist es nun mal, das Gehirn.

Neben dieser kurzen Zusammenfassung, was sollten Sie noch aus diesem Buch mitnehmen?

Eigentlich ging es in diesem Buch um vier Themen, und sinnigerweise habe ich diese Themen auch auf vier Kapitel verteilt: das Gehirn, seine Zellen, den Nervenimpuls und den Geistesblitz.

Das Gehirn mag vielleicht tatsächlich etwas narzisstisch rüberkommen, schließlich beschäftigt es sich zu 99 % mit sich selbst. Doch seine anatomische Struktur ist ausgesprochen effektiv. So haben sich viele spezialisierte Zentren herausgebildet, die besondere Aufgaben wahrnehmen: Das Kleinhirn justiert beispielsweise die Bewegungsmuster, der Thalamus filtert die Sinneseindrücke und der Hirnstamm ist der Verbindungsstecker vom Gehirn zum Rückenmark. Die Großhirnrinde bleibt jedoch das herausragende Merkmal der Menschen, dort finden die kreativen Geistesblitze statt – und dennoch ist dieser Bereich (beispielsweise im Vergleich zum komplizierten limbischen System) recht einfach in einer sechsschichtigen Struktur geordnet. Das Gehirn schöpft seine Power eben nicht aus einer unübersichtlichen Architektur im Cortex, sondern hält die Strukturen möglichst einfach und vervielfacht stattdessen die beteiligten Mitspieler, die Neurone.

Die Neurone selbst sind natürlich schon ganz besondere Typen. Sie haben jede Menge zellbiologische Asse im Ärmel: hochgezüchtete Protein-Herstellungsfabriken, ein ausgeklügeltes Logistiksystem und ein flexibles Zellgerüst.

Und auch wenn sich alle Welt auf diese Neurone konzentriert, sind niemals ihre helfenden Kollegen zu vergessen, die sich für ihren selbstlosen Dienst an den Neuronen zum Teil völlig aufopfern. Oligodendrocyten isolieren die Nervenfasern, Astrocyten ernähren die Neurone und die Mikroglia verteidigen sie. Das ist wirklich ein eingespieltes Team!

Der Geistesblitz, was für ein schöner Begriff – und doch gründet er sich auf recht simplen Vorgängen an den Nervenzellmembranen. Ein Nervenimpuls kann dabei zum einen als elektrisches Aktionspotential mit über 400 km pro Stunde ein Axon entlangsausen. Zum anderen wird er an der Synapse in ein chemisches Signal umgewandelt. Die Neurotransmitter überbrücken diesen schmalen Spalt zwischen zwei Neuronen und bieten allerlei Kontroll- und Verrechnungsmöglichkeiten für die Nervenzellen. Erst durch die Synapsen werden diese zu den „Rechnern im Miniaturformat" und können Netzwerke plastisch umformen.

Dass Nervensysteme nach grundlegend anderen Mechanismen funktionieren als ein Gehirn, dürfte im letzten Kapitel klar geworden sein. Gehirne mögen im Vergleich zu Großrechnern fehleranfällig und langsam sein, aber sie kennen jede Menge Tricks und Abkürzungen, um Informationen besonders effektiv zu verrechnen. Neuronale Netzwerke sind dynamisch, sie verändern sich und bilden im günstigsten Fall neue Aktivitätsmuster heraus, die wir als kreativen Geistesblitz wahrnehmen.

Natürlich habe ich versucht, den Titel dieses Buches etwas reißerisch zu formulieren, und gleich zu Beginn versprochen, dass ich erkläre, was es mit der „Biologie des Geistesblitzes" auf sich hat. Das ist ja eine durchaus unbescheidene Formulierung. Mein Kalkül dabei (ich kann es ja jetzt zugeben): Ich wollte den einen oder anderen Leser durch diesen Titel ködern und anschließend von der Schönheit und Raffinesse der Zellbiologie der Neurone überzeugen. Vielleicht hat sich mancher deshalb während des Lesens der ersten drei Kapitel gefragt: Wann geht's denn nun endlich um Geistesblitze, und warum lese ich die ganze Zeit was über Großhirnrinden, Gliazellen und Aktionspotentiale, wenn doch der Titel des Buches eine Abhandlung über Kreativität verkündet? Nun, ich hoffe, es ist im Laufe dieses Buches klar geworden: Jeder Prozess im Gehirn hat seine Entsprechung auf der Zellebene. Erst wenn man eine Idee davon bekommt, wie Nervenzellen prinzipiell funktionieren und nach welchen Konzepten ein Gehirn aufgebaut ist, kann man auch erahnen, wie so fantastische Phänomene wie kreative Geistesblitze entstehen. Auch wenn sie unscheinbar wirken, Neurone haben eine Menge Tricks auf Lager und schaffen mit ihren helfenden Gliazellen das, was noch kein Computer kann: Sie machen Fehler und erzeugen gerade dadurch geniale Ideen.

Freuen Sie sich daher auf ihren nächsten „Fehler im Denken" – vielleicht ist er der Ursprung einer neuen, bahnbrechenden Idee?

Der Schluss

Verehrte Leserschaft!

Das war's dann. Auch wenn Ihnen dieses Buch als solches vorgekommen sein mag – tatsächlich war es ein wissenschaftlicher Vortrag, ein Science Slam, der sich nur als Buch verkleidet hatte. Wissenschaftlichen Vorträgen eilt ja der Ruf voraus, häufig langweilig und ermüdend zu sein, weil sie komplizierte Spezialthemen behandeln, die keiner so richtig versteht. Und das ist auch meistens richtig.

Gerade das Thema „Gehirn" kann kaum erschöpfend in einem einzigen Vortrag behandelt werden. Bei einem Science Slam hat man üblicherweise sogar nur zehn Minuten Zeit, um das Publikum von sich zu überzeugen und seine Konkurrenten in diesem wissenschaftlichen Vortragswettbewerb zu schlagen. Das ist wirklich eine ambitioniert kurze Zeit, deswegen muss man an vielen Stellen vereinfachen und verkürzen. Das ist gar nicht schlimm, denn das Ziel ist es hauptsächlich, die Zuschauerschaft von seinem Thema zu begeistern und für einen Sachverhalt zu interessieren. So entstand auch die Idee zu diesem „Buch zum Slam", das Sie nun fast geschafft haben.

Wissenschaftler mögen es eigentlich gar nicht gerne, wenn man vereinfacht. Die Natur mit ihren tollen Prozessen ist nun mal eben kompliziert, und jede Vereinfachung ist daher irgendwie auch eine Verfälschung der Dinge. Ich denke trotzdem, dass es hilft, wenn man auch komplizierte Sachverhalte verständlich erklärt – wenngleich ich auch in diesem Buch wieder Dinge verkürzen musste, um nicht gänzlich ins unverständliche fachliche Nirwana zu entgleiten. Bei jedem kritischen Wissenschaftler, der dieses Buch gelesen hat, entschuldige ich mich daher an dieser Stelle für die manchmal doch recht drastischen Simplifizierungen. Als Trostpflaster für all diejenigen, die trotz (ich hoffe eher: wegen) dieser Lektüre noch nicht genug bekommen haben von der Neurobiologie, habe ich im Anhang noch ein paar Literaturverweise zusammengetragen. Dabei handelt es sich nicht nur um andere leicht zu lesende Werke zu den auf den vorigen Seiten behandelten Themen, sondern natürlich auch um Fachliteratur zu anatomischen oder biochemischen Gebieten, aus denen ich wichtige Informationen für dieses Buch zusammentrug.

Wenn Sie sich nicht von 2000 Seiten starken biochemischen Fachbüchern abschrecken lassen, dann wünsche ich viel Spaß mit diesen Lektüretipps.

Eine weitere Hilfestellung auf dem mitunter doch recht unübersichtlichen Gebiet der Neurobiologie erhält der Leser im Anhang mit dem „Wörterbuch des Gehirns" – dem Glossar –, in dem die wichtigsten Fachbegriffe, die in diesem Buch verwendet wurden, noch einmal nachschlagen werden können.

Am Ende eines Vortrages danke ich immer allen, die mir geholfen haben, und das möchte ich auch an dieser Stelle tun.

Dieses Buch ist das Ergebnis meiner Science-Slam-Auftritte, und deshalb danke ich denjenigen, durch die ich zum Science Slam gekommen bin. Meine Art, auf der Bühne zu stehen und lustige Vorträge zu halten, ist dabei nur die logische Konsequenz der Atmosphäre in unserem Labor. Viele Ideen und Witze, die ich bei meinen Auftritten verwende, sind bei zahlreichen Mensa-Mittagessen mit meinen Kollegen entstanden, und ich möchte mich bei all denjenigen entschuldigen, die wir durch unser lautes Benehmen in der Studentenmensa beim Essen genervt haben. Bei diesen mittäglichen Kreativitätssitzungen wurde ich maßgeblich von meinen Arbeitskollegen unterstützt, die durchweg für eine gut gelaunte Stimmung sorgten. Da denke ich vor allem an Sofia und Christopher, die ja im vierten Kapitel dieses Buches eine tragende Rolle einnehmen. Der fleißigen Griechin (verrückt, ich weiß) Sofia danke ich überdies für die Hilfestellung beim Übersetzen der ganzen griechischen Fachbegriffe, der Inspiration zu zahlreichen Abbildungen in diesem Buch und ihrer Elektronenmikroskopie-Aufnahme in Abb. 2.18.

Überhaupt, die Abbildungen: An einige Bilder bin ich nur durch freundliche Wissenschaftler gekommen, die sich bereit erklärt haben, einige optische Leckerbissen für dieses Buch zu opfern. Ich danke diesbezüglich Prof. Knöll vom Institut für Physiologische Chemie der Universität Ulm (Abb. 2.1), Prof. Scheffler vom Max-Planck-Institut für biologische Kybernetik in Tübingen (Abb. 4.11) und meiner freundlichen Kollegin Dr. Christine Stritt vom Interfakultären Institut für Zellbiologie in Tübingen (Abb. 1.1). Michael Bach vom Deutschen Krebsforschungszentrum (DKFZ) in Heidelberg stellte mir netterweise tolle diffusionsgewichtete MRT-Bilder vom Gehirn zur Verfügung, von denen eines in Abb. 4.1 zu sehen ist. An diesen Kontakt wäre ich aber nicht ohne die Hilfe von Moritz Zaiss gekommen, der, ebenfalls am DKFZ tätig, ein Science-Slam-Kollege ist, den ich sehr schätze. Als Wissenschaftler steht man häufig in Austausch mit anderen Fachkollegen. In dieser Hinsicht danke ich Nils Cornelissen, der mich mit Informationen zu Kreativitätstechniken belieferte und betonte, wie sinnvoll Fehler beim Denken sein können.

Da der Science Slam überhaupt erst zu diesem Buch geführt hat, ist ein Dank an viele Science-Slam-Konkurrenten durchaus angebracht. Wissenschaftler treten ja normalerweise nicht in einen direkten Wettbewerb auf der Bühne und buhlen wohlfeil um die Gunst eines anspruchsvollen Publikums. Aber es macht unheimlich viel Spaß – vor allem wenn man auf Gegner wie Peter Westerhoff, Kai Kühne, Boris Lemmer oder Martin Buchholz trifft. Solche Ausnahmekönner haben auch mich immer wieder zu neuen Ideen inspiriert, und ich danke ausdrücklich allen Konkurrenten, die mich jemals geschlagen und auf diese Weise zu einer weiteren Verbesserung meiner Auftritte gedrängt haben. Da merkt man wieder, welch kreative Kraft im Wettbewerbsgedanken liegt, und ich kann nur jeden Wissenschaftler ermuntern, ebenfalls die Science-Slam-Bühnen dieser Republik zu entern.

Was wäre ein Science Slammer ohne sein Publikum? Erwartungsvoll lechzt es nicht nur nach wissenschaftlicher Expertise, sondern dürstet auch nach kurzweiliger Unterhaltung. Knallhart und ungeschminkt schlägt es dann seine Bewertungen der einzelnen Vorträge vor und scheut sich nicht, Gefälligkeitsurteile gnadenlos zu übergehen. Ein solch dankbares Auditorium kann sich nur jeder Künstler wünschen!

An dieser Stelle danke ich deswegen allen Zuschauern, die mich während meiner Auftritte mehr oder weniger ertrugen. Natürlich hoffe ich auch, dass ich die eine oder den anderen von mir und unserer Forschung begeistern konnte, wenngleich beides doch immer noch extrem kompliziert und speziell ist. Nun ist man als Science Slammer immer ganz besonders froh, wenn man mit tollen Leuten vor, neben und auf der Bühne arbeiten kann, und ich danke allen Menschen, die bei diesen Highlights dabei waren. Es sind diese Menschen und diese Momente, die auch mich so oft begeistert haben.

Dass ich dieses Buch überhaupt schreiben konnte, verdanke ich meiner Schwester und ihrer Schreibmaschine, deren Unterstützung ich nicht genug zu würdigen weiß. Danke, Svenja!

Glossar

Wahrscheinlich hat man es schon während des Lesens mitbekommen: Die Neurobiologie ist voller Fremdwörter und Fachbegriffe. Manchmal werden so ganz einfache Sachen unnötig verkompliziert, und ich habe mich daher bemüht, solche Fachbegriffe zu vermeiden, umzuformulieren oder gleich an Ort und Stelle zu erklären. Dennoch ließ es sich nicht vermeiden, dass auch ich bisweilen auf gewisse Fachtermini zurückgreifen musste. Damit der geneigte Leser auf der Suche nach einer Worterklärung nicht völlig verzweifelt im Buch hin und her blättern muss, sind hier die wichtigsten Begriffe zu den Themen Nervenzellen und Gehirn, wie sie in diesem Buch behandelt werden, versammelt.

Acetylcholin
Der wichtigste Neurotransmitter, wenn es darum geht, einen Muskel zu aktivieren. Acetylcholin kann an zwei unterschiedliche → Rezeptoren binden: den nicotinischen Rezeptor (einen → Ionenkanal) oder den muscarinischen Rezeptor (ein → Enzym). Hat es seinen Job erledigt, wird Acetylcholin schnell in seine Bestandteile (Acetat und Cholin) gespalten und aus dem synaptischen Spalt abtransportiert.

Actin
Häufigstes Protein in der Zelle, kann sich mit anderen Actinmolekülen zu langen Ketten zusammenlagern und so die → Mikrofilamente bilden. Mikrofilamente sind super praktisch, denn sie sind flexibel und stabil zugleich, und ein Neuron kann durch den Auf- und Abbau von Actin-Mikrofilamenten bestimmte Regionen festigen oder auch schnell umbauen.

Aktionspotential
Plötzliche Umkehr der elektrischen → Membranspannung, entsteht, wenn sich auf einmal → Ionenkanäle öffnen und positiv geladene Natriumionen von außen in das Zellinnere strömen. So wird die Innenseite (vormals negativ geladen) positiv aufgeladen.

Amygdala (griech. „Mandel")
Gefühlsduseliger Nervenkern im → limbischen System. Die Amygdala erzeugt Emotionen wie Angst und Wut, kriegt aber auch als Erstes mit, wenn etwas gerochen wird.

Assoziationsfeld
Bereich im → Cortex, der die Bewegungs- und Sinnesinformationen zu einem Gesamtbild zusammenfügt. Es gibt drei wichtige Assoziationsfelder: 1) am Übergang von Stirn- und Schläfenlappen, 2) an der Ecke, wo sich Seiten-, Scheitel- und Hinterhauptslappen treffen, und 3) – das berühmteste von allen – das präfrontale Assoziationsfeld, der präfrontale Cortex.

Astroglia (auch Astrocyt)
Zahlenmäßig der häufigste Typ Gliazelle. Astroglia bauen ein Gerüst, um die Neurone zu stützen, sie bilden die → Blut-Hirn-Schranke, ernähren die → Neurone und transportieren überschüssige → Neurotransmitter weg. Außerdem regulieren sie den Blutfluss im → Gehirn, tauschen untereinander Ionen aus und überwachen den Stoffwechsel der Neurone.

ATP
Die „Energiewährung" der Zelle. Die Abkürzung steht für Adenosintriphosphat, eine sehr energiereiche Verbindung, die in den → Mitochondrien hergestellt wird. Die Spaltung dieses Moleküls setzt Energie frei, die für nahezu alle wichtigen Vorgänge in der Zelle gebraucht wird: den Transport von → Organellen, das Pumpen von → Ionen oder die Fusion von Vesikeln mit Membranen (um nur einige zu nennen).

Axon (griech. „Achse")
Die Hauptnervenfaser eines → Neurons, seine „Sendeantenne". Jedes Neuron bildet immer nur ein Axon aus, über das es seine eigenen Nervenimpulse weiterleiten kann. Ein Axon kann sich jedoch in Hunderte oder Tausende → Synapsen aufspalten und so viele andere Neurone erreichen.

Axonhügel
Hier entspringt das Axon aus dem Zellköper.

Balken (lat. Corpus callosum)
Damit die beiden Gehirnhälften (links und rechts) auch mitbekommen, was die jeweils andere gerade so treibt, sind sie durch den Balken verbunden. Der Balken ist also ein dickes Nervenfaserbündel, gerade mal so breit wie eine Briefmarke, enthält aber etwa eine viertel Milliarde Axone.

Blut-Hirn-Schranke
Wichtige Barriere zwischen Blutgefäßen und dem Hirngewebe. Die → Astrocyten sind dabei die Türsteher, die aufpassen, dass niemand (vor allem keine ungeladenen Gäste wie Hormone, Ionen, oder irgendwelche Stoffwechselprodukte) das Gehirn betritt.

Boten-RNA
Eine kleine Notiz aus der großen → DNA, ein Abschrieb von einem Gen, der aus dem Zellkern ins Cytoplasma gebracht wird. In dieser Bauanleitung ist die Reihenfolge der

Aminosäuren festgelegt, nach der diese in den → Ribosomen zu einem → Protein zusammengebastelt werden.

Botox
Kurzform für Botulinumtoxin, das giftigste Gift der Welt, wird von Bakterien gebildet, die in vergammelten Konservendosen lauern können. Botox ist ein → Enzym, das die → Fusionsproteine in der Präsynapse spaltet und so die Impulsübertragung blockiert. Das ist praktisch, wenn man Gesichtsmuskeln lähmen und Falten reduzieren will, aber unpraktisch, wenn es die Atemmuskulatur lahmlegt.

Broca-Areal
Wichtiger Teil im hinteren linken Teil des vorderen → Cortex. Hier wird Sprache erzeugt, benannt nach dem französische Chirurgen Paul Broca.

Brücke (lat. Pons)
Liegt im → Hirnstamm zwischen → verlängertem Mark und → Mittelhirn und sagt dem → Kleinhirn, welche Bewegungen im Gehirn gerade geplant werden.

Cortex (lat. „Hülle")
Die Großhirnrinde, extrem ausgeprägt beim Menschen. Die Oberfläche ist zu Furchungen (Sulci) und Windungen (Gyri) zerknautscht, so passt er gut in den Schädel. Der Cortex ist in vier Lappen (Vorder-, Scheitel-, Seiten- und Hinterhauptslappen) unterteilt, dort liegen die primären, sekundären und tertiären Areale, um Sinnesinformationen oder Bewegungsmuster zu verarbeiten. Zwischen diesen Arealen liegen die Assoziationsbereiche, die alle Informationen zu einem stimmigen Gesamtbild zusammenbasteln. Ganz besonders wichtig ist dabei der präfrontale Cortex, der bewusste Aufmerksamkeitsprozesse steuert. Der Cortex enthält die graue Substanz, in der sich viele Nervenzellkörper (hauptsächlich von Pyramidenzellen) in einer Sechs-Schichten-Struktur anordnen.

Cytoplasma (griech. „Zellgebilde")
Alles was in einer Zelle ist (bis auf den → Zellkern), also alle → Organellen, Membranen und die wässrige „Zellsuppe", in der das alles schwimmt: das Cytosol.

Dendrit (griech. „Bäumchen")
Die „Empfangsantenne" eines → Neurons, ein Fortsatz, der eintreffende Informationen empfängt. Neurone können ein ganzes Büschel solcher Dendriten ausbilden, an denen dann die → Synapsen von anderen Neuronen andocken können.

DNA
Die Desoxyribonucleinsäure, ein riesiges Molekül im Zellkern, das die Bauanleitungen (die → Gene) für nahezu alle → Proteine in der Zelle enthält. Die DNA besteht aus zwei Strängen, die sich umeinander verzwirbeln. Jeder Strang enthält immer abwechselnd einen leicht veränderten Zuckerbaustein (die Desoxyribose) und ein Phosphatmolekül.

Damit die beiden Stränge nicht auseinanderfallen, werden sie in der Mitte von den Basen zusammengehalten.

Dopamin
Ein wichtiger Neuromodulator, der unter anderem von den Neuronen in der → Substantia nigra verwendet wird, um die Bewegungszentren im Gehirn zu steuern. Dopamin ist auch an einem Belohnungssystem beteiligt, steigert die Aufmerksamkeit und das Verlangen nach einem Objekt der Begierde. Dieses System wird von Drogen wie Kokain genutzt und verschafft ein kurzfristiges Hochgefühl, das aber nie von langer Dauer ist.

Dyneine
Einigermaßen große Motorproteine, die ihre Fracht zum Zellkörper hin transportieren. Sie laufen dafür Schritt für Schritt an den → Mikrotubuli entlang und nehmen ihre Fracht huckepack.

Elektroencephalographie (EEG)
Aufzeichnung der elektrischen Felder, die von den → Neuronen im → Cortex erzeugt werden, mithilfe von Elektroden, die außen auf den Kopf gesetzt werden. Diese elektrischen Felder synchronisieren sich zu Hirnströmen mit charakteristischen Frequenzen (Alpha-, Beta-, Gamma-, Delta-Wellen), die durch die EEG sichtbar gemacht werden. Vorteil: Man sieht schnell, wenn ein Gehirn aktiv ist. Nachteil: nicht sehr präzise, was den Ort dieser Aktivität angeht (in der Regel tragen mehr als eine Million Neurone zum Signal an einer Elektrode bei).

Endoplasmatisches Reticulum (lat. „innerplasmatisches Netzwerk")
Ein Röhren- und Gängesystem aus lauter Membranen im Inneren der Zelle. Neben einigen biochemischen Spezialreaktionen werden hier einige → Proteine in → Vesikel verpackt und auf ihre Reise durch die Zelle geschickt.

Endorphine
Kennt man allenthalben als „Glücksbotenstoff"; Neuromodulatoren, die die Aktivität von anderen → Synapsen beeinflussen. Das ist bei Schmerzsynapsen recht angenehm, denn dort verhindern Endorphine an der Präsynapse, dass viele → Neurotransmitter ausgeschüttet werden, so wird die Schmerzweiterleitung gehemmt. Endorphine sind kurze Ketten aus Aminosäuren, kleine → Proteine sozusagen, und gehören zur Gruppe der körpereigenen Opioide.

Enterisches Nervensystem (griech. „Darm"-Nervensystem)
Nervensystem im Darm, reguliert dort beispielsweise die Ausschüttung von Verdauungssäften oder wie sich die Darmwindungen hin und her drehen sollen. Es ist dabei ziemlich komplex (das „zweite Gehirn im Darm") und enthält in etwa so viele → Neurone wie das gesamte → Rückenmark.

Enzym (griech. „in der Hefe", weil sie dort erstmals entdeckt wurden)
Ein Protein, das eine chemische Reaktion ermöglicht bzw. beschleunigt, ein Biokatalysator gewissermaßen.

Epiphyse (griech. „das Darüberwachsende")
Die Zirbeldrüse, einzige Hirnregion, die nicht paarig auftritt; wichtig, um den Schlaf-Wach-Rhythmus zu steuern. Dafür schüttet sie (je nach Helligkeit) das „Müdigkeitshormon" Melatonin aus, das uns schläfrig macht.

Formatio reticularis
Die „Netzwerkformation" (so der Name) von vielen Nervenzellen im → Hirnstamm. Sie bekommt jeden Klatsch und Tratsch im Gehirn mit und steuert so wichtige Dinge wie Atmung, Blutdruck und Herzfrequenz. Darüber hinaus hält sie das Großhirn mit ständigen Nervenimpulsen wach, und wenn die Formatio reticularis beschließt, eine kleine Pause zu machen, schlafen wir ein.

Fusionsproteine
Spezialisten, die sich darauf konzentriert haben, → Vesikel mit Plasmamembranen zu verschmelzen, was extrem wichtig ist bei der Ausschüttung von → Neurotransmittern in den synaptischen Spalt. Damit sie funktionieren, brauchen Fusionsproteine natürlich ATP, und viele von ihnen gehören zu einer Proteinfamilie, die den handlichen Namen *soluble N-ethylmaleimide-sensitive factor attachment protein receptor* (SNARE) trägt.

GABA
Abkürzung für Gamma-Aminobuttersäure. Ein kleines Molekül, sieht fast so aus wie → Glutamat, hat aber die gegenteilige Funktion und wird für hemmende → Synapsen verwendet.

Ganglion
Ein Grüppchen von Nervenzellen, die sich in einem Nervenknoten versammelt haben, damit sie im → peripheren Nervensystem nicht so einsam verstreut sind. Hier werden eintreffende Signale neu verschaltet, was man unter anderem beim sympathischen Nervensystem gut sieht, hier liegen die sympathischen Ganglien im sympathischen Grenzstrang.

Gehirn
Thront über den Dingen und weiß über alles Wichtige Bescheid, ist dafür aber auch ein bisschen eitel (wechselt sein Badewasser, den Liquor, viermal am Tag) und selbstverliebt (99 % aller Nervenfasern bleiben im Gehirn). Damit man nicht den Überblick verliert, teilt man das Gehirn klassischerweise in sechs Teile: verlängertes Mark, Brücke, Klein-, Mittel-, Zwischen- und Großhirnhemisphären. Trotzdem ist es immer noch recht unübersichtlich und noch nicht so wirklich verstanden.

Gen
Besser als sein Ruf und ein kurzer Abschnitt auf der → DNA, der als Bauanleitung für ein Protein oder Ribonucleinsäuren (RNAs) dient.

Gliazellen (griech. „Glibberzellen")
Die Helferzellen der → Neurone, sitzen zwischen den Nervenzellen und erledigen die ganzen Arbeiten, für die sich so ein Neuron zu fein ist oder keine Zeit hat. Im ausgebildeten → Gehirn gibt es drei wichtige Gliazelltypen: die → Astroglia (bilden die Blut-Hirn-Schranke, ernähren die Neurone und bilden ein Stützgerüst aus), die→ Mikroglia (verteidigen die Neurone) und die → Oligodendroglia (isolieren die Nervenfasern). Es gibt mindestens so viele Gliazellen wie Neurone, aber nicht deutlich mehr.

Glutamat
Eine Aminosäure, aber auch gleichzeitig der wichtigste → Neurotransmitter, um andere Nervenzellen zu erregen. Vorsicht: Übermäßig stark ausgeschüttet, wirkt Glutamat giftig, überreizt die anderen Neurone, die daraufhin absterben können.

Glycin
Von der Struktur her die einfachste Aminosäure der Welt, aber als → Neurotransmitter wichtig, um andere → Synapsen zu hemmen.

Golgi-Apparat
Ein Paket aus plattgedrückten membranumschlossenen Schläuchen und Kanälen in der Zelle. Der Golgi-Apparat ist das zentrale Logistikzentrum einer Zelle, hier werden eintreffende → Vesikel sortiert und anschließend weiter im → Cytoplasma verteilt.

Graue Substanz
Äußerster Bereich des Großhirns, enthält die ganzen Nervenzellkörper des → Cortex und ist in sechs Schichten aufgebaut. In den innen liegenden Schichten 3 bis 5 sitzen die Pyramidenzellen, die aus den Schichten 1 bis 5 ihre Eingangssignale bekommen. Wenn sie selbst aktiv werden, schicken sie Nervenimpulse über ihre Axone aus den Schichten 5 und 6.

Gyrus (griech. „Drehung")
Die „Windungen" der Großhirnrinde, praktisch, damit man den Überblick über den Cortex nicht ganz verliert, denn bei den meisten Menschen sind die größten Windungen an ähnlichen Stellen.

Hemisphäre (griech. „Halbkugel")
Eine Hälfte – zum Beispiel vom Großhirn (rechte und linke Hemisphäre) oder auch vom → Kleinhirn.

Hippocampus (lat. „Seepferdchen")
Heißt so, weil irgendjemand in dieser wurstförmigen Struktur im → limbischen System ein solches Meerestier zu erkennen glaubte. Der Hippocampus ist unerlässlich, um

neues Wissen zu speichern. Dafür präsentiert er als „Besserwisser" und Trainer des → Cortex in der Nacht sein gerade angesammeltes Wissen und paukt es dem Cortex immer wieder ein. So bilden sich selbst im vergleichsweise trägen Cortex nach und nach stabile Aktivierungsmuster heraus – der Cortex lernt.

Hirnhaut
Gibt es gleich in dreifacher Ausfertigung, denn ein → Gehirn achtet sehr auf sein äußeres Erscheinungsbild. Direkt auf dem Hirngewebe liegt die weiche Hirnhaut, die anschließend von der Spinnengewebshaut umgeben ist. Letztere ist mit dem → Liquor gefüllt und bildet so ein wässriges Polster, in dem das Gehirn die ganze Zeit schwimmt. Die harte Hirnhaut umgibt die Spinnengewebshaut und trennt auf diese Weise das Gehirn vom Schädelknochen ab.

Hirnlappen
Zur besseren Übersicht hat man die Großhirnrinde in vier Lappen eingeteilt. Als da wären: der stirnseitige Frontallappen, der Scheitellappen, der Seitenlappen und der Hinterhauptslappen. Die Einteilung erfolgt eher nach optischen als nach funktionalen Kriterien. So sind Frontal- und Scheitellappen zum Beispiel durch die große Zentralfurche voneinander getrennt, und der Scheitellappen grenzt sich seinerseits vom Seitenlappen durch die Seitenfurche ab.

Hirnstamm
Der „Stecker" des → Gehirns, über den es ans → Rückenmark angekoppelt ist. Der Hirnstamm umfasst das → verlängerte Mark, die → Brücke und das → Mittelhirn.

Hypophyse (griech. „das Darunterwachsende")
Die Hirnanhangdrüse, sie ist ein guter Kumpel vom → Hypothalamus und schüttet mit diesem zusammen Steuerungshormone aus, die wiederum die Freisetzung von anderen Hormonen im Körper steuern.

Hypothalamus (griech. „der untere Raum", sozusagen der Keller)
Sitzt im Zwischenhirn neben seinem Kollegen, dem → Thalamus, macht aber etwas völlig anderes als dieser. Er kontrolliert die wichtigsten Körperfunktionen, misst die Zusammensetzung des Blutes oder die Temperatur und steuert bei Bedarf das → vegetative Nervensystem an, wenn etwas nachjustiert werden muss, kann aber auch zusammen mit der → Hypophyse Hormone ausschütten, die die Körperfunktionen oder den Stoffwechsel regulieren.

Intermediärfilamente
Teil des Zellskeletts, das die Reißfestigkeit eines → Neurons bzw. seiner Nervenfaser erhöht. Intermediärfilamente bestehen aus unterschiedlichen → Proteinen, die wie Spiralfedern ineinander verhakt werden. So bleiben sie flexibel und stabil genug – auch wenn sie mal auseinandergezogen werden.

Ion (griech. „der Wandernde")

Ein geladenes Teilchen (Atom oder Molekül), das gut im Wasser herumschwimmt. Bei Nervenzellen besonders wichtig: Natrium-, Kalium-, Calcium-, Chlorid- und Magnesiumionen. Außerdem gibt es noch viele Moleküle, die negativ geladen sind (beispielsweise Aminosäuren oder → Proteine) und bei der Ausbildung der → Membranspannung eine Rolle spielen.

Ionenkanal

Durchtrittsöffnung in einer → Plasmamembran, damit → Ionen von der einen Seite der Membran auf die andere gelangen können. Ionenkanäle werden von → Proteinen gebildet, können durch die Änderung eines elektrischen Feldes oder durch Bindung von kleinen Molekülen geöffnet werden. Außerdem gibt es noch einen Verschlussmechanismus, damit ein Ionenkanal nicht andauernd offen steht.

Ionenpumpe

Besondere → Proteine, die sich darauf konzentriert haben, → Ionen aktiv durch eine Membran zu schleusen. Die wichtigste Ionenpumpe im Nervensystem ist wohl die Natrium/Kalium-Ionenpumpe, die permanent drei Natriumionen aus der Zelle heraus und im Gegenzug zwei Kaliumionen in die Zelle hinein bringt. Da bei diesem Prozess netto eine positive Ladung (in Form eines Natriumions) nach außen wandert, kostet der ganze Spaß etwas, nämlich ein ATP-Molekül pro Runde. Die Natrium/Kalium-Ionenpumpe wird so zum größten ATP-Verbraucher im gesamten Nervensystem.

Ionotroper Rezeptor

Ein → Rezeptor, der gleichzeitig ein → Ionenkanal ist. Nach Bindung eines → Liganden (beispielsweise eines Neurotransmitters) öffnet er sich und lässt Ionen durch die Membran strömen.

Kinesine

Große Gruppe von verschiedenen Motorproteinen, die ihre Fracht vom Zellkörper weg in die entfernten Bereiche eines → Neurons transportieren. Sie haben zwei kleine Füßchen, mit denen sie an den → Mikrotubuli entlanglaufen, und eine Greif-Region, mit der sie ihre Fracht festhalten. Kinesine sind recht flott (einige Mikrometer pro Sekunde), schaffen aber immer nur ein kurzes Stückchen Weg und brauchen dann eine Pause. Deswegen zerren immer viele Kinesine gleichzeitig an einer Facht.

Kleinhirn

Mehr als nur ein kleines Anhängsel am restlichen → Gehirn. Liegt im Nackenbereich und kontrolliert die Bewegungssteuerung. Dazu ist es wunderhübsch gefaltet, und seine Zellen sind total gut mit den wichtigsten Nervenbahnen in → Rückenmark und → Hirnstamm vernetzt. So weiß es immer über alle Bewegungen Bescheid und informiert das Großhirn, falls dieses seine Bewegungsmuster mal anpassen muss.

Ligand (lat. „der Bindende")
Ein kleines Molekül, das an ein anderes (meist größeres) Molekül bindet. → Neurotransmitter sind zum Beispiel Liganden, sie binden an ihren jeweiligen → Rezeptor auf der postsynaptischen Seite.

Limbisches System (lat. „umsäumtes System")
Irgendetwas in der Mitte des Gehirns, das mit Erinnerungen und Gefühlen zu tun hat. Enthält mehrere Nervenbahnen (Papez-Kreis, Amygdala-Kreis), die alle Bestandteile des limbischen Systems extrem unübersichtlich vernetzen. Dazu gehören auf jeden Fall → Hippocampus und → Amygdala und eventuell auch noch Teile des → Zwischenhirns sowie einige kleine Nervenzellgrüppchen, die irgendwie dazwischen liegen.

Lipid
Baustein einer → Plasmamembran, ist an der einen Seite fettig an der anderen Seite wasserlöslich, also ein Zwittermolekül.

Liquor (eigentlich Liquor cerebrospinalis, lat. „Hirn-/Rückenmarksflüssigkeit")
Die Hirnflüssigkeit, die sich in den → Ventrikeln befindet. Außerdem ist das gesamte → Gehirn vom Liquor umgeben und schwimmt somit in dieser wässrigen Polsterung.

Magnetresonanztomographie (MRT)
Ein Messverfahren, mit dem man Hirnstrukturen sichtbar machen kann. Man nutzt dabei aus, dass die Atome in Wassermolekülen in unterschiedlichen Hirngeweben auch unterschiedlich auf äußere Magnetfelder reagieren. Mithilfe der funktionellen MRT (fMRT) kann man auch zeigen, wo ein Gehirn gerade besonders gut durchblutet wird. Die diffusionsgewichtete MRT ist ein weiteres Upgrade der klassischen MRT und macht sichtbar, wo die Nervenfasern im → Gehirn entlanglaufen. Vorteil: macht super genau räumliche Strukturen sichtbar (und liefert hübsche Bilder, Kap. 4). Nachteil: dauert lange.

Membranspannung
Elektrisches Feld, das künstlich an einer Zellmembran durch → Ionenpumpen erzeugt wird. Permanent schaffen diese Ionenpumpen positiv geladene → Ionen aus dem Zellinneren heraus, so lädt sich dieses gegenüber der Außenseite der Zellmembran negativ auf. Die Spannungen sind recht gering (um die -60 mV).

Metabotroper Rezeptor
Ein → Rezeptor, der gleichzeitig ein → Enzym ist. Wenn ein → Ligand an ihn bindet, wird die Enzymfunktion aktiv und der metabotrope Rezeptor stellt neue (sogenannte sekundäre) Botenstoffe in der Zelle her, die den Stoffwechsel (den Metabolismus) beeinflussen können.

Mikrofilament (lat. „kleine Faser")
Wichtiger Bestandteil des Zellskeletts, bildet ein feines Netz aus. Mikrofilamente setzen sich aus → Actinmolekülen zusammen und können entweder zu dicken Bündeln oder

einem gelartigen Geflecht zusammengesetzt werden. Solche Actin-Mikrofilamente können schnell auf- und abgebaut werden, so ändert eine Zelle flink (in wenigen Sekunden oder Minuten) ihre Form.

Mikroglia

Der Schlägertupp im → Gehirn, wenn es mal von Eindringlingen angegriffen werden sollte. Mikroglia kommen eigentlich aus dem Knochenmark und erledigen kleinere Reparaturarbeiten an den → Neuronen. Doch sie rasten schnell aus, wenn das Gehirn angegriffen wird, bekämpfen die eindringenden Keime und rufen professionelle Immunzellen aus dem Blut zu Hilfe.

Mikrotubuli (lat. „kleine Röhren")

Teil des → Zellskeletts, das lange und sehr robuste Röhrchen ausbildet. Diese setzen sich aus Tubulin-Proteinen zusammen und eignen sich prima als Schienen in der Zelle: → Kinesine und → Dyneine können hier ungestört entlangeilen, um ihre Fracht zu transportieren. Mikrotubuli bilden so die feste innere Verstrebung, damit die Zelle nicht wie ein nasser Haufen voller → Proteine und → Lipide in der Ecke liegt.

Mitochondrium (griech. „Faden-Knubbel")

Das „Kraftwerk" der Zelle. Mitochondrien sind große → Organellen, die das meiste ATP in der Zelle unter Sauerstoffverbrauch erzeugen (Wirkungsgrad: etwa 35 %). Sie werden in der Regel in einer ovalen Form, wie kurze Würstchen, dargestellt, können ihre Form aber schnell ändern und werden von → Kinesinen oder → Dyneinen dorthin transportiert, wo der ATP-Verbrauch gerade am höchsten ist. → Neurone brauchen Mitochondrien unbedingt, denn sie haben (im Gegensatz zu anderen Zellen im Körper) keinen alternativen Weg, um große Mengen ATP zu erzeugen.

Mittelhirn

Neben → Brücke und → verlängertem Mark der dritte Teil des → Hirnstamms, liegt oberhalb (kopfseitig) der Brücke, kontrolliert Augenbewegungen und einige Seh- und Hörreflexe und enthält außerdem die wichtige → Substantia nigra (schwarze Substanz).

Myelin (griech. „Mark")

Die isolierende Schutzschicht um eine Nervenfaser, besteht aus den Überresten der fett- und eiweißreichen Plasmamembran eines Oligodendrocyten oder einer Schwann-Zelle.

Neurit

Fortsätze oder Ausläufer einer Nervenzelle. Das können entweder → Dendriten sein oder das → Axon.

Neuromodulator

Im Gegensatz zu → Neurotransmittern werden Neuromodulatoren weniger spezifisch an einzelnen → Synapsen ausgeschüttet, um konkrete Informationen zu übertragen, sondern eher großflächig in weiten Hirnregionen verteilt und beeinflussen so die

Arbeitsatmosphäre der → Neuronen untereinander. Bekannte Neuromodulatoren sind zum Beispiel → Dopamin oder → Serotonin.

Neuron
Die Nervenzelle, kann eigentlich nichts, außer Nervenimpulse zu empfangen und selbst zu senden, das macht sie aber ganz gut. Immerhin hat sie dafür auch eine ganz spezielle Form: Am Zellkörperbereich entspringen zahlreiche → Dendriten (die „Empfangsantennen"), so erhält das Neuron Impulse von durchschnittlich 10.000 anderen Neuronen. Das Neuron bildet selbst eine einzige „Sendeantenne", das → Axon, aus, welches sich wiederum in durchschnittlich 1000 → Synapsen aufspaltet. Je nach Form unterscheidet man unipolare (keine Dendriten, ein Axon), bipolare (ein Dendrit, ein Axon) und multipolare Neurone (viele Dendriten, ein Axon).

Neurotransmitter
Ein Überträgerstoff an einer → Synapse. Neurotransmitter werden in der Präsynapse in → Vesikeln gespeichert und ausgeschüttet, wenn ein Aktionspotential ankommt. Anschließend wandern sie zur Postsynapse, binden dort an ihren jeweiligen → Rezeptor und werden danach wieder aus dem synaptischen Spalt entfernt (abgebaut oder von Astrocyten aufgenommen). Ob ein Neurotransmitter die Postsynapse aktiviert oder hemmt, hängt dabei immer von dem entsprechenden Rezeptor ab (einen „aktivierenden Neurotransmitter" gibt es also streng genommen gar nicht).

Nissl-Schollen
Proteinherstellungsfabriken und -versendestationen in einem. Sie liegen am Axonhügel eines Neurons, wo permanent → Proteine aufgebaut und auf ihre lange Reise ins → Axon geschickt werden.

Nucleus accumbens (lat. „Beischlaf-Kern")
Eine Region im → limbischen System. Wird sie von → Dopamin stimuliert, entsteht das Verlangen, einem Objekt der Begierde nachzujagen.

Oligodendroglia (auch Oligodendrocyt)
Helferzelle im → zentralen Nervensystem, die die Nervenfasern isoliert. Dazu entsendet sie viele kleine Füßchen, die sich immer wieder (bis zu einige Hundert Mal) um eine Nervenfaser herumwickeln, ihren Zellsaft herausquetschen, bis nur noch die eiweiß- und fetthaltige Zellmembran (das → Myelin) übrig und die Nervenfaser an dieser Stelle isoliert ist.

Olive
Ölhaltige Südfrucht aus dem mediterranen Raum. Darüber hinaus zwei Nervenkernkomplexe im → Hirnstamm. Die obere Olive verarbeitet akustische Signale (Schallunterschiede zwischen den beiden Ohren), die untere Olive versorgt das → Kleinhirn mit Informationen über die aktuellen Bewegungen des Körpers.

Organelle
Ein membranumschlossener Bereich in einer Zelle. Dazu zählen unter anderem der Zellkern, das → endoplasmatische Reticulum, die → Mitochondrien oder die → Vesikel. Organellen sind praktisch, denn in ihnen laufen oft wichtige biochemische Reaktionen ab, die den Rest der Zelle nicht stören sollen.

Parasympathikus (griech. „der, der neben dem Mitleidenden ist")
Gehört zum → vegetativen Nervensystem und fährt die Leistungsbereitschaft des Körpers herunter. Deswegen ist er in Entspannungsphasen aktiv.

Peripheres Nervensystem
Neben dem → zentralen Nervensystem bildet das periphere Nervensystem (PNS) den zweiten Hauptbestandteil des Nervensystems. Dazu gehört alles, außer → Gehirn und → Rückenmark, also die Nervenfasern und -zellen in den Armen, Beinen und Organen sowie die dortigen Nervenknoten, die → Ganglien. Das PNS wird nochmals unterteilt in das → somatische und das → vegetative Nervensystem.

Plasmamembran
Die schützende Hülle einer Zelle oder eines → Organells, besteht aus Lipiden, die sich zu einem großflächigen Teppich, einer Doppelschicht zusammenlagern. Dieser Lipidteppich ist innen fettig (das hält gut zusammen) und außen wasserliebend (so kommt er gut mit dem ganzen Wasser zurecht).

Plastizität
Tolle Eigenschaft, die das → Gehirn variabel und lernfähig, aber auch etwas kompliziert und unübersichtlich macht. Nervenzellnetzwerke können sich in ihrer Gestalt verändern und neuen Aktivierungsmustern plastisch anpassen. Grund dafür sind die → Synapsen, die nicht fest verdrahtet, sondern immer flexibel und nie von Dauer sind. Die Hardware des Gehirns, seine feine Architektur, wird daher ständig umgebaut und optimiert.

Präfrontaler Cortex
Vorderster Teil des Stirnlappens und wichtiger Assoziationsbereich, wird etwas vereinfachend „Arbeitsspeicher des → Gehirns" genannt, kann aber natürlich viel mehr als irgendein Computerspeicher. Hier werden die ganzen Aktivitätsmuster der anderen Hirnregionen zu einem bewussten Erleben kombiniert, und wenn wir uns auf etwas konzentrieren, dann ist genau dieser präfrontale Cortex aktiv.

Protein (griech. „der Erste")
Eiweiße, Biomoleküle, die nahezu alles können in der Zelle (außer Informationen zu speichern, das macht die → DNA). Proteine bestehen aus einer langen Kette aus unterschiedlichen Aminosäuren, die am → Ribosom gebildet wird. Proteine werden für alles Mögliche gebraucht: Sie bilden Stützgerüste in der Zelle, ermöglichen biochemische Reaktionen (dann nennt man sie → Enzyme), sitzen in der → Plasmamembran und

kontrollieren dort deren Durchlässigkeit. Sie transportieren → Vesikel oder → Organellen durch die Zelle und lassen Membranen miteinander verschmelzen. Kurz: Ohne Proteine geht in der Zelle gar nichts. Genauso wichtig wie die korrekte Abfolge der Aminosäurekette ist aber auch die dreidimensionale Struktur der Proteine. Nur wenn sie richtig gefaltet sind, können Proteine überhaupt funktionieren, ansonsten kommen sie in der Zelle sofort in einen Mülleimer und werden dort auseinandergenommen (natürlich auch wieder von Proteinen).

Purkinje-Zellen
Benannt nach dem tschechischen Physiologen Johannes Purkinje sind diese Neurone des → Kleinhirns wahre Meister im Verknüpfen mit anderen Zellen und bilden bis zu 200.000 Kontakte aus. Sie sind die erste Anlaufstelle für die Nervenfasern aus der → Brücke im → Mittelhirn und erfahren daher sofort, welche Bewegungen gerade ablaufen.

Pyramidenbahn
Zwei Nervenstränge im → Hirnstamm, in dem wichtige Bewegungsimpulse vom → Gehirn zum → Rückenmark laufen.

Pyramidenzelle
Wichtigster aktivierender Nervenzelltyp im → Cortex, hat eine Pyramidenform (daher der Name) und ist über Assoziationsfasern miteinander verknüpft. Kommissurenfasern verknüpfen Pyramidenzellen unterschiedlicher Hirnhälften, und per Projektionsfasern teilen die Pyramidenzellen dem restlichen Körper (vor allem den Muskeln) mit, was so passieren soll.

Ranvier'scher Schnürring
Lücke zwischen zwei myelinisierten Bereichen einer Nervenfaser. Im Vergleich zu diesen sind die Schnürringe etwa 2000-mal schmaler, aber dafür vollgepackt mit lauter → Ionenkanälen und -pumpen. Dadurch kann ein Nervenimpuls von einer Lücke zur nächsten über die Myelinisierung hinweg springen.

Raphe (griech. „Naht")
Mittelnaht zwischen den Pyramidenbahnen im → Hirnstamm. Darunter liegen die Raphe-Kerne, die ihr → Serotonin großflächig im → Gehirn verteilen. Recht empfindlich für Aufputschdrogen wie Ecstasy.

Rezeptor
Empfangsstation für einen → Liganden. An der Postsynapse sitzen viele Rezeptoren, die die → Neurotransmitter (die Liganden) binden können und anschließend ihre Eigenschaften verändern. Rezeptoren können → Ionenkanäle sein, die sich nach Ligandenbindung öffnen, dann nennt man sie ionotrope Rezeptoren. Oder es handelt sich um → Enzyme, die Botenstoffe in der Zelle herstellen, dann sind es metabotrope Rezeptoren.

Ribosom
Eine Produktionsfabrik für Proteine. Ribosomen sitzen im Cytoplasma, lesen in der Boten-RNA die Aminosäureabfolge eines Proteins ab und bauen es nach dieser Anleitung zusammen.

Rückenmark
Teil des → zentralen Nervensystems, die Hauptnervenfaser im Körper. Hier laufen die ganzen Bewegungsimpulse vom → Gehirn zu den Muskeln und Sinnesinformationen aus dem → peripheren Nervensystem zurück zum Gehirn. Aufpassen: So ein Rückenmark ist empfindlich und seine Nervenfasern wachsen nach einer Verletzung nur schwer wieder zusammen.

Saltatorische Erregungsleitung
Sprunghafte Weiterleitung von Nervenimpulsen. Ein → Aktionspotential erzeugt an der Zellmembran ein elektrisches Feld, das über einen myelinisierten Bereich einer Nervenfaser bis zur nächsten Lücke (den Ranvier'schen Schnürring) hinweg reicht. So wird an dieser Lücke wieder ein neues Aktionspotential ausgelöst und der Impuls kann von Lücke zu Lücke hüpfen (und zwar sehr schnell mit über 400 km/h).

Schwann-Zelle
Helferzelle im → peripheren Nervensystem, die die dortigen Nervenfasern isoliert. Im Gegensatz zu ihrem Bruder, dem → Oligodendrocyten, entsendet sie keine Füßchen, sondern wickelt sich selbst komplett um eine Nervenfaser und bildet so das → Myelin.

Schwellenwert
Um diesen Wert muss sich die → Membranspannung an einem Neuron mindestens ändern, damit ein neues Aktionspotential ausgelöst wird, das dann das Axon entlangflitzt.

Sekundäre Botenstoffe
Werden in einer Zelle gebildet und beeinflussen deren Stoffwechsel oder die Aktivität von → Proteinen. Solche sekundären Botenstoffe werden zum Beispiel gebildet, wenn ein → Neurotransmitter an einen → metabotropen Rezeptor bindet. Sie können anschließend das Verhalten der Ziel-Zelle verändern, das ist wichtig, wenn die Synapsenstruktur verändert werden soll.

Serotonin
Ein kleines, aber feines Molekül, das sowohl als → Neurotransmitter als auch als → Neuromodulator wirken kann. Wird unter anderem von Neuronengrüppchen im → Hirnstamm (den → Raphe-Kernen) gebildet und stimuliert anschließend verschiedene „Glücksregionen" im Großhirn. Bei Depressionen kann das Umgekehrte passieren: Serotonin fehlt an wichtigen → Synapsen und das Gefühlsleben versagt.

Soma (lat. „Körper")
Der Zellkörperbereich eines → Neurons. Hier sitzen der → Zellkern und die ganze Proteinherstellungs-Maschinerie. Aus dem Soma entspringen die → Dendriten und das → Axon.

Somatisches Nervensystem
Neben dem → vegetativen Nervensystem einer der beiden Hauptbestandteile des → peripheren Nervensystems. Seine Aufgabe: Übermittlung von Sinneseindrücken an das → Gehirn und von Bewegungsimpulsen vom Gehirn an die Muskeln.

Sternzelle
Wichtigster hemmender Nervenzelltyp im → Cortex. Sitzt zwischen den vielen → Pyramidenzellen und inaktiviert diese. Erst dadurch können sich charakteristische Aktivierungs- und Inaktivierungsmuster im Cortex ausbilden.

Substantia nigra (lat. „schwarze Substanz")
Teil des → Mittelhirns, ist seltsamerweise etwas dunkel gefärbt (daher der Name) und enthält die wichtigen → Neurone, die mittels → Dopamin die Bewegungszentren im → Gehirn steuern. Diese fallen bei der Parkinson-Krankheit (Schüttellähmung) aus, und man kann sich nicht mehr richtig bewegen.

Sulcus (lat. „Furche")
Eine „Furche" der Großhirnrinde. Besonders markant: die Zentralfurche (trennt Vorder- und Scheitellappen) und die Seitenfurche (trennt Scheitel- und Schläfenlappen).

Summation
Aufaddieren von eintreffenden Nervenimpulsen an einer Nervenzelle. Wenn dadurch eine Änderung der → Membranspannung entsteht, die größer als der → Schwellenwert am → Axonhügel ist, wird ein neues Aktionspotential ausgelöst. Dieses Aufaddieren kann einmal räumlich (viele unterschiedliche → Synapsen nebeneinander stimulieren ein Neuron) oder zeitlich passieren (eine Synapse erregt sehr schnell hintereinander immer wieder dasselbe Neuron).

Sympathikus (griech. „der Mitleidende")
Gehört zum → vegetativen Nervensystem und sorgt dafür, dass die Körpersysteme leistungsbereit werden (zum Beispiel in einer Stresssituation).

Synapse (griech. „gemeinsamer Kontakt")
Kontaktstelle zwischen zwei → Neuronen oder einem Neuron und einer Muskelzelle. Synapsen bestehen aus drei Teilen: der Präsynapse (dort endet das eintreffende Neuron), dem synaptischen Spalt und der Postsynapse (dort fängt das nächste Neuron an). Ein Impuls wird von einem Neuron auf das andere in zwei Schritten übertragen. Wenn ein Aktionspotential ankommt, schüttet die Präsynapse Botenstoffe, die → Neurotransmit-

ter, aus. Diese wandern zur Postsynapse, öffnen dort → Ionenkanäle und lösen so ein neues Aktionspotential aus.

Thalamus (griech. „Raum")
Sitzt im → Zwischenhirn und ist der Boss, wenn es ums Verschalten von Sinneseindrücken geht. Alles, was wir wahrnehmen, (bis auf die Gerüche) wird hier geprüft und, wenn für interessant befunden, in die Großhirnrinde geschickt. Der Wortbedeutung nach könnte man sagen, der Thalamus ist der „Vor-Raum" des Großhirns.

Vegetatives Nervensystem
Neben dem → somatischen Nervensystem Hauptbestandteil des → peripheren Nervensystems. Es arbeitet unbewusst, deswegen nennt man es auch autonomes (selbstbestimmtes) Nervensystem. Es umfasst den → Sympathikus, den → Parasympathikus und das Nervengewebe des Darms.

Ventrikel (lat. „kleine Kammer")
Kleine Löcher und Hohlräume im → Gehirn (insgesamt gibt es vier solcher Ventrikel), die mit dem → Liquor gefüllt sind.

Verlängertes Mark (lat. Medulla oblongata)
Teil des → Hirnstamms und Übergangsbereich zum → Rückenmark. Hier liegt auch die → Formatio reticularis.

Vesikel (lat. „Bläschen")
Ein kleines Membranbläschen in der Zelle, das oft → Proteine oder kleine Moleküle enthält, die gerade herumtransportiert werden. In der → Synapse sind in den Vesikeln die → Neurotransmitter gespeichert, und die Verschmelzung von Vesikel und → Plasmamembran ist eine Wissenschaft für sich.

Weiße Substanz
Bereich des Großhirns, enthält die ganzen Nervenfasern, die aus den → Neuronen der grauen Substanz kommen. Nervenfasern sind nicht so dunkel wie Nervenzellkörper, daher ist die weiße Substanz auch heller als die graue Substanz im → Cortex.

Wernicke-Areal
Neben dem → Broca-Areal das andere wichtige Sprachzentrum im → Gehirn. Benannt nach dem deutschen Neurologen Carl Wernicke liegt es im linken Scheitellappen und sorgt dafür, dass wir das zunächst unverständliche Getratsche unserer Mitmenschen enträtseln und ihm einen Sinn geben können (wenn es denn möglich ist).

Zellkern
Die Schatzkammer einer Zelle, in der die Erbinformation, die → DNA, abgelegt ist. Weil er so wichtig ist, schützt sich der Zellkern gleich mal mit zwei → Plasmamembranen gegen das Durcheinander im → Cytoplasma.

Zentrales Nervensystem
Der „Kernbereich" des gesamten Nervensystems ist das zentrale Nervensystem (ZNS). Es umfasst → Gehirn und → Rückenmark und enthält somit die meisten → Neurone und Nervenverbindungen. Nervenfasern im ZNS können sich im Gegensatz zu Nerven im → peripheren Nervensystem nicht regenerieren.

Zwischenhirn
Liegt mitten drin im → Gehirn zwischen → Mittelhirn und den beiden Großhirnhälften und umfasst → Thalamus und → Hypothalamus.

Literatur

Wer sich durch die Lektüre des vorliegenden Buches nicht entmutigt sieht, weitere Informationen nach den spannenden Themen Gehirn, Zellbiologie und Kreativität zu verlangen, für den gibt es hier eine kleine Auswahl an Lesestoff, um seinen Wissensdurst zu stillen.

Fettgedruckte Literaturverweise eignen sich dabei besonders gut als Einstieg in das genannte Thema des Kapitels. Die anderen Quellenangaben beziehen sich auf spezialisierte Themengebiete und wurden von mir herangezogen, um detaillierte Fachinformationen zusammenzutragen. Die Lektüre dieser Quellen setzt schon ein gewisses Grundwissen voraus, das Sie mit diesem Buch aber zweifellos erworben haben dürften. Scheuen Sie sich daher nicht, auch zu biowissenschaftlichen Fachartikeln zu greifen. Viel Spaß dabei!

Kapitel 1 (Thema: Neuroanatomie und Hirnstrukturen)

Breuer R (Hrsg) (2010) Gehirn & Geist Basiswissen, Das Gehirn. Aufbau und Funktionen. Spektrum der Wissenschaft, Heidelberg

Carter R (2012) Gehirn und Geist, Eine Entdeckungsreise ins Innere unserer Köpfe. Spektrum Akademischer Verlag, Heidelberg

Kandel E, Schwartz J, Jessel T (2012) Neurowissenschaften: Eine Einführung. Spektrum Akademischer Verlag, Heidelberg

Reichert H (2000) Neurobiologie. Thieme, Stuttgart

Thompson R, Held A (2010) Das Gehirn: Von der Nervenzelle zur Verhaltenssteuerung. Spektrum Akademischer Verlag, Heidelberg

Trepel M (2011) Neuroanatomie: Struktur und Funktion. Urban & Fischer, München

Kapitel 2 (Thema: Zellbiologie)

Graw J (Hrsg), Alberts B, Bray D, Hopkin K, Johnson A, Lewis J, Raff M, Roberts K, Walter P, Häcker B (Übers), Horstmann C (Übers) (2012) Lehrbuch der Molekularen Zellbiologie. Wiley-VCH, Weinheim

Könnecker C (Hrsg) (2011) Gehirn & Geist Basiswissen, Neurone & Co: Bausteine des Gehirns. Spektrum der Wissenschaft, Heidelberg

Nave KA (2010) Myelination and the trophic support of long axons. Nat Rev Neurosci 11:275–283

Nimmerjahn A, Kirchhoff F, Helmchen F (2005) Resting microglial cells are highly dynamic surveillants of brain parenchyma in vivo. Science 308:1314–1318

Verkhratsky A, Butt A (2007) Glial Neurobiology. Wiley, West Sussex
Volterra A, Meldolesi J (2005) Astrocytes, from brain glue to communication elements: the revolution continues. Nat Rev Neurosci 6:626–640

Kapitel 3 (Thema: Neurophysiologie)

Berg JM, Tymoczko JL, Stryer L, Held A (Übers), Lange C (Übers), Mahlke K (Übers), Maxam G (Übers), Seidler L (Übers), Zellerhoff N (Übers), Häcker B (Übers), Jarosch B (Übers) (2012) Biochemie. Spektrum Akademischer Verlag, Heidelberg

Engel A (Hrsg), Bear MF, Connors BW, Paradiso MA (2008) Neurowissenschaften – Ein grundlegendes Lehrbuch für Biologie, Medizin und Psychologie. Spektrum Akademischer Verlag, Heidelberg

Jahn R, Scheller RH (2006) SNAREs – engines for membrane fusion. Nat Rev Mol Cell Biol 7:631–643

Metzler DE, Metzler CM (2003) Biochemistry 2. The Chemical Reactions of Living Cells. Academic Press, San Diego

Schmidt R, Lang F, Heckmann M (2010) Physiologie des Menschen. Springer, Berlin

Wise RA (2004) Dopamine, learning and motivation. Nat Rev Neurosci 5:483–494

Kapitel 4 (Thema: Hirnforschung und Kreativität)

Abraham A, Pieritz K, Thybusch K, Rutter B, Kröger S, Schweckendiek J, Stark R, Windmann S, Hermann C (2012) Creativity and the brain: uncovering the neural signature of conceptual expansion. Neuropsychologica 50:1906–1917

Bengtsson SL, Csíkszentmihályi M, Ullén F (2007) Cortical regions involved in the generation of musical structures during improvisation in pianists. J Cogn Neurosci 19:830–842

Churchland PM, Numberger M (2001) Die Seelenmaschine: Eine philosophische Reise ins Gehirn. Spektrum Akademischer Verlag, Heidelberg

Csikszentmihalyi M (2010) Kreativität: Wie Sie das Unmögliche schaffen und Ihre Grenzen überwinden. Klett-Cotta, Stuttgart

Dietrich A (2007) Who's afraid of a cognitive neuroscience of creativity? Methods 42:22–27

Dietrich A, Kanso R (2010) A review of EEG, ERP, and neuroimaging studies of creativity and insight. Psychol Bull 136:822–848

Fink A, Benedek M, Grabner RH, Staudt B, Neubauer AC (2007) Creativity meets neuroscience: experimental tasks for the neuroscientific study of creative thinking. Methods 42:68–76

Fink A, Graif B, Neubauer AC (2009) Brain correlates underlying creative thinking: EEG alpha activity in professional vs. novice dancers. Neuroimage 46:854–862

Fink A, Koschutnig K, Benedek M, Reishofer G, Ischebeck A, Weiss EM, Ebner F (2011) Stimulating creativity via the exposure to other people's ideas. Hum Brain Mapp 33:2603–2610

Friebolin H (2006) Ein- und zweidimensionale NMR-Spektroskopie: Eine Einführung. Wiley, Weinheim

Holm-Hadulla R (2007) Kreativität – Konzept und Lebensstil. Vandenhoeck & Ruprecht, Göttingen

Jarosz AF, Colflesh GJ, Wiley J (2012) Uncorking the muse: alcohol intoxication facilitates creative problem solving. Conscious Cogn 21:487–493

Jones KA, Blagrove M, Parrott AC (2009) Cannabis and Ecstasy/MDMA: empirical measures of creativity in recreational users. J Psychoactive Drugs 41:323–329

Jung-Beeman M, Bowden EM, Haberman J, Frymiare JL, Arambel-Liu S, Greenblatt R, Reber PJ, Kounios J (2004) Neural activity when people solve verbal problems with insight. PLoS Biol 2:E97

Kounios J, Beeman M (2009) The Aha! moment: the cognitive neuroscience of insight. Curr Dir Psychol Sci 18:210–216

Luo J, Niki K, Phillips S (2004) Neural correlates of the ‚Aha! reaction'. Neuroreport 15:2013–2017

Malorny C, Backerra H, Schwarz W (2010) Kreativitätstechniken. Carl Hanser Verlag, München

Petsche H, Kaplan S, von Stein A, Filz O (1997) The possible meaning of the upper and lower alpha frequency ranges for cognitive and creative tasks. Int J Psychophysiol 26:77–97

Rosenzweig R (Hrsg) (2010) Geistesblitz und Neuronendonner: Intuition, Kreativität und Phantasie. Mentis, Paderborn

Rybakowski JK, Klonowska P (2011) Bipolar mood disorder, creativity and schizotypy: an experimental study. Psychopathology 44:296–302

Spitzer M (2000) Geist im Netz: Modelle für Lernen, Denken und Handeln. Spektrum Akademischer Verlag, Heidelberg

Takeuchi H, Taki Y, Sassa Y, Hashizume H, Sekiguchi A, Fukushima A, Kawashima R (2009) White matter structures associated with creativity: evidence from diffusion tensor imaging. Neuroimage 51:11–18

Sachverzeichnis

A
Acetylcholin 118
Actin 61
Aha-Experiment 178
Aktionspotential 98
Amygdala 26
Assoziationsfelder 31
Astrocyt 74
ATP 65
autonomes Nervensystem 6
Axon 41

B
Balken 31
Blut-Hirn-Schranke 75
Boten-RNA 51
Botox 113
Brainstorming 203
Broca-Areal 30
Brücke 14

C
Cholesterin 45
Cocktailparty-Effekt 163
Cortex 27
Cytoplasma 51

D
Dendrit 41
Depression 194
DNA 47
Dopamin 127

Drogentrip 192
Dynein 64

E
Ecstasy 14, 193
Elektroencephalographie 184
endoplasmatisches Reticulum 55
Endorphine 131
enterisches Nervensystem 7
Epiphyse 22

F
Fliegenpilz 120
Formatio reticularis 15
Fusionsprotein 112

G
GABA 123
Ganglien 7
Gehirn 9
Gen 50
Gerüche 26
Gliazelle 74
Glutamat 122
Glycin 125
Golgi-Apparat 57
graue Substanz 31
Großhirnrinde 27
Gyri 29

H
Heroin 134
Hippocampus 24

Hirnanhangdrüse 21
Hirnhaut 33
Hirnstamm 12
Hirnströme 186
Hypophyse 21
Hypothalamus 20

I

innere Uhr 22
Intermediärfilamente 62
Ionenkanal 93
Ionenpumpe 95

K

Kinesin 63
Kleinhirn 16
Kleinhirnwurm 16
Kokain 130
Kreativität 165

L

Lappen 29
limbisches System 22
Lipid 43
Liquor 15, 32
Locked-In-Syndrom 15

M

Magnetresonanztomographie 180
Matrix 66
Membranpotential 97
Mikrofilament 61
Mikroglia 80
Mikrotubuli 59
Mitochondrium 65
Mittelhirn 14
Myelin 85
Myosin 64

N

Neurit 41
Neuron 41
Neurotransmitter 110, 116

Nicotin 120
Nissl-Schollen 69

O

Oligodendrocyt 83
Olive 14
Organelle 54

P

Parasympathikus 6
Parkinson 128
peripheres Nervensystem 5
Pfeilgiftfrosch 120
Plasmamembran 42
Postsynapse 109
präfrontaler Cortex 29, 201
Präsynapse 109
Protein 51
Purkinje-Zelle 17, 72
Pyramidenbahnen 14
Pyramidenzelle 34

R

Ranvier'scher Schnürring 105
Raphe 14, 125
Ribosom 51
Riechkolben 79
Roboter-Fußballturniere 11

S

Schizophrenie 128, 194
Schokolade 126
Schwann-Zelle 86
Science Slam 215
Seepferdchen 24
Serotonin 125
Soma 41
somatisches Nervensystem 5
Substantia nigra 128
Sulci 28
Sympathikus 6
Synapse 109

T

Tetanus 125
Thalamus 20
Tintenfisch 104
Torrance-Test 176

V

vegetatives Nervensystem 6
Ventrikel 32
verlängertes Mark 13
Vesikel 56, 109

W

weiße Substanz 31
Wernicke-Areal 30

Z

Zellkern 46
Zellkörper 41
zentrales Nervensystem 5
Zirbeldrüse 22
Zwischenhirn 20

GPSR Compliance

The European Union's (EU) General Product Safety Regulation (GPSR) is a set of rules that requires consumer products to be safe and our obligations to ensure this.

If you have any concerns about our products, you can contact us on ProductSafety@springernature.com

In case Publisher is established outside the EU, the EU authorized representative is:

Springer Nature Customer Service Center GmbH
Europaplatz 3
69115 Heidelberg, Germany

Batch number: 09403270

Printed by Printforce, the Netherlands